JN239364

最新
電子部品業界大研究

南 龍太［著］

はじめに

ソサエティ５・０、シンギュラリティ、ＣＡＳＥ（ケース）にＭａａＳ（マース）――。

これらは社会を大きく変えていく技術、あるいは変化した社会の在りようを表す言葉であり、いずれも電子部品業界を展望する際のキーワードである。また、電子部品やそれを組み合わせた製品にも、ＭＬＣＣやＭＥＭＳ、ＲＦＩＤといった普段聞き慣れない略語が多く登場する。とても奥深い、そして奥ゆかしい業界である。

何が奥ゆかしいのか。

世界中に愛用者がいる米アップルのｉＰｈｏｎｅなどの最終製品が陽とすれば、その内側、内蔵される電子部品は陰である。陰で黒子として製品の正常な作動を支える存在である。電子部品業界は決して目立たないが、謙虚、堅実、実直といった言葉が似つかわしく、ひたむきな姿勢が特徴として挙げられる。

そのひたむきさも手伝って、日本の電子部品業界は際立って堅調であり、世界シェアも高い。電子情報産業において、他の業界が中国勢や韓国勢との激しい競合でシェアを落とす中、電子部品の健闘ぶりは特異である。その強さの秘密を詳らか（つまびらか）にするとともに、昨今の業界動向を追うというのが本書の目的である。

まずＣｈａｐｔｅｒ１では、電子部品業界を取り巻く環境を、最近の国内外の動向を踏まえて紹介する。電子情報産業における電子部品の位置付けや、世界規模で進むIoT（モノのインターネット）の普及に電子部品が決定的に重要であることを示した。そうした時代の要請として、部品はどんどん小さくなり、一方で高性能になっていること、その進化のスピードは等比級数的であることなどを説明した。

Chapter2は、電子部品業界をリードする日本企業の動向を探った。「セットメーカー」と呼ばれる電機大手などとともに発展してきた歴史や、生産や販売に占める海外比率が高い背景を解説した。また、電気製品などの生産体制が世界的に「水平分業」に移行していること、電子部品各社はそれにうまく順応していること、一方で部品の材料調達から製造に至る過程を自社グループ内で完結させる「垂直統合」型の生産体制を整えていることに触れた。

Chapter3は、電子部品の主な用途を概観した。スマートフォンやテレビなどの電気製品はもちろんのこと、IoTの進展によりあらゆるものがネットとつながる中で、自動車や医療の各分野をはじめ、電子部品が必要とされる場面が増え続けていることを確認した。このほか、IoTの普及に重要な役割を果たす次世代通信「5G」やCPS、デジタルツインといった用語、フィンテックやロボットなど伸びる市場について、グラフを多く用いて説明していく。

そうした種々の用途で実際に使われる電子部品を紹介したChapter4は、各部品の特徴や市場シェアの高い日本企業について触れている。最も基本的な電子部品であるコンデンサ、抵抗器、インダクタといった受動部品や、センサやモータなど、多種多様な部品があることを、市場の推移、予測を交えて概説した。

Ｃｈａｐｔｅｒ5は、電子部品メーカーを構成する部署や、共通する社会的課題を見ていく。各社の組織は概して、研究開発、生産、営業といった「ライン部門」と経理や人事、経営企画などの「スタッフ部門」から成ることを紹介した。また最近の社会情勢を踏まえ、女性社員の採用増や、幹部への登用に力を入れている企業が増えていること、その具体的な取り組みとして託児所の整備を自主的に進めている企業などを見ていくこととした。世界的な指標となっているＳＤＧｓに沿って説明した。

Ｃｈａｐｔｅｒ6は、電子部品を扱う主なメーカー10社の業績や中長期の展望を確認した。総じて好業績であること、ＩｏＴや車載分野がキーワードとなっていることを示した。併せて各社の創業の歴史なども取り上げた。

Ｃｈａｐｔｅｒ7は、一線で働く各社の中堅社員に行ったインタビューを採録した。いずれも技術系の社員だが、企業によって異なる風土や制度、反対にチャレンジ精神といった電子部品各社、業界全体に共通するものを感じ取ってもらえるのではないかと思う。どのような志で入社し、現在どういった仕事をしているかを記した。

最後のＣｈａｐｔｅｒ8は、電子部品に縁が深い国・地域として、米国、中国、韓国、台湾に触れた。日本の電子部品メーカーにとっては直接的または間接的に、取引先であり、競合相手の場合もある。その複雑な相関関係は2019年に深刻化した米中貿易摩擦や、日韓の貿易問題であらためて浮き彫りになった。

本書の執筆を通じ、印象に残った大手電子部品メーカーの中堅社員の言葉がある。同社は業績好調で、業界屈指の技術力とそれに裏打ちされた圧倒的なシェアを持つ部品を手掛ける。にもかかわらず、その社員は「常に危機感を抱いている」と言った。得意先に取引を打ち切られる危機感、勢力を増しているアジア勢とのシェア争い、米中や日韓など国家間の対立によって需給バランスが崩れる、翻弄される不安定さ――。好業績の折こそ、先々を見越して先手を打ち、「部品を長く、たくさん使い続けていただく」ためのたゆまぬ努力を続けるのだという。今も昔も業界の底流にあるこの危機感こそが、電子部品の強みの源泉かもしれない。

執筆に当たり、取材先となった電子部品メーカー各社に、この場を借りてあらためて深謝申し上げる。また、前著同様、執筆時間の捻出に協力してくれた家族に感謝したい。

本書が電子部品業界を志す方や関係者の方の一助になれば幸いである。

2019年8月

南龍太

目次

はじめに／3

電子部品業界の最新情勢

1 成長続く電子部品デバイス市場／14
2 築き上げた日系電子部品の地位／17
3 部品は縮小、機能は拡充／21
4 シンギュラリティへ向かう時代／27
5 激変する産業構造、応用利く電子部品／31
6 詰まるところの「電子部品」／37

Chapter 2

日系メーカーの動向

1 優良企業揃い踏み／42

2 グローバルな舞台で活躍／45
3 高みを目指し続ける世界一の技／50
4 異次元の黒子に／57
5 国内再編のこれから／64

電子部品業界の基礎

1 高度化するインフラに呼応して／72
2 モバイルやＡＶ機器／77
3 広がる採用先／82
4 多様化する電子部品の使い道／90

各部品の概要

1 電子部品の全体像／102

2 受動部品／105
3 接続部品／113
4 変換部品／116
5 電源と高周波部品／124

電子部品業界の主な仕事

1 求められる世界と未来への眼差し／130
2 福利厚生と研修制度／136
3 働きやすい環境に／138
4 採用計画／144

Chapter 6

電子部品各社の現状

1 京セラ／148
2 村田製作所／152
3 日本電産／156
4 TDK／160
5 ミネベアミツミ／164
6 オムロン／168
7 アルプスアルパイン／172
8 日東電工／176
9 ローム／180
10 イビデン／184

Chapter 7

働く人最前線

1 京セラ　鶴野智徳さん／190

海外の動向

② 村田製作所　白川直明さん／194
③ 日本電産　西村ゆりえさん／198
④ TDK　北村智子さん／202
⑤ アルプスアルパイン　伊東真理子さん／206
⑥ イビデン　加藤友哉さん／210

① 米国／216
② 中国／218
③ 韓国／220
④ 台湾／222

カバーデザイン：内山絵美（有）釣巻デザイン室）
本文デザイン：野中賢（株）システムタンク）

Chapter 1

電子部品業界の最新情勢

1 成長続く電子部品デバイス市場
――電子情報産業を支える

3兆ドル突破へ

情報化社会が到来して四半世紀超、日常に深く浸透した電子情報産業はこの間、成長を早めることはあっても、止めることはなかった。その長足の進歩は今もなお続いている。

電子情報産業の世界生産額は左図に示す通り、過去10年余り平均して年率約3％成長していることになる。リーマン・ショックによる一時的な落ち込みなどはあったものの、ほぼ一貫して右肩上がりに伸長している。

この拡大傾向は、世界的に浸透するＩｏＴ(Internet of Things: モノのインターネット)や、自動車や街の電化、工場の省力化、新興国の成長を背景に当面続くとみられる。電子情報産業の世界生産は２０１８年に2兆９３４５億ドルと過去最高額になったと見込まれる。19年はさらにそれを上回り、初めて3兆ドルの大台に乗る見通しである。

3兆ドルという規模について、ぱっとイメージが湧きづらいかもしれない。近いものを見てみると、00年以降著増を示した中国の外貨準備高が3兆ドルである。また、その存在を知らない人がほとんどいないほどに今を時めく巨大ＩＴ企業のグーグル、アップル、フェイスブック、アマゾンの頭文字を取った「ＧＡＦＡ(ガーファ)」、この4社の時価総額の合計が約3兆ドルとされる。「分散型取引台帳」と呼ばれ、利用者同士がお金やデータを互いに管理し合う「ブロックチェーン」(97ページ参照)が年間に生み出す事業価値は30年までに3兆ドルを超すと見込ま

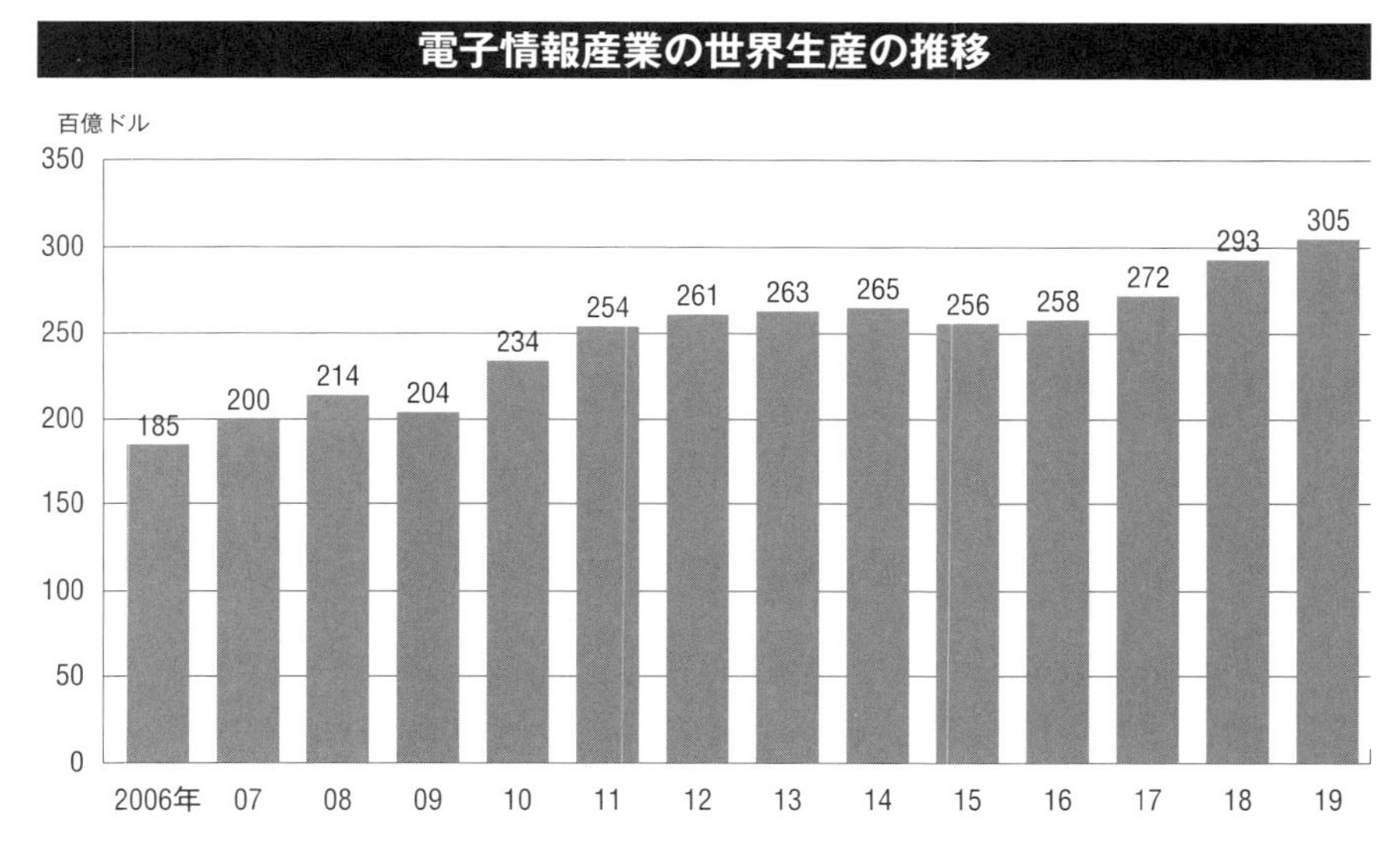

JEITA「電子情報産業の世界生産見通し」をもとに作成。18年は見込み、19年は見通し

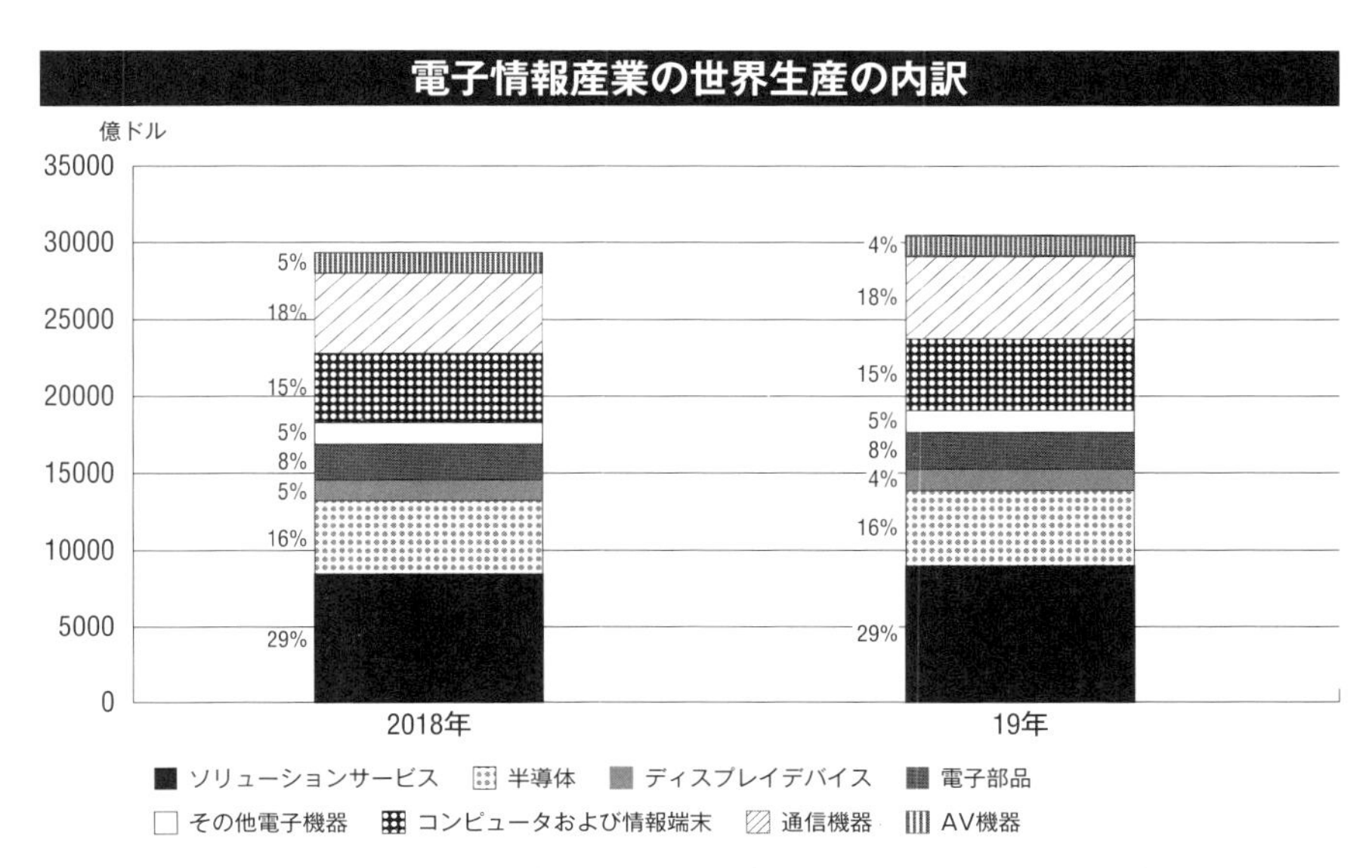

JEITA「電子情報産業の世界生産見通し」をもとに作成。四捨五入により合計が一致しない場合がある

れる。ＩＴの調査を手掛ける米ガートナーが予測している。

このように言えば、規模の大きさが多少伝わりやすいだろうか。

大きく伸びる各分野

電子情報産業の世界生産額を３兆ドルと試算した業界団体、一般社団法人の電子情報技術産業協会（ＪＥＩＴＡ：Japan Electronics and Information Technology Industries Association）によると、その内訳は、テレビや携帯電話、コンピュータなどの「電子機器」が１兆２８２５億ドルと４割余りを占め、それらの部品となる「電子部品・デバイス」が８６５６億ドルで３割弱、残りをソフトウェアなどの「ソリューションサービス」が構成する見通しである。

さらに細かな産業別の規模を見てみると、「電子機器」のうち「通信機器」が５３７５億ドル、「コンピュータおよび情報端末」は４６７６億ドル、「電子部品・デバイス」のうち「半導体」が４９０１億ドル、「電子部品」は２３８６億ドルと推定されている。「ディスプレイデバイス」は１３６９億ドルと推定されている。「ソリューションサービス」の推定額は８９７７億ドルに上る。

10年前に比べると、ＡＶ機器を除く全ての分野が伸びている。各分野の商材や分類は章末（37ページ）で確認する。

2 築き上げた日系電子部品の地位
――日本を見れば世界が見える

半導体や液晶は徐々に失速

世界の生産額が大きく伸長する一方、かつて隆盛を誇った日本勢は存在感を薄めつつある。電子情報産業の世界生産における日系企業の合計額は2018年に3554億ドルと前年比3％増となったものの、10年の4843億ドルをピークに減少傾向が続いている。世界全体に占める日本勢のシェアも10年の21％から18年は12％と9ポイントの低下となる。

分野別でも次ページのグラフの通り、同様に世界シェアを落としている製品群が多い。半導体やディスプレイデバイスは、20％超あった10年前から低下傾向を辿り、かろうじて10％をキープしている。かつては世界シェアの半分を占め、「日の丸半導体」

と持て囃（はや）されていたが、トップを独走していた当時の輝きは失われつつある。AV機器やコンピュータも軒並み低下の憂き目に遭っている。

そんな中、18年に依然38％のシェアで世界首位の座を堅持し、善戦しているのが電子部品産業である。日本の半導体、液晶ディスプレイ産業の各社が中韓の猛追で苦戦するのをよそに、独自の進化、成長を遂げてきた。その強さの背景にある日本の電子部品産業、メーカー各社の特徴はChapter2以降で述べることとする。

日本の電子部品業界を俯瞰（ふかん）することで、世界の需要動向を大掴みに理解することができる。この点は、世界のシェアを大きく落とした半導体や液晶との大きな違いである。

BtoBの黒子と呼ばれても

しかしながら電子部品各社はそうした世界シェアの大きさ、業績の底堅さの割に、家電メーカーやAV機器メーカーに比べると、一般に知られていないきらいがある。売上高や利益水準、従業員数、時価総額の大きさなどを比べても、誰もが耳にしたことのあるような有名メーカーに引けを取らない、むしろそれ以上の規模を誇るにもかかわらず、である。

その相対的に低い認知度の原因は、電子部品各社がBtoB（Business to Business）、すなわち「企業間取引」を生業としているところが大きい。「黒子役」に徹して機器メーカーに部品をせっせと供給し、表舞台に出てこない。そのために、一般的な消費者との距離は遠いという構図である。創業時から電子

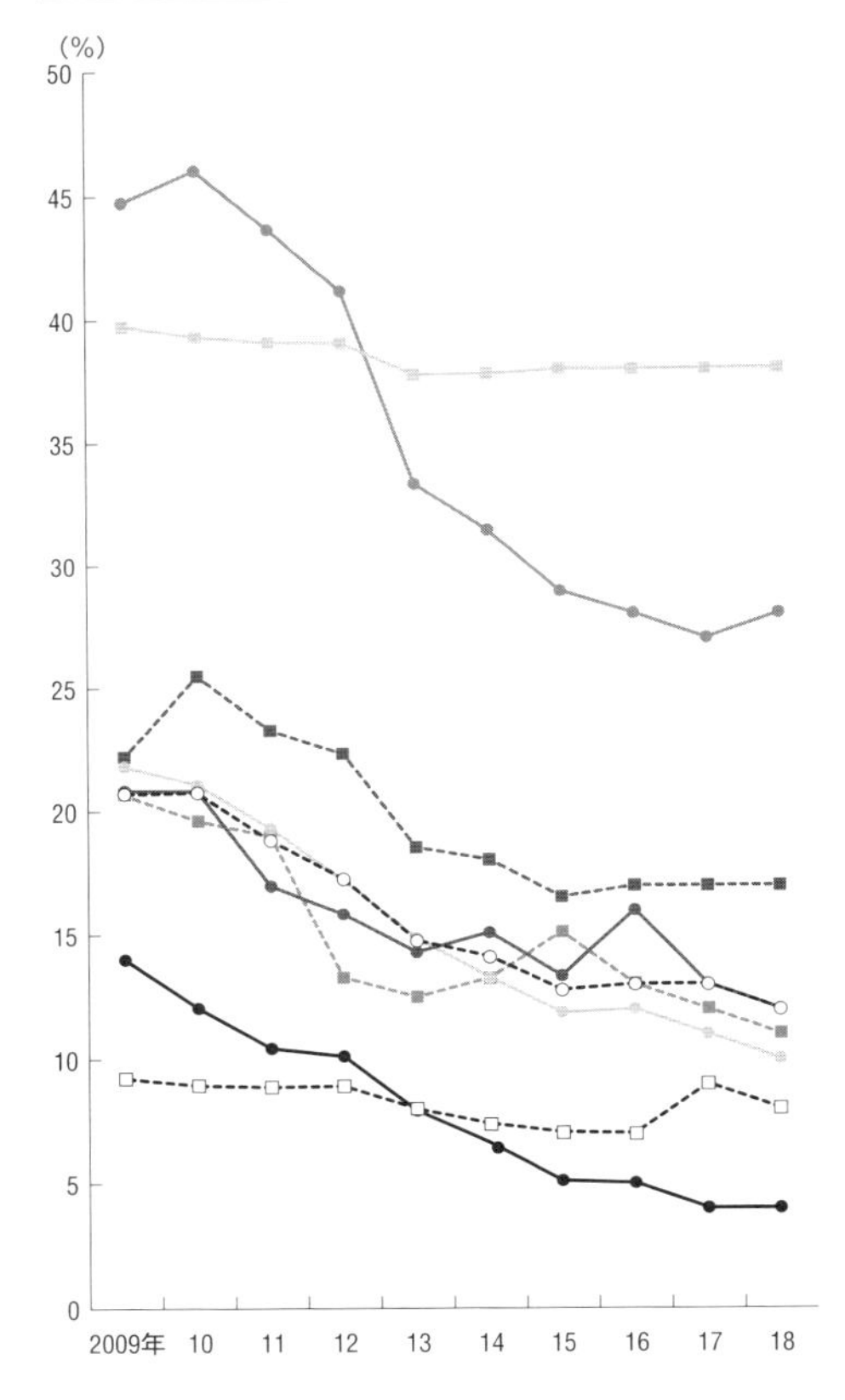

JEITA「電子情報産業の世界生産見通し」をもとに作成

部品の成長を二人三脚で支えてきた「セットメーカー」（42ページ参照）と呼ばれる電機メーカー各社に部品を供給する役目を担ってきた結果とも、歴史そのものとも言える。あくまで部品供給に徹し、その供給先のメンツを立て、陰で支える「黒子役」という立場に、電子部品各社は長く置かれてきた。

しかし近年は、その立ち位置に変化が目立つようになってきた。デジタル革命という荒波の中で、電子部品各社はセットメーカーの事業を買収したり、半導体事業を拡張したりして、着実に事業領域を広げ、力をつけてきている。再編の足音さえ近づいている。下剋上の様相とは言わないが、自動車産業で見られるような、自動車メーカーを頂点とし、自動車部品メーカーが「Tier1、Tier2…＊」として連なるヒエラルキーとは異なる産業構造を呈している。

優秀な人材を確保せよ

そうした変化の激しい時代、少子化も相まって、技術者を以前のように大量採用できるような地合いにはない。各社は優秀な人材を確保しようと従来にも増して躍起となっているように見受けられる。「黒子役に甘んじていてはいい人材を取りづらい」との危機感もにじむ。

電子部品各社は採用活動に当たり、伸びが期待できる市場だと強調し、独自の強みや将来性、高い営業利益率などを前面に押し出し、強気のスタンスで臨んでいる。新卒を対象とした各社の専用ウェブサイトでは、「電子情報産業に占める『電子部品業界』の市場規模は非常に大きく魅力ある業界です」（村田製作所）、「成長し続ける会社で、成長し続けよう」（日本電産）などと明るい展望を示し、学生を鼓舞する言葉が並ぶ。

採用サイトに限らず、テレビCMや広告を強化し

キーワード解説

Tier1、Tier2

Tier（ティア）は「層」を意味し、主に製造業での1次下請け、2次下請けを意味する。特に自動車産業で使われ、ティア1企業は自動車メーカーに製品を納め、ティア2はティア1に納品する構図。

て露出を増やし、認知度向上を図る動きもある。ただ、繰り返しになるが、電子部品各社の業績や市場の将来性は総じて堅調である。逆の見方をすれば、電子部品業界は知る人ぞ知る優良企業群、就職先であるとも言えるだろう。

変わるもの、変わらないもの

電子部品の市場はＩｏＴの進展、自動車の電装化、金融サービスとＩＴを組み合わせた「フィンテック」などの浸透により、拡大の一途を辿る。「電子部品」の電子は想像を超えるスピードで衣料や家具といった日用品、生活の隅々に広がっており、もはや家電やスマートフォンといった枠に収まらない。

造る部品、届ける先が変わっても、各社の理念、ＤＮＡは脈々と受け継がれている。電子部品メーカーは、その多くが小さな町工場、あるいはプレハブ小屋から始まり、「世のため、人のため」となることを是とし、より豊かな社会の発展に尽くしてきた歴史がある。その創業時の精神は変わらない。

そうした理念のもとに一代で大企業を築き上げた人物として知られる1人に、京セラの創業者、稲盛和夫名誉会長がいる。数々の名言や経営哲学を生み出してきた。

「夢を見る大人になろう。」

その京セラが行う新卒採用で学生に向けたキャッチフレーズである。会社を前に前に進めていく原動力は夢だという。京セラの新卒採用のページには「遠慮はいらない。大きな声でキミの夢を聞かせてくれ。それこそ私たちの原動力」と続く。まるでＴＢＳでドラマ化もされ、人気を博した「下町ロケット」（池井戸潤〈２０１３〉小学館）に登場する佃製作所の熱い経営者、佃航平が言いそうな言葉である。

京セラに限らず社員、仲間になろうとする人たちに求められるのは、何よりまず夢。未来に対する逞しい想像力と、夢を実現しようという熱意である。

3 部品は縮小、機能は拡充
――限界への挑戦、「ムーア」を超えて

部品の微細化と高性能化

日本で電子部品産業が勃興するのは１９５０年代、特に白黒テレビ・冷蔵庫・洗濯機の「三種の神器」が普及し始めた「電化元年」以降である。

日本における家電産業の夜明けを象徴する製品の１つはラジオで、その中核を成す部品、能動素子（１０２ページ参照）は真空管だった。テレビに比べて安く、また真空管などの部品を集めて自作できることから、大衆娯楽として人気を呼んだ。作り方などを紹介する雑誌「初歩のラジオ」（誠文堂新光社）、「模型とラジオ」（科学教材社）も50年前後に相次いで創刊され、それぞれ「初ラ」、「模ラ」として親しまれた。その熱狂的な愛読者らはラジオ製作に入れ込み、「少年技師」と呼ばれるようになる現象も生まれた。彼らが、高度経済成長期に普及した家電の製造現場を支えていくきっかけともなった。

初期のラジオで使われていた代表的な真空管の大きさは、高さ約12・5センチ、直径約３・８センチで、スイッチを入れた後にヒーターが加熱するのに20秒かかったという。

同様に、現代の利器とは使い勝手がまるで異なる例として、ＥＮＩＡＣ（Electronic Numerical Integrator and Computer）がある。45年に登場した最初の本格的なコンピュータで、完成まで数年の歳月と、５０００万ドルの費用を要した。その労苦もさることながら、驚くべきはその大きさである。前述のような真空管を１万７４６８本、スイッチは６０００個、電気を蓄えたり放出したりするキャパ

シタ（コンデンサ）は1万個、抵抗器は7万個と膨大な量の部品を必要とし、160平方メートルの部屋に置かれた装置は計30トンに上った。「部品は小さく、高性能に」という現代まで連綿と続く「微細化」指向は、ENIACが世に出た当初からの、言わば社会的要請であった。

世界初の本格的コンピュータ「ENIAC」

日本ユニシス株式会社提供

真空管などの能動部品は時代とともに技術が進歩し、能動素子はトランジスタ、そして集積回路（IC；Integrated Circuit）へと変遷、発展を遂げてきた。

当時の真空管の大きさと比べると、現代のLSI（Large Scale Integration; 大規模集積回路*）は1000万分の1まで小さくなった。また、毎秒5000回の演算をできたENIACだが、日本が誇り、2019年に「引退」したスーパーコンピュータ「京」はその10兆倍以上もの性能を持つとされる。

> **キーワード解説**
> **LSI**
> ICの集積度を高め、1つのチップに1000個以上の素子を組み込んだ「大規模集積回路」。「高密度集積回路」とも。複数のLSIから成るシステム機能を、1つのチップに全て収めたものをシステムLSIという。

等比級数的進化

ICを手掛ける米インテルの共同創業者、ゴード

電子部品の大きさの変化

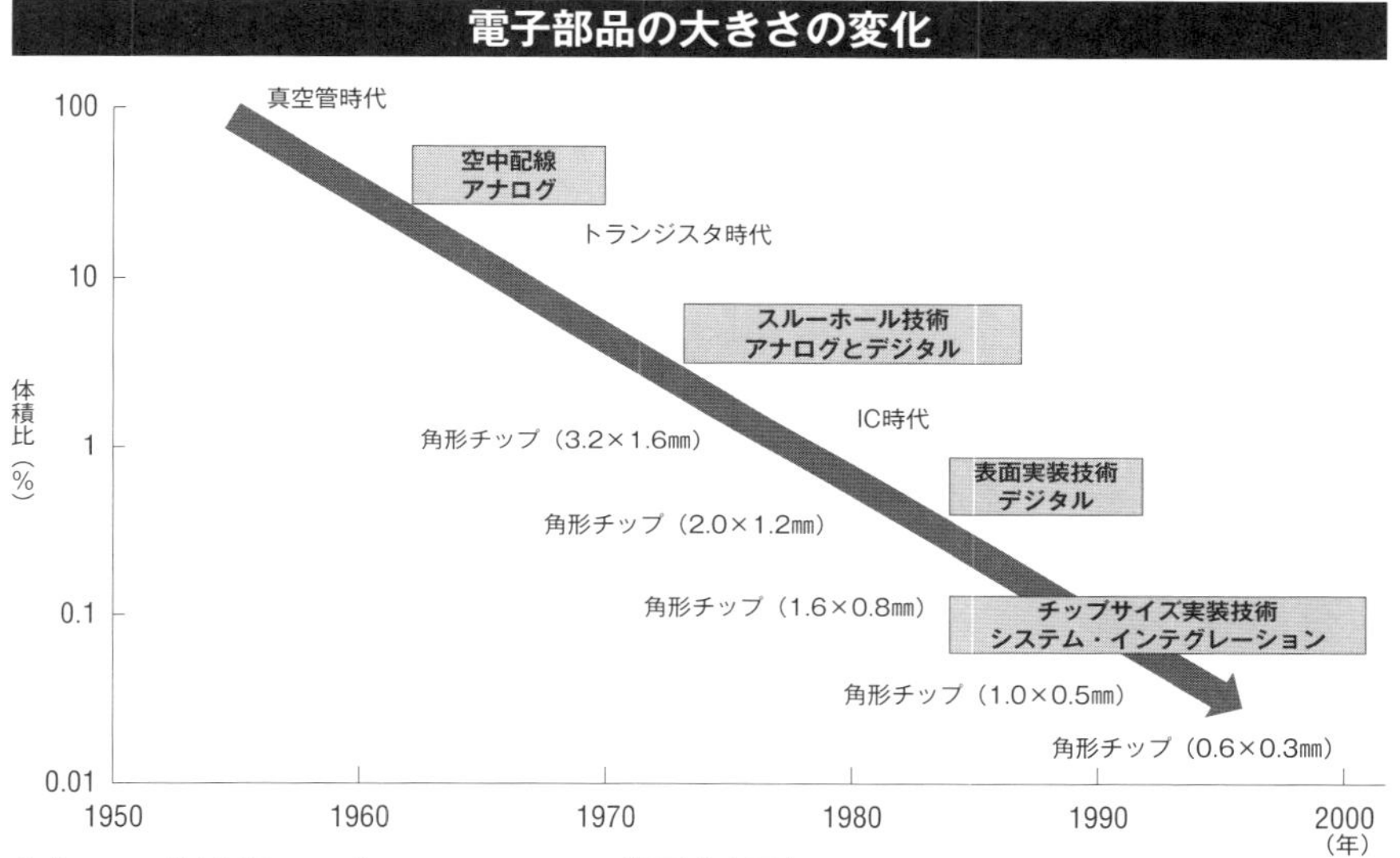

出典:JEITA「抵抗器、コンデンサ、コイルのイメージ的形状変遷」

ン・ムーア（Gordon E. Moore）氏が提唱し、長らく電子情報産業の通説となってきたのが、同氏の名を冠した「ムーアの法則」（Moore's Law）である。

同氏が１９６５年に論文上などで示した「半導体のトランジスタの集積度は2年で倍増する」という経験に基づくこの説は、約半世紀にわたり半導体、ひいては電子部品業界の指針ともなってきた。ほぼこの「予言的な」仮説に従い、ＩＣは微細化し、米アップルのｉＰｈｏｎｅをはじめとする小型で精密な機器の発展を支え、文明の利器たらしめてきた。

トランジスタのみならず、ＩＣに搭載される抵抗器などの電子部品のチップも、上のグラフに示す通り、精密、微細なものへと発展してきた。その速度は、1年後に2倍、2年後に3倍、3年後に4倍といった形ではなく、1年後に2倍なら、2年後に4倍、3年後に8倍といった等比級数的、指数関数的な長足の進歩だった。

こうした部品の微細化のスピードが早いため、製造現場は苦戦もしている。はんだ付け技術の普及を目指すＮＰＯ法人「日本はんだ付け協会」（滋賀県東近江市）には、2018年以降に多くの企業から「セラミックコンデンサなどを扱う大手部品メーカーが、従来電子機器に多く使われていた1608チップや1005チップの製造ラインを0603向けに変更したため、やむなく0603、0402のチップ部品を使用しなければならなくなった」「0603や0402チップの修正や手実装（機械によらない実装）で困っている」との声が寄せられている。1608などはサイズに基づく呼称で、1608は1・6×0・8ミリ、0402なら0・4×0・2ミリのサイズとなる。

チップの大きさ

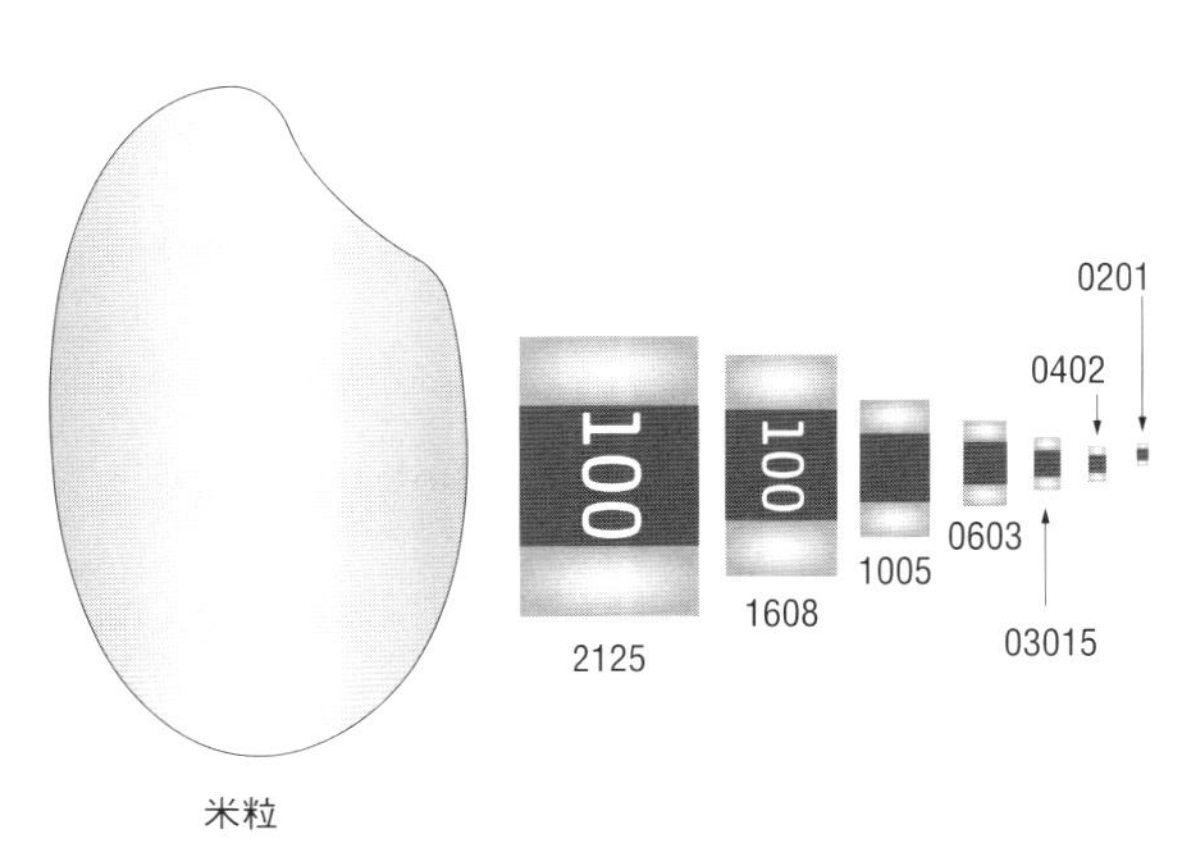

出典:日本はんだ付け協会「世界最小!電子部品の微細化はここまで進んだ!」

限界か、臨界点を超えるか

近年はこんな声も聞かれるようになってきた。

「ムーアの法則は終焉を迎えた」

GPU*最大手の半導体メーカー米NVIDIA（エヌビディア）は19年3月、ムーアの法則をそう位置付けた。同社がムーアの法則は終わったと指摘したのは、これが最初ではなく、過去何度も言及している。

その終焉は、確かに近づきつつあるのかもしれない。インテルや半導体製造のAMDなどが加盟するSIA（Semiconductor Industry Association: 米国半導体工業会）は16年、トランジスタの微細化は21年までに止まるとの報告書を発表していた。シリ

キーワード解説

GPU

Graphics Processing Unit（画像処理装置）の略。3Dグラフィックスなどの画像描写に必要となる計算処理を実行する半導体チップ、プロセッサ。ディープラーニング（深層学習）やAI開発に向いており、需要が高まっている。

コンのトランジスタをナノよりも小さい世界、すなわちピコ（1ミリの1兆分の1）レベルで小さくしようとすると、経済効率が悪くなると分析した。

世界を構成する、それ以上分解できない原子の大きさは、ナノとピコの間に位置する。例えば水素原子は0・1ナノメートル＝100ピコメートルである。こうした世界に迫っていくことへの難しさに世の科学者、技術者たちは頭を抱えている。「2年で倍増」といった高成長の時代は限界に達しつつあるのだろうか。

「ムーア」を超えてゆけ

ただ、長らく業界の指針とも暗示的目標ともなってきたこの法則は、形を変えながら、継承されていくと見る向きもある。

その方向性は3つある。1つはこれまでのムーアの法則をさらに追求していく「モア・ムーア」(More Moore)、もう1つは半導体技術にセンサなど別の素子を融合させ、新たな機能デバイスを生み出そうとする「モア・ザン・ムーア」(More Than Moore) というアプローチ。そして3つ目は、現在のICの普及型であるCMOS、それとは全く別の動作原理の素子を作り出し、CMOSを超えていこうとする「ビヨンドCMOS」(Beyond CMOS) と呼ばれる道である。

いずれにしても部品がより小さく、高機能化していくというのは、時代の要請であることに疑いない。さらに、こうした変化は「(コンピュータなどの)機器にだけ起こっている現象ではなく、情報テクノロジーのすべてで起こっていること」だと未来学者でグーグルの技術部門のディレクターにも就任したレイ・カーツワイル (Ray Kurzweil) 氏は強調する（ノーム・チョムスキーほか、吉成真由美［インタビュー・編」「人類の未来—AI、経済、民主主義」〈2016〉p91、NHK出版）。初期のコンピュータから現代のスマホへと等比級数的に小さくなってきた歴史を踏まえ、今のスピードのまま行けば、（インタビュー収録時の16年9月から）25年後には赤血球ほどになっているだろうと語る。

同氏に限らず、JEITAなども、来るべき日本の高度に情報化した社会「ソサエティ5・0」で、人間の生体内に埋め込まれたチップが健康管理を担う未来像を描く。一昔前ならSFや夢物語だったようなテクノロジーが今、現実味を持って真剣に議論されている。

重要なのは、それが実現可能か否かよりも、そうした需要、希望、期待が世間にあるという事実である。社会的要請、人々の熱望に後押しされ、技術の進歩はまさに、指数関数的に、否応なく加速度的に進み続ける。たとえムーアの法則が崩れるとしても、求められている以上、微細化、高性能化は進み、使い勝手が良くなるにつれ、産業の裾野も広がり続けるだろう。

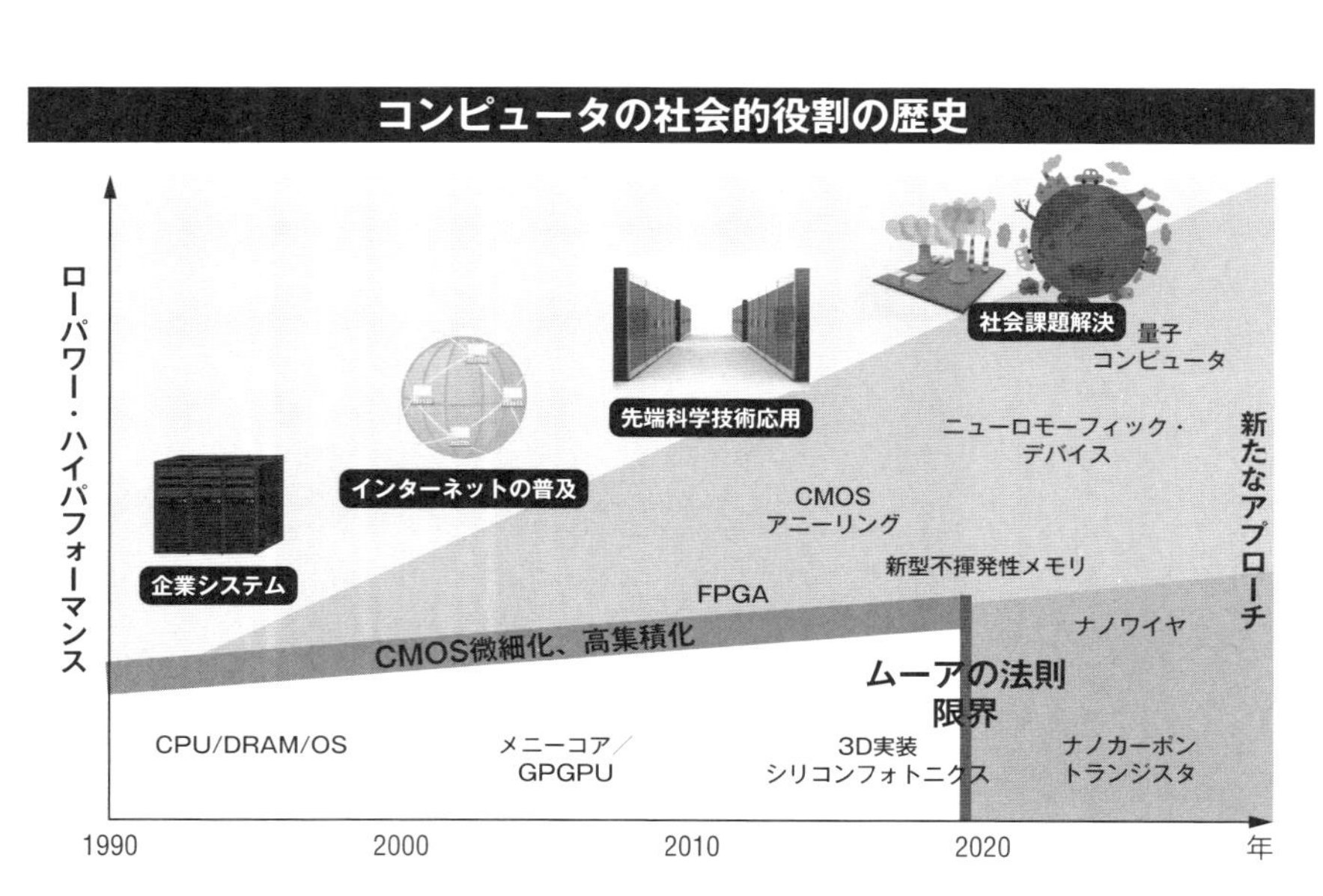

富士通ジャーナル「「ムーアの法則」はもはや限界!」をもとに作成

シンギュラリティへ向かう時代
——AI、IoT、xTech、5G

現代は次なる産業革命が始まりつつある。私たちは今、新たな革命の目撃者でもある。それは第4次産業革命と呼ばれる。ドイツ政府が2011年、ITによる製造業の変革の青写真を、「インダストリー（Industrie）4・0」として提唱した。時流に乗った提言に、世界中の政治家や経済界のリーダーは刺激を受け、続けとばかりにIoT、AIによる製造業の改革を豪語している。

日本としてはドイツのインダストリー4・0を含むスローガン、将来の理想像として「ソサエティ5・0」を16年に打ち出した。

そして、各国が切磋琢磨し、目指す先には後述する「シンギュラリティ」の世界が待ち受けるとも言われる。順に見ていくことにする。

産業革命のうねり

過去の歴史を振り返る時に、例えば「英国で産業革命が起きた」「日本で近代産業が花開いた」「大正デモクラシーだった」と、ある出来事を考証することに比べ、私たちが今まさに生きている現代がどんな時代なのか、変革のうねりの只中にいながら、それを見定め、定義付けるのは容易ではない。どこが歴史の転換点だったか、トレンドが変わったのかを見極めるのは至難の業だが、同時に重要なことでもある。

一方、その躍動、激動する時代に生きている巡り合わせを是とし、幸運と捉えて謳歌（おうか）することもできるだろう。

インダストリー4・0とソサエティ5・0

内閣府やドイツ政府などの定義に則ると、第1次産業革命は18世紀末以降に英国で起こった水力や蒸気機関による工場の機械化であり、第2次産業革命は20世紀初頭の分業に基づく電力を用いた大量生産、第3次産業革命は1970年代初頭からの電子工学や情報技術を用いた一層のオートメーション化とされ、段階を経て進んだ。

第1次が起きてから第2次までが100余年、第2次から第3次は約70年と間隔が空いている。対して第4次産業革命は、第3次が起きてから40年ほどと比較的短い。電子工学、情報産業がもたらした社会構造の変革、その急速ぶりを物語ってもいる。

先鞭をつけたドイツに続き、第4次産業革命を率先すると呼び声の高い米国では2012年に、ゼネラル・エレクトリック（GE）が「インダストリアルインターネット」(Indusrial Internet) との表現で産業の高度化を掲げ、グーグルなどIT大手も商

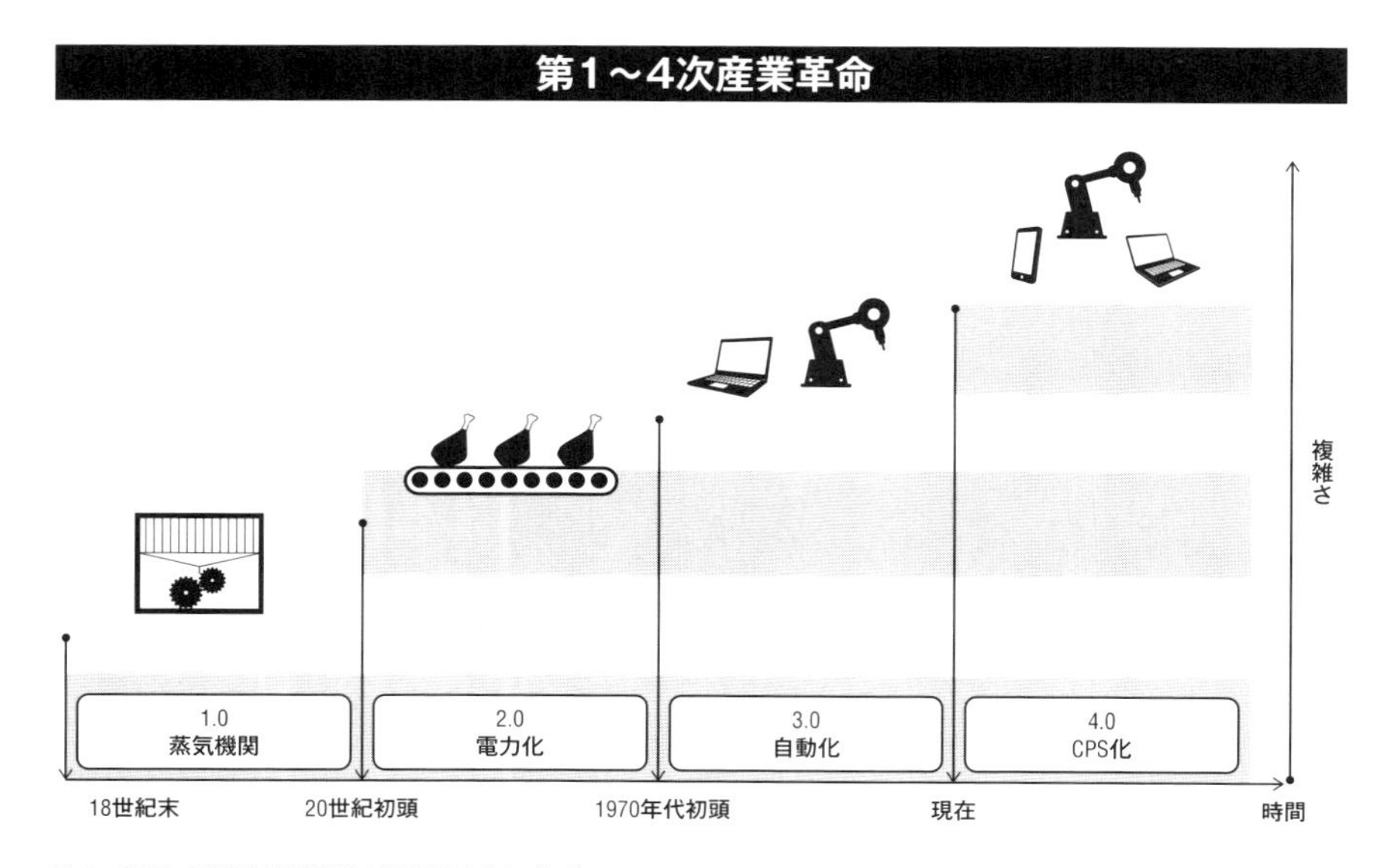

ドイツ貿易・投資振興機関の資料をもとに作成

機を探る。

中国は15年に、国務院の通達として「中国製造2025」(Made in China 2025)を公布し、国家主導で産業の高度化を推し進める。他にもフランスの「Industry of the Future」など各国が対抗的な戦略を打ち出している。

日本では経産省が17年、「コネクテッドインダストリーズ」(Connected Industries)を打ち出した。自動走行・モビリティサービス、ものづくり・ロボティクス、バイオ・素材、プラント・インフラ保安、スマートライフを重点5分野と位置付け、データやITを介して機械や企業や人がつながり(コネクテッド)、高度に効率化された社会を目指す。少子高齢化という社会課題の解決が急務との共通認識に立ち、官民を挙げてこの政策を実行し、「ソサエティ5・0」につなげていく方針が示されている。「超スマート社会」と表現されるソサエティ5・0は、2050年頃の社会の「あるべき姿」とされ、30年をめどに具体化するのが目標となっている。ビッグデータを活用したAIやロボットが、従来人間が担ってきた作業や調整を支援したり、肩代わりしたりする。ここでいう作業は単純作業にとどまらず、複雑な計算や論理的思考を必要とする業務も含まれる。その社会では、人間は厳しい仕事や苦手な作業から解放され、「誰もが快適で活力に満ちた質の高い生活を送ることができる」と展望されている。

各国が高度に情報化、デジタル化、機械化された社会の実現を目指し、奔走している。その進化は止まらず、可能なものから次々と労働力が機械、AI、ロボットに置き換わる。過去の日本を振り返っても、駅に自動改札機が導入され、スイカなど非接触式ICカードも普及し、切符を切るための人がいる駅は、都市部ではほとんど見掛けなくなった。

人工知能の進歩は止まらず、やがて人間の知性を超えると見込まれる。そのタイミングは「シンギュラリティ」(Singularity: 技術的特異点)とされ、以降は人類の生活が劇的に変わるとされる。その概念を提唱したのは先述のカーツワイル氏で、特異点は2045年に訪れるという。氏によれば、シンギュラリティを超えた後の人類は「もっとユーモラスに

第4次産業革命をめぐる各国の動き

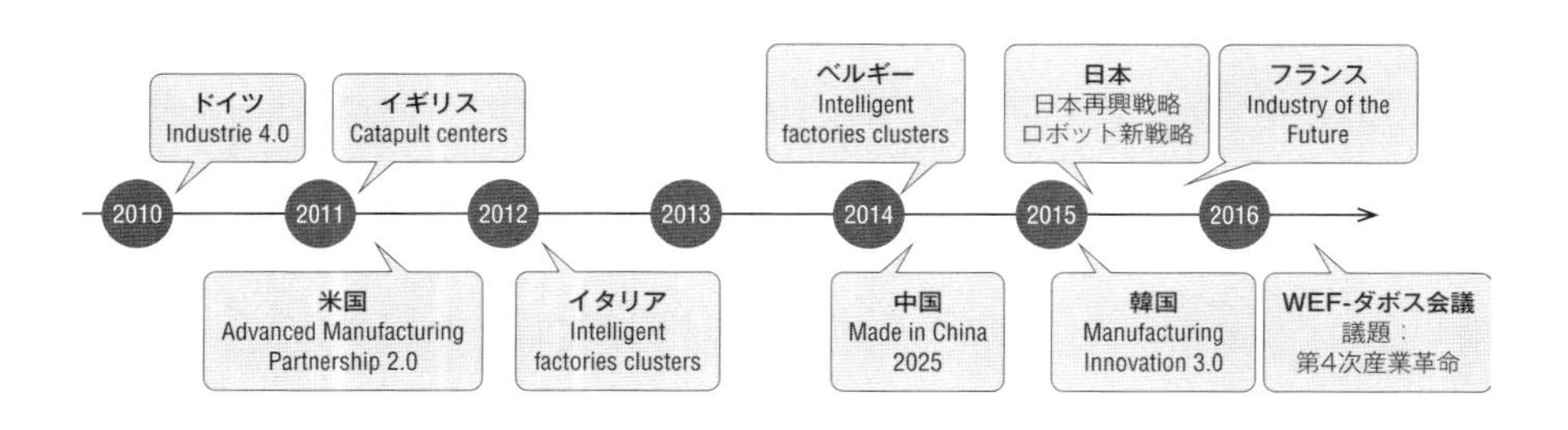

出典:総務省「第4次産業革命における産業構造分析とIoT·AI等の進展に係る現状及び課題に関する調査研究」(2017年)

なり、より素晴らしい音楽や、アートや、文学を生み出すことができるようになり、どんな新しい知識でも十分理解することができるようになる」（前掲、p101）。

IoT、CPS、5G、xTech

シンギュラリティまでの道のりを辿る上で、目下最重要視される技術やトレンドが、既に何度も出てきたIoTや、そのIoTの一形態と位置付けられるCPS（Cyber-Physical System）、IoTの推進に重要な役割を果たす次世代移動通信システム「5G」、そしてフィンテックに代表される、情報通信技術を駆使した革新的な製品やサービスを通じたビジネスの新領域「x（クロス）テック」などである。

いずれも互いに深く密接に連関し合い、今後大きく伸長する上で、電子部品が重要な役割を果たす分野である。こうした業界横断的な技術や新たなビジネスをも支える電子部品の詳しい用途は、Chapter3であらためて説明する。

5 激変する産業構造、応用利く電子部品
――家や街、自然にも宇宙にも

スマホ需要減も何のその

　電子部品の供給先は、産業が揺籃（ようらん）期にあった時代に生まれたラジオを発端に、テレビやパソコン、携帯電話、スマートフォンへと広がり続けてきた。そのスマホは市場が成熟し、需要に陰りが見え始めているのも事実である。

　しかし、そうした供給先の需要の頭打ちや落ち込みは、電子部品業界にとっては宿命である。部品という性質上、常に最終製品の動向を察知し、先回りして供給態勢を整える必要がある。

　例えば、ＴＤＫが強みを持っているデータの書き込みや読み出しに使う磁気ヘッドは、その主な用途となるパソコンのＨＤＤ（Hard Disk Drive: ハードディスク駆動装置）の需要が、半導体メモリを使うＳＳＤ（Solid State Drive: ソリッド・ステート・ドライブ）への移行を背景に落ち込んでいる。

　しかしＴＤＫは「縮小、停滞の続くＨＤＤ市場の中でも既に手は打ってあります。まず、２拠点体制としていた前工程の拠点を１拠点体制に集約」するといった効率化を図り、磁気ヘッド事業を「必要とされる存在」であり続けると位置付けてきた。

　ＴＤＫはそうした先々を見越した戦略を取り、ドイツのインダストリー４・０を念頭に、「インダストリー４・５」を打ち出し、半歩先を行く生産体制の高度化を推し進めている。

　もちろんＴＤＫに限った話ではない。オムロンや村田製作所など電子部品メーカーは総じて、常に未来を見据えた経営戦略や技術開発のロードマップを

描く。十年、数十年先に実現するであろう社会に向け、今必要な技術、部品が何かを全社一丸となって考え、布石を打ち続けている。

水平分業とオープンイノベーション

求められる電子製品やその性能が時代とともに目まぐるしく変わる中、その製造工程、構造も大きな変化に見舞われてきた。すなわち、電子機器、家電業界は世界的に「水平分業型」が主流となり、自社工場を持たずに外注によって製造する「ファブレス」(fabrication facility -less) 企業も増えつつある。

従来、日本の電機メーカーは水平分業とは逆の「垂直統合型」で、それが強みを発揮していた時代もあった。しかし、顧客のニーズや志向の多様化、製品ライフサイクルの短期化、グローバル化を背景とした競争構造の変化に伴い、製造現場に求められる水準は時代とともに厳しくなっていった。そうした中、基礎研究から製品開発までの全てを自社グループ内だけで完結させるやり方は、小回りが利きづらく、時代にそぐわなくなってきた。さらに、工場や設備などの多額の投資をしてきたために既存事業から撤退しにくくなるといった弊害も出始めた。

それは、２０００年代後半以降、相次いだ電機メーカー大手による巨額赤字の計上という形で露呈した。各社は、垂直統合型の生産モデルからの脱却、大規模な経営構造改革が求められるようになっていた。

垂直統合を「自前主義」と表現した文部科学省の科学技術白書は「自前主義あるいは垂直連携の場合、出来上がった最終製品は最適化された各部品の集合体として特殊化し、個々の部品の汎用性が低くなることがある」と弱点を指摘し、垂直統合型は「限界に達してきた」と結論付けた。なお、日本の電機メーカーが垂直統合型により飛ぶ鳥を落とす勢いで成長を謳歌していた１９８０年代、米国では自前主義が急速に衰え始め、「大企業中心のイノベーションからベンチャー中心のイノベーションにシフトしてきた」とも示唆する。

こうした背景から、世界的に普及し始めていた水平分業（水平連携）型が日本でも広まった。垂直から水平へとパラダイムシフトが進むにつれ、重要とされるのが「オープンイノベーション」である。これは端的に言えば、企業や大学などが組織の枠を超えて知識や技術を持ち寄り、新たな製品やサービスの開発に取り組む手法で、特に２０１０年代に入って目立ち始めた。科学技術白書が自前主義と同義とした「クローズドイノベーション」と反対の概念である。

水平分業（連携）によれば、部品の境界部分（インターフェース）が標準化され、部品の組み合わせによって多様な最終製品が造れる。各部品を再設計せずに他の部品と組み合わせられるため、効率化されてコストを減らせる上、新たな組み合わせにより従来なかった製品が生まれやすい、すなわち「イノベーション」が起こりやすい。

こうした潮流の中、電子製品の製造工程は大きく変わり、前述の通り、「最適化された各部品の集合体」としての最終製品は競争力を持ち得なくなった。つまり、ある特定の製品に特化するのではなく、汎

水平分業（連携）型によるオープンイノベーションのモデル

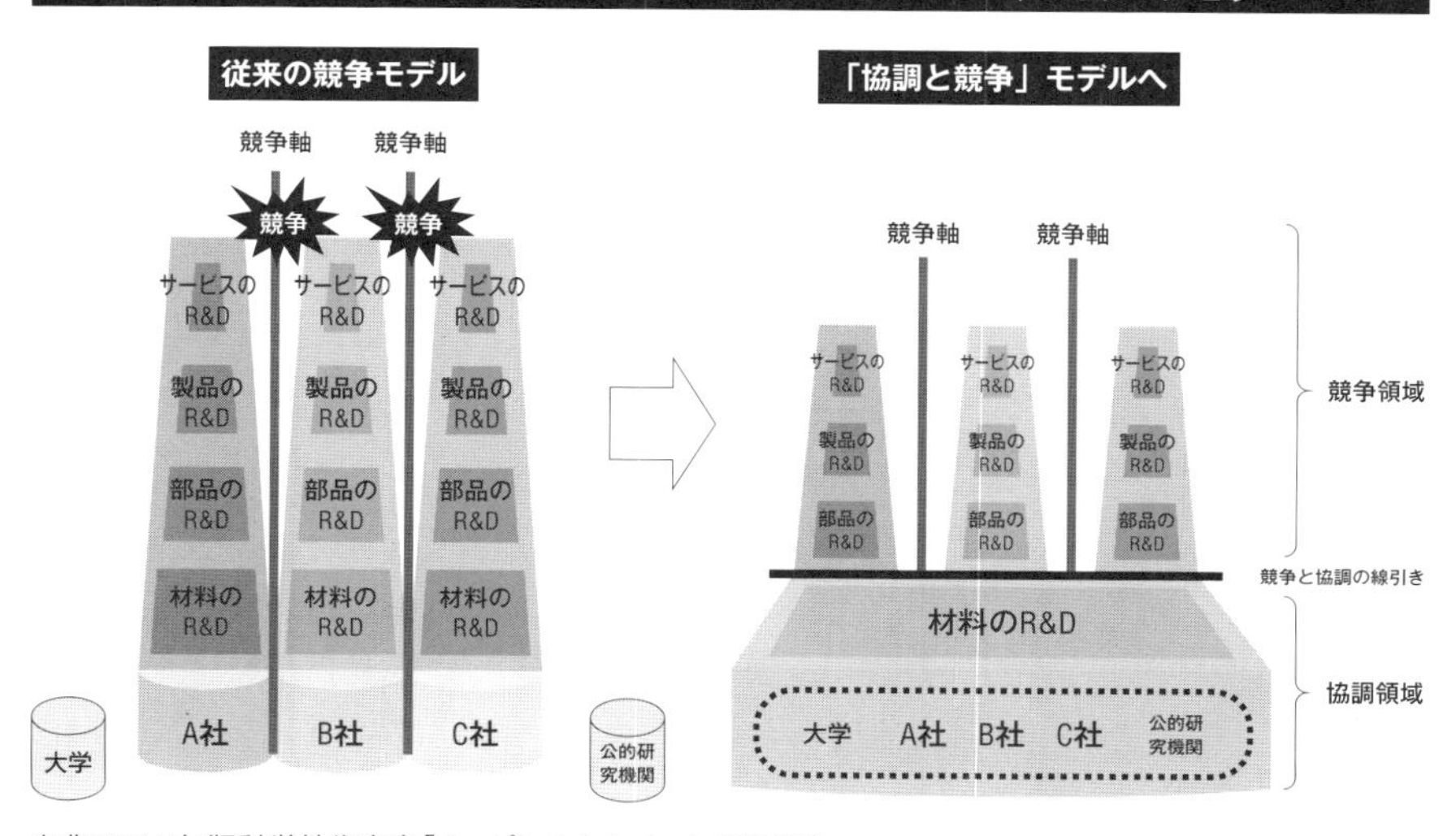

出典:2017年版科学技術白書「オープンイノベーションの現状」

用性のある標準化された部品こそが、オープンイノベーションの時代には求められている。

少し回りくどくなったが、電子部品メーカーはまさにそうした市場のニーズを読み取り、モジュール化*を進めてきた。水平分業の時代にこそ、電子部品の強みはますます発揮されることになる。日本勢の取り組みは「Chapter2　日系メーカーの動向」で見ることとし、本項では、象徴的な例として、自動車産業での変革の取り組みを紹介する。

Tier1、Tier2などの系列の下請けメーカーに象徴されるように、日本の自動車業界は最も典型的な垂直統合型産業とされてきた。しかし、燃費性能の向上といった各社の共通課題を解決するため、14年にトヨタ自動車やホンダをはじめとする自動車大手などが共同でAICE（Automotive Internal Combustion Engines: 自動車用内燃機関技術研究組合）を立ち上げた。大学の知見も活用して基礎、応用研究を行い、成果を共有し、開発を加速させることとしている。

前ページの図のように競合同士でも、協調できる分野では手を組む、水平連携型のオープンイノベーションとして期待されている。

キーワード解説

モジュール化

交換可能な構成要素として、多くの部品から成る一塊のパッケージ「モジュール」（module）を仕様とした製造工程を構築すること。一定の規格に基づいて互換性のある部品群が造られるため、異なる内部設計のモジュール同士を取り換えても、全体として問題なく作動する。互換性に優れ、最終製品の製造効率が上がるほか、部品の組み合わせが多様化して新製品も生まれやすくなるとされる。

自動車産業に軸足、医療やロボットも

その自動車産業は現在、電子部品各社にとって格好の売り込み先として注目されている。電子部品の活用が期待される各分野は、「Chapter3　電子部品業界の基礎」で詳しく見ていくこととし、本項では全体を俯瞰する。

前述のように、日本の自動車業界は大手自動車メーカーを頂点に垂直統合型の産業構造が確立され、

自動車部品はトヨタ自動車など系列メーカーが影響力を保持している。系列の色がついていない独立系が多い電子部品各社は、入り込む隙間はないようにも見られていた。

しかしここにきて電気自動車（Electric Vehicle）の開発が世界中で活況を呈し、日本でも「ＥＶ元年」として自動車の電化に向けた取り組みが急速に進み出している。カーシェアなど使いたい時だけ利用するサービス「ＭａａＳ」（Mobility as a Service）や、業界トレンドの言葉の頭文字を取った「ＣＡＳＥ」（Connected, Autonomous, Shared & Services, Electrification）、ＡＤＡＳ（Advanced Driver-Assistance Systems: 先進運転支援システム）といった新たな概念が登場し、自動車業界には１００年に1度の大変革の波が来ている。グーグルが、ソフトバンクが、パナソニックが、業界の垣根を超えて自動車業界での利益拡大を図っている。

これらのイノベーションは自動車のデジタル化、電装化を伴うため、電子部品の需要は自ずと高まる。勢い、電子部品と自動車部品の垣根も低くなり、境界があいまいになってきている。そうした折、ＪＥＩＴＡによる電子部品の用途別構成比の調査では、18年1～3月期に「調査開始以来、初めて自動車が通信機器を上回る」結果となった。季節要因などの影響はあったにせよ、これは決して偶然ではない。多くの電子部品メーカーが着実に自動車産業へ軸足を移しつつある。

電子部品各社の強みが発揮できる分野として、同様に親和性が高いのが医療の分野である。医療技術はどんどんミリメートル以下の世界へと進み、機器に搭載される部品も一層の精密さが求められている。電子部品各社の腕の見せどころでもあり、こぞって医療関連分野に力を入れている。

また、産業機器や工場のオートメーション化に伴い、ロボット向け電子部品の需要も高まっている。宇宙分野でも、放射線を浴びる中でハイパフォーマンスを出せる電子部品が求められている。

他にも電子部品は幅広い業種で引き合いが強まっている。背景には、先述のＩｏＴやクロステックの進展がある。家庭内のあらゆる家電、ドアや照明などもインターネットでつながり、仮想空間が作り上げられていく。街も日々スマート化していく。富士キメラ総研（東京）が19年5月に公表したソサエティ5・0に関連する市場調査によると、25年の世界市場は17年に比べ、58・9％増の16兆９５２８億円に上ると予想される。そのうち受動部品（１０５ページ参照）関連は4分の1前後で推移し、安定した需要が見込まれている。

　ソサエティ5・0やインダストリー4・0を進めていくと、当然の帰結としてそうした幅広い分野で電子部品の需要が高まることとなる。日常生活や事業環境が様変わりするほどの破壊力を持ち、その変化はまさに指数関数的な早さで訪れる。

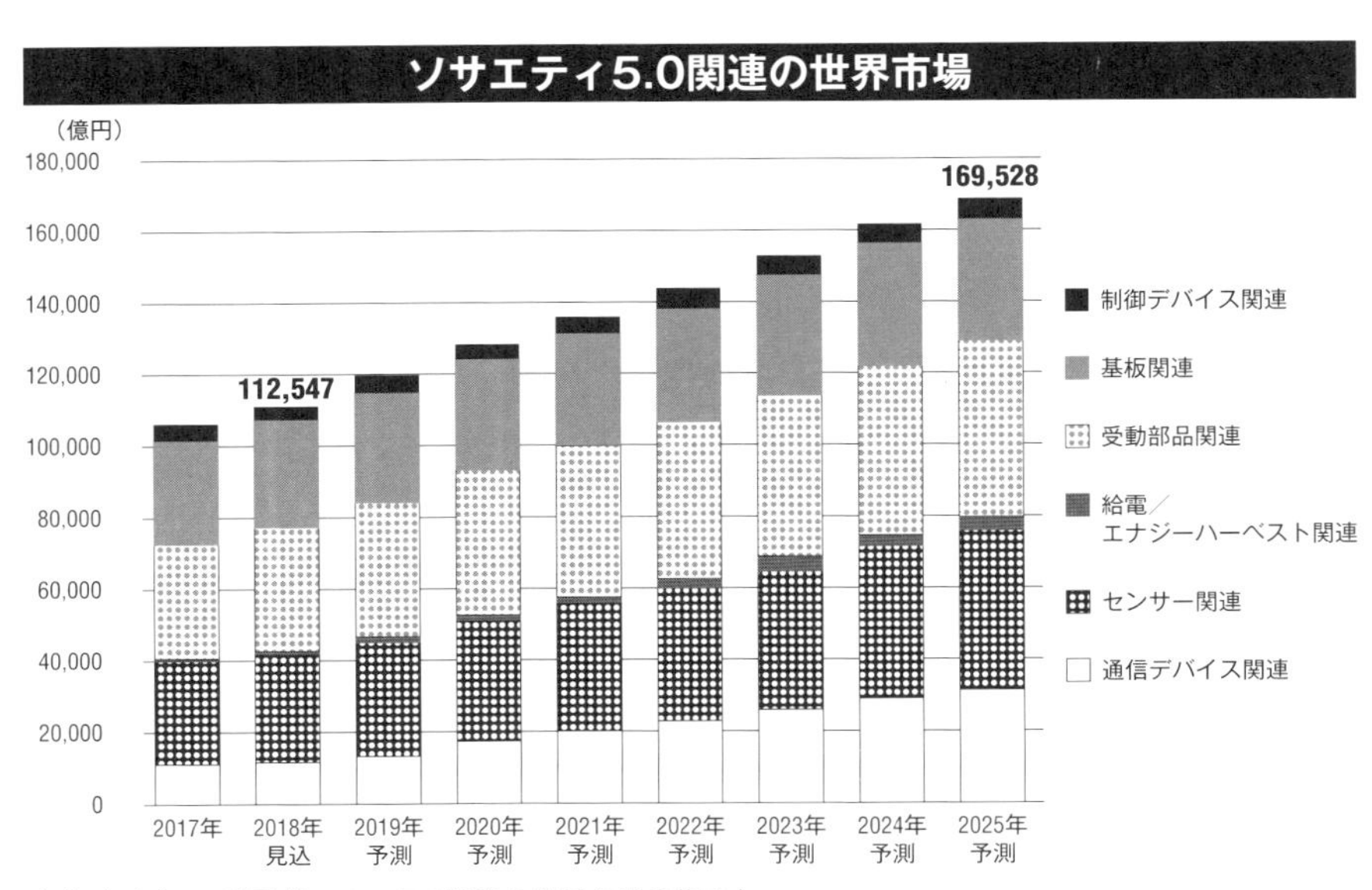

出典:富士キメラ総研「Society5.0関連の世界市場の調査」

詰まるところの「電子部品」

――統計ごとのカテゴリに留意

「電子部品」？「半導体等電子部品」？

電子部品業界の市場規模や関連する事業環境を俯瞰してきたが、一口で言ってもその定義はなかなかどうして難しい。電子部品を扱ったビジネス書を並べてみても、その定義は一定でない。電子部品メーカーと括られる各社もそれぞれ定義付けが異なる。電子部品に半導体を含めているものもあれば、半導体を別個のものとして扱う書もある。立ち位置や目的で表現、定義が使い分けされている向きもある。

そのため最初に断わっておくと、本書で電子部品という時には、原則として半導体や液晶ディスプレイは含まない。規模の大きい半導体は、別枠扱いで電子部品に含めないのが通例となっている。本書ではＪＥＩＴＡなどの分類に従い、コンデンサ、抵抗器、インダクタなどの「受動部品」、スイッチやコネクタなどの「接続部品」、センサやアクチュエータの「変換部品」、そして電子回路基板や電源、高周波部品など「その他電子部品」を中心に取り上げることとする。

日本の公的統計に用いられる「日本標準産業分類」（２０１３年10月改定）によると、電子部品は「大分類　Ｅ　製造業」の「中分類　28　電子部品・デバイス・電子回路製造業」にカテゴリ分けされる。

さらにブレイクダウンすると、抵抗器やコンデンサ、音響部品、磁気ヘッドなどを包含するのは、「小分類　２８２　電子部品製造業」となる。さらに電子回路基板は「２８４　電子回路製造業」、電源や高周波部品は「２８５　ユニット部品製造業」

となる。なお、半導体や液晶は「281　電子デバイス製造業」のカテゴリに振り分けられる。

電子部品と半導体、両方にもまたがるのが「283　記録メディア製造業」で、USB（Universal Serial Bus）などの半導体メモリは「2831　半導体メモリメディア製造業」に入るが、「2832　光ディスク・磁気ディスク・磁気テープ製造業」は電子部品として扱う。磁気テープはかつてTDKなどが力を入れ、ビデオテープやカセットテープとして知られていたが、10年代になって撤退した。

また近年、村田製作所や京セラなどの大手電子部品各社がM&A攻勢をかけ、半導体関連メーカーを相次いで傘下に収めている。抵抗器から発祥したロームは現在、「ROHM Semiconductor」と半導体メーカーを自認している。電子部品メーカーにとって、半導体事業は切っても切れない関係にある。

電子部品デバイスの産業分類

中分類 28　電子部品・デバイス・電子回路製造業

- 281　電子デバイス製造業
  - 2813　半導体素子製造業（光電変換素子を除く）
  - 2814　集積回路製造業
  - 2815　液晶パネル・フラットパネル製造業
- 282　電子部品製造業
  - 2821　抵抗器・コンデンサ・変成器・複合部品製造業
  - 2822　音響部品・磁気ヘッド・小形モータ製造業
  - 2823　コネクタ・スイッチ・リレー製造業
- 283　記録メディア製造業
  - 2831　半導体メモリメディア製造業
  - 2832　光ディスク・磁気ディスク・磁気テープ製造業
- 284　電子回路製造業
- 285　ユニット部品製造業
  - 2851　電源ユニット・高周波ユニット・コントロールユニット製造業

日本標準産業分類（2013年10月改定）をもとに作成

統計ごとの有用性

こうした分類は、各種統計を参照する際は留意が必要である。統計によって分類や用語が異なる。

例えば、経済産業省が工場などの生産や在庫、従業員数を毎月調査する「生産動態統計」では、先述の日本標準産業分類に準じて統計が取られている。

一方、鉱業・製造業の生産や出荷、在庫を指数化して活動状況を総合的に見る、同省の「鉱工業生産指数」では、「電子部品・デバイス工業」として括られる。

また、財務省が毎月発表する製品の輸出入に関する「貿易統計」によると、電子部品は「電気機器」の中の「半導体等電子部品」として表され、その内数として「ＩＣ」の輸出入の実績値を示している。「電気機器」の中には「電気回路」や「音響・映像機器の部分品」もある。

このように、電子部品や電気製品を扱う職業にとって重要な各種統計を並べてみると、カテゴリや用語は全く同じではない。電子部品の動向を把握するには、複眼的に統計をチェックする必要がある。特に貿易統計の「半導体等電子部品」の数値は、半導体が輸出量の過半数を占めることも多い。「半導体は不調だがそれ以外の電子部品は堅調」であれば、全体を電子部品が下支えする構図になっている場合も少なくないので、数値や用語をつぶさに見ていく姿勢が求められる。

業界の垣根を超えて

会員企業の協力を得ながらさまざまな統計を扱うＪＥＩＴＡは、17年に規約を変え、ＩＴ、家電メーカーに限らず、ＩｏＴに携わる企業全般に参加枠を広げた。これを受け、会員数は増え、ハウスメーカーや住宅設備メーカーの知見も踏まえ、「スマートホーム部会」を同年に立ち上げている。こうした新たな動きも、ソサエティ５・０の方針に合致している。

そんなＪＥＩＴＡは、情報通信ネットワーク産業協会（ＣＩＡＪ）とコンピュータソフトウェア協会（ＣＳＡＪ）の3団体で国際展示会「ＣＥＡＴＥＣ（シーテック）(Combined Exhibition of Advanced Technologies) ＪＡＰＡＮ」を主催している。かつての家電見本市から、「ＣＰＳとＩｏＴをテーマとするソサエティ５・０の展示会」へと変貌してきた。フィンテックで沸くメガバンクや保険会社、ローソンなどのコンビニエンスストア、旅行代理店といったエレクトロニクス以外の企業の参加が、展示会に新風を吹き込んでいる。

2018年のシーテックの様子。JEITA提供

20回目となる19年10月の開催からは名称からジャパンを取り、「ＣＥＡＴＥＣ」に変えると決めた。同種のＩＴや家電の見本市である米国のＣＥＳ（Consumer Electronics Show）、ドイツのＩＦＡ（Internationale Funkausstellung）とともに世界3大見本市の一角として、盛り返していこうとしている。直近の来場者は日本貿易振興機構によると、ＣＥＳは4日で約18万２０００人（19年）、ＩＦＡは6日で約24万５０００人（18年）、「つながる社会、共創する未来」がテーマのＣＥＡＴＥＣは主催者発表で4日間に約15万６０００人（18年）が訪れた。

ＣＥＡＴＥＣに電子情報産業以外の企業が参加しているのと同様、電子部品や電機メーカーが異業種の展示会に出展する機会も増えている。奇数年に開かれる東京モーターショーでは、ＩＴ企業の展示が目立ち、自動車の電装化が一層進んでいる様子を印象付けた。海外のモーターショー、あるいは住宅関連の見本市で、電子部品や電機メーカー、ＩＴ企業が出展する機会は今後ますます増えてくるだろう。

Chapter 2

日系メーカーの動向

1 優良企業揃い踏み——群雄、「割拠」するも、進む棲み分け

世界シェア4割の裏に

前章で見てきたように、日本の電子部品メーカーは依然として世界生産の4割のシェアを占め、隆盛を誇っている。電子情報産業という括りで見た時に、苦戦している半導体や液晶の各社に比べ、電子部品メーカーの堅調ぶりは目を見張るものがある。

その強さは偶然の産物ではない。中国、韓国が力をつけ、攻勢をかけている構図は、電子情報産業を生業とする各社に共通する。

ではなぜ電子部品は変わらずに堅調さを維持しているのだろうか。その源泉となる高い技術力は、部品の納入先となる電子機器製造を手掛ける「セットメーカー*」とともに歩んできた長い歴史の中で培われてきた。セットメーカーが不振に陥った1990年代以降も、不即不離の関係を続けながら、新たな道、供給先を探ってきた結果とも言える。

電子部品メーカーの大手は第2次世界大戦後に勃興した企業も多い。高度経済成長の波に乗り、比較的短期間で急速な成長を遂げた。それは家電の「三種の神器」とされる白黒テレビや冷蔵庫など、家庭に電気製品が普及していった「電化元年」、50年代半ば以降と符合する。

今でこそ電子部品各社は

キーワード解説
セットメーカー

主にエレクトロニクス産業で、最終製品の開発・販売を手掛ける企業。元々は納入された部品を組み立てる製造者という立場から付いた名称。水平分業が進んだ現代は最終の組み立てさえ外部に委託するパターンも増えている。

グローバルな販売網、供給体制を構築しているが、草創期は専ら国内市場で増え続ける家電の需要を取り込み、成長の糧とした。最終製品を造る松下電器産業（現パナソニック）や三菱電機、早川電機工業（現シャープ）、日立製作所や東京芝浦電気（現東芝）などが生活を便利にしようと開発競争を繰り広げる中、必要となる部品への要求水準は次第に高まった。部品メーカーは悪戦苦闘しながら応え、切磋琢磨を繰り返すうち、技術力が研ぎ澄まされていくこととなった。

　そしてメードインジャパンの製品が世界中で高く評価されるようになるにつれ、電機各社による海外進出は増え、60年代後半以降に目立ち始めた。その動きに呼応するように、電子部品各社も海外へと拠点を広げていった。

　ただ、消費者、エンドユーザーに届く最終製品は、東芝製とか松下製といったセットメーカーのブランドが冠され、内蔵される電子部品の社名が一般家庭に知られることは少なかった。部品メーカーが黒子と呼ばれるゆえんである。だが電子部品の高い技術力は昭和時代、電機メーカーの栄光の歴史が証明している。爾来、縁の下の力持ちとしてエレクトロニクス産業を下支えしてきた。

　1990年頃までは――。

日米の摩擦

日本が高度経済成長を謳歌し、電気製品をはじめ内需が右肩上がりに伸びる時代はやがて終わりを迎える。90年の大発会での株価急落とともに、バブル経済は崩壊へと向かった。

　それ以前、円安を背景として米国の対日貿易赤字が続き、勝ち過ぎの日本の自動車や電気製品などに対する不買運動や叩き壊しが、米国内で起こった。問題が深刻化した70年代以降、日米の高官が通商交渉を重ねるも、米側にとって埒が明かず、反日感情は収まらなかった。86年には「日米半導体協定」が調印され、日本が国内で外国製半導体の活用を奨励するといった内容が盛り込まれた。しかしそれだけでは効果が薄く、業を煮やした米国は翌87年、日本製のパソコンやカラーテレビなどに１００％の関税を課す、異例の措置に打って出た。91年には日本市場での外国製半導体のシェアを20％以上に引き上げることを目指す新協定も結んだ。

「あちら立てればこちらが立たぬ」の格言通り、米国が立ち直り、日本は沈んだ。そうこうしているうちに韓国や台湾、中国も立った。バブル経済の崩壊も受け、日本の電子情報産業は徐々に凋落（ちょうらく）し、世界での競争力と地位を失っていく。88、89の両年、日本は半導体出荷額の世界シェアの過半を占めることとなったが、それは三日天下で儚（はかな）く終わった。その後は現在の市場シェアが示す通り、日本は中韓勢の後塵を拝す結果となっている。

電子部品各社はしたたかに

ただ、電子部品業界はしたたかだった。部品が使われる最終製品、供給先のメーカーが流転することを、創業間もない頃から身に染みて熟知していた。初期はラジオに始まり、テレビ、電卓、ＶＴＲ、ゲーム機、ワープロと90年に至るまでも、幾度も変遷する供給先、ひいては世の中の需要に応えてきた。その柔軟性が電子部品産業の強みとも言える。

バブル崩壊後も、マイクロソフトの「Ｗｉｎｄｏｗｓ95」発売時の熱狂に象徴されるパソコンの大衆化、それに続く「ＩＴバブル」を背景としたデジタル化の波、携帯電話の爆発的普及と、電子部品は活躍する機会に事欠かなかった。

そして今再び、部品の需要家は大きく変わろうとしている。一大供給先だったスマートフォン市場が成熟して需要が一服している中、部品各社は軸足を従来のエレクトロニクス製品一般から、自動車や医療といった分野へ着実に移し始めている。ＩｏＴの進展に伴い、森羅万象で電子部品の需要が高まっていく。

少し大げさな言い方をしたが、それが過言ではないほどに今は大きな変革期、パラダイムシフトの只中にある。各社は経営戦略の中心に「未来」という言葉を据え、何十年も先を照らし、マイルストーンを置いている。

2 グローバルな舞台で活躍――世界に広がる生産拠点と販売網

早くから海外シフト

セットメーカーが海外に工場を出すと言えば、部品を供給する電子部品メーカーも追随するように海外に進出――。１９９０年以前はそうした傾向が顕著だった。80年代後半に進んだ円高の影響で、海外に生産拠点を移すほうが合理的との判断も徐々に広まりつつあった。

バブルが弾けた後の90年代も円高は止まらず、製造業の海外進出に拍車をかけた。時を同じくして中国が「世界の工場」と呼ばれるなど新興国の安い労働力を背景に、日系メーカーの工場がアジアを中心に次々と建てられていった。それが「産業の空洞化」と呼ばれる国内産業の衰退を招き、日本は「失われた20年」「失われた30年」と呼ばれる長い経済の低迷期に入った。

そうした状況下でも、電子部品各社は総じて堅調に業績を維持、むしろ伸長してきた。販売網や生産体制も次第に海外へとシフトし、グローバル化の波に早くから乗った。その流れを受け、各社の売上高や生産高における海外比率は自ずと高まっていった。

売り上げの9割が海外

近年の売上高営業利益率が約20%と業界屈指の業績を誇る村田製作所、その特徴の1つは収益における高い海外比率である。２０１９年3月期の連結売上高に占める日本の割合は９・１%、つまり残りの90・９%は海外での販売が占めている。その額は１

兆4293億円に上る。特に中華圏が過半を占め、積層コンデンサなどスマートフォン向け部品を納めている。

TDKも同期の連結売上高のうち、全体の91・8%に当たる1兆2684億円を海外が賄う。やはり中華系のアジアの比率が大きい。

各社の海外売上高比率

会社	比率
京セラ	63.3%
TDK	91.8%
村田製作所	90.9%
日本電産	86.1%
アルプスアルパイン	81.4%

2019年3月期。各社の資料をもとに作成

19年1月にアルプス電気とアルパインが経営統合してできたアルプスアルパインも海外売上高比率が8割を超える。

抵抗器の製造から発祥し、半導体素子やLSIの販売が伸びているロームは近年、7割前後を海外が担っている。

最終製品を消費者に届ける電機などのメーカー各社が、売上高の半分、あるいは大半を日本の国内市場が占める構図とは大きく異なっている。

一方、自動車部品メーカーのデンソーやアイシン精機も、海外での売り上げが過半を占める。売り上げに占める高い海外比率は、部品メーカーの大きな特徴の1つと言える。

生産拠点も販売網も海外に

海外売上高比率の高さは、生産や販売を担う海外拠点の多さを反映している。TDKは相次ぐ外資買収を背景に、海外の生産高が8割を超える。

14万人いる従業員の約9割が外国人というのは日本電産。「世界№1の総合モーターメーカー」を標榜し、40カ国余りで事業を展開、グローバルな人材がモノづくりの現場を支えている。

電気絶縁材料の国産化を目指して1918年に創業した日東電工は61年にニューヨークに駐在所を開設して海外進出を果たした。世界に現在100カ所超の拠点を構え、約3万人いる従業員のうち7割は

海外で働いている。

さらに最近の傾向としては、そうした海外勤務の従業員の現地化、つまり現地採用が進んでいる。一般社団法人の日本在外企業協会（東京）が２０１９年1月に公表した調査結果によると、海外従業員数に占める日本人派遣者数の比率は、過去9回行った調査で最低の１・２％となり、下落傾向が続いている。産業別では、製造業が１・１％で、そのうち電気機器は０・９％とさらに低い水準となった。非製造業は２・２％だった。

前述の通り、製造業は海外に工場を移転して久しい。国も「製造業の海外生産移転が継続的に進み、円高局面を迎えるたびに『空洞化』懸念の高まり」（内閣府）が見られるとして危惧する。

ただ、ドル高円安に振れた13年頃を境に、海外に進出している日本企業が再び日本に工場を造る動きも出始めた。また、訪日外国人の急増に伴うインバウンドの消費で、日本製の家電や化粧品が人気なことも背景に、そうした工場の「国内回帰」が話題となった。

電子部品業界では、ＴＤＫが16年に同社ゆかりの秋田県の由利本荘市とにかほ市にある2工場でそれぞれ新棟を建設し、電子部品の生産拡大に取り組んでいる。

村田製作所も18年10月に、生産子会社の出雲村田製作所（島根県出雲市）で生産棟の建設を始めた。４００億円をかけ、19年11月に竣工予定で、供給不足感が強い積層セラミックコンデンサの需要増加に対応していく。

日本電産は14年に中央

国内工場など新設の動き

TDK	16年、秋田県にかほ市と由利本荘市の工場に新棟
村田製作所	19年11月、島根県出雲市に新生産棟が完成予定
京セラ	20年4月、川崎市と滋賀県野洲市の工場に新工場棟が完成予定
オムロン	20年3月、オムロンヘルスケアの工場新設予定
日本電産	22～30年、第2本社機能、グループ会社本社、技術開発センターを集約する新拠点が京都府に完成予定

各社資料をもとに作成

モーター基礎技術研究所（川崎市）、18年に生産技術研究所（京都府精華町）に新棟を建設した。さらに22～30年にかけ、第2本社機能や技術開発センターなどを集約する新拠点を、京都府向日市に新設する遠大な計画を進めている。30年にグループの売上高10兆円を目指し、総額2000億円を投じて整備する。

京セラも銀などの各種ペースト製品を手掛ける川崎工場（川崎市）に約26億円を投じて新第1工場を、滋賀野洲工場（滋賀県野洲市）に約50億円で新工場棟を建設している。いずれも20年4月の完成を見込む。

オムロンは医療・健康機器販売子会社、オムロンヘルスケア（京都府向日市）の松阪事業所（三重県松阪市）で、家庭用血圧計の生産工場を20年3月に新設する計画を立てており、医療分野で展開を強化していく。

いずれにしても海外販売の維持、拡大が電子部品各社の経営上の最重要テーマの1つである。

そのために世界に広く販売拠点、営業網を張り、取引先、市場の需要を敏感に敏速に捉える態勢を取ってきた。自社販売網を生かし、いち早く情報をキャッチし、需要を取りこぼさずに収益につなげる。この臨機応変に環境に適応する柔軟な姿勢が強みとなってきた。「半導体商社」と呼ばれる専売部隊が、メーカーとは別個に確立している半導体産業との違いでもある。

高感度のアンテナを張り巡らす

日本の電子情報産業が垂直統合型の生産体制を続ける中、1980年代に世界のセットメーカー（電機メーカー）が水平分業型にシフトしていく動きに、電子部品メーカーは即応した。納品先を、海外に進出している日系企業に限らず、現地の各国の潜在取引先に広げてきた。

電子部品メーカーの先見性、進取の気性を示唆する事例として、ロームのシリコンバレー進出がある。58年に「東洋電具製作所」として設立した同社はその9年後の67年、半導体分野へ進出した。そのわず

ロームのシリコンバレーの進出当時の拠点

ローム株式会社提供

か4年後の71年には日系企業として初めて米国のシリコンバレーへ進出し、ICの開発拠点を設けた。ロームはその後もまた、さまざまな国、地域にテクノロジーセンターを開設し、海外の顧客の要望にすぐ現地対応できる態勢を整えていった。

　そうした先見性、先回りして需要を読み解くアンテナが、部品各社には不可欠だった。特に、日本の自動車部品産業のような系列の得意先がいるのと異なり、ある上客、納品先が流動的で安定しないのが常の、独立系メーカーが主流の電子部品産業にとっては。

３ 高みを目指し続ける世界一の技
——磨いて稼いで再投資の好循環

トップを走り続ける

電子部品メーカーの最も大きな特徴の１つとして、さまざまな部品ごとに、他を寄せつけない高い世界シェアがある。電子部品各社は「この部品、この分野では他社に負けない」といった圧倒的な強みを有している。

例えば村田製作所ならＳＡＷ（Surface Acoustic Wave; 弾性表面波）フィルターやショックセンサ、京セラならセラミックパッケージ、日本電産ならゲーム機用ファンやＨＤＤ用などの各種モータといった具合に、ある特定分野で「世界シェアトップ」の部品を抱える。各部品の詳細はＣｈａｐｔｅｒ４で説明する。

「世界一」という強みを持てば、自然と需要家側から相談が寄せられる。「次世代機を小型化したい。そのために部品をもっと軽量化しなければならない」などの要望があれば、まずは「村田さんに聞いてみよう」「京セラさんなら既にその技術開発が進んでいるかもしれない」という連想がはたらき、需要家側から引き合いや問い合わせが増える。そして、そうした要望、期待に応えるうちに製品の技術や性能がさらに高まり、他社の付け入る隙がなくなるという好循環が生まれる。

電子部品にも詳しいコンサルティング会社フロンティア・マネジメントの村田朋博氏は著書の中で、この好循環を「ニッチ方程式」と名付けている（村田朋博「電子部品　営業利益率20％のビジネスモデル」〈２０１６〉ｐ１１５、日本経済新聞出版社）。

すなわち、「ある分野に特化する→顧客が『○○なら××社』だよねと認識するようになる→顧客がまず電話する企業になる→さらにその分野での競争力が強化される」といった構図である。

特定分野における各社各様の強みは、日東電工が古くから掲げるように「グローバルニッチ」であり、そのニッチのトップに君臨し続けることが競争力をより一層強固にしている。

水平分業下で発揮する垂直統合の真骨頂

これらは一朝一夕に成せる製品ではなく、創業時から営々と受け継がれてきたモノづくりの神髄、血と汗と涙の結晶である。セットメーカーの厳しい要求水準に応えようと試行錯誤を繰り返し、日夜研鑽を積んできた賜物（たまもの）である。

そうした電子部品の製造現場では、「垂直統合型」の工程が強みとなり、高度な技術力、提案力が実現できているケースも多い。世界の産業構造が水平分業型に向かう中で、垂直統合型は旧弊としてネガティブな意味合いに取られがちである。日本の電機メーカーが衰退したのも、垂直統合型の産業構造が一因とされている（32ページ参照）。

しかしながら、電子部品産業の位置付けを考えると、垂直統合型には合理性がある。自社の管理下で必要な部材を揃えることにより、全体工程のスピードやサプライチェーンの効率性が向上し、顧客満足度、費用低減にもつながるという。

代表的な例が村田製作所である。多くの製品に関し、材料開発、プロセス開発、商品開発、生産技術開発を自社で行い、これらを垂直統合する。業界用語で「川上」、つまり調達工程において、部材を目利きで仕入れる。最終的に高い性能を発揮するには、汎用品では具合が良くない。そうして部材から製造装置までを自前で用意し、工程を他社など部外者に分からぬよう「ブラックボックス化」して部品の特異性、独自性を保ち続けている。

ロームも「製品開発を支えるのは、開発から製造までを一貫してグループ内で行う『垂直統合』システム」だと強調する。創業以来、大切に守り続けてきた「常に品質を第一とする」という同社の精神の象徴でもあるという。垂直統合のプロセスにより、確実なトレーサビリティ（追跡可能な状態であること）やサプライチェーンの最適化を図り、顧客の満足につなげている。

一方、製品の出荷、流通の「川下」の工程では、それぞれの部品をまとめ上げ、モジュール化して販売するのも重要である。

垂直統合の製造方式を「縦の総合力」と称して強みとアピールするミネベアミツミは、電子情報産業の多機能化や市場拡大を踏まえ、部品は一層の「高精度・高品質と大量生産」が求められているとして、「本来は色々なところから買ってくる部品などを、当社の技術で開発から組み立てまで行う」と説明する。

京セラが力を入れる太陽光事業でも、垂直統合の生産体制が生かされる。住宅向けに多く使用されている「多結晶シリコン型太陽電池モジュール」の製造では、シリコン原料の鋳造からモジュールの組み立てまでを一貫して担い、全ての工程の最適化により高効率の製品を生み出している。

協力できる分野では出し惜しみせず

京セラは一方で、水平分業型のコアとも呼べるオープンイノベーション（32ページ参照）を大々的に展開もしている。京セラとしては、中国で初めて深圳（しんせん）市にオープンイノベーションのセンターを19年4月に設けた。深圳市竜崗（りゅうこう）地区には政府や教育機関、企業、投資機関などが集中し、センターがハブとなってスタートアップなどと組み、新規事業の展開につなげていく。また18年12月には、ソニーが音頭を取るスタートアップ支援プログラム「Seed Acceleration Program（SAP）」に本格的に参画し、事業の展開に向けた取り組みを加速させている。

日東電工は16年に開設したイノベーションに取り組む施設「ｉｎｏｖａｓ」（イノヴァス）を通じてベンチャーなどとの協業を模索している。

ＴＤＫも千葉県市川市のテクニカルセンターに「ＴＤＫ ＭＡＫＥＲ ＤＯＪＯ」があり、「会社の枠にとらわれず新しい何か（Something New）を生み出す『社内版オープンイノベーションの場』として機能している。

村田製作所は野洲事業所（滋賀県野洲市）にオープンイノベーションセンターがあり、「協業先との具体的で活発なコミュニケーションの場」「『アイデア』をすぐに実証・実験へと変える場」などと位置付けている。加えて20年9月には総投資額400億円の「みなとみらいイノベーションセンター」（横浜市）が完成し、1000人超が働く予定となっている。野洲事業所などと連携しながら、技術交流など外部との連携強化を図り、オープンイノベーションを促進するとしている。

部品各社は製造工程や技術を丸々ブラックボックスで覆い隠し、他社が容易に模倣できない「牙城」を築き上げている一方、共有可能な知見や技術については惜しみなく門戸を開け放ち、協業の可能性を積極的に探っている。そうした是々非々（ぜぜひひ）の、硬軟織り交ぜたしたたかさが電子部品の好調を支えているとも言える。

各社のオープンイノベーションの取り組み

京セラ	19年4月、中国・深圳に「京セラ（中国）イノベーションセンター」開設
村田製作所	野洲事業所内のオープンイノベーションセンターに加え、20年9月に1000人超が働く「みなとみらいイノベーションセンター」が完成予定
日本電産	京都府精華町の生産技術研究所でオープンイノベーション追求
日東電工	16年3月に開設した研究施設「inovas」を活用して推進
TDK	16年2月、テクニカルセンターに「TDK MAKER DOJO」を開設。社内版オープンイノベーションの場に
旧アルプス電気	17年3月、東北大学と組織的連携協定を締結。オープンイノベーション活用も視野に、電子部品産業の振興と社会全体の発展への寄与を目指す

各社資料をもとに作成

高い営業利益率

堅実な戦略と技術力に裏打ちされるように、電子部品産業各社の営業利益率は他の産業に比べて高い水準にある。

19年3月期連結決算を見ると、売上高に対する営業利益率は村田製作所が17%、ロームが14%、ヒロセ電機は19%、他も10%前後の企業が多い。

経済産業省が毎年実施している企業活動基本調査によると、19年に公表した最新の統計で、製造業全体の売上高営業利益率は5・5%となっている。電子部品各社の利益率の良さが際立っているのが分かる。平均的な他業種に比べ、徹底した「選択と集中」に長け、無駄を削ぎ落として稼ぐことに成功している産業でもある。

研究開発に余念なし

電子部品メーカーにとって、何よりもの売りは製品であり、大事なのはそれを支える技術、磨く人である。それゆえ、各社はこぞって人材の重要性を強調する。

日進月歩で進化する情報産業、すぐに技術が陳腐化しやすいため、気が休まらない。曰く、「新作が認可されて喜んだのもつかの間、翌日には次なるモデルのことに取り掛かる」(電子部品メーカー男性中堅社員)。製品のライフサイクルの短期化に直面しながら、各社の技術者、研究者は日夜たゆまぬ努力を続けている。

それを支える研究開発費は、このところ増加傾向にある。TDKは19年3月期の研究開発費が1100億円を超え、過去最高を更新した。20年3月期は1200億円を充てる見込みで、IoTやVRの技術で活用が期待されるセンサに使う。

村田製作所も19年3月期に続き、20年3月期に1000億円超の研究開発費を盛り込んでいる。増加傾向が続いている。

京セラも21年3月期に1000億円を研究開発に振り向ける方針である。このところ500億~60

0億円で推移していたが、5Gや自動車分野への事業を強化するほか、国内に2カ所あるリサーチセンターの拠点整備を進める。

日本電産も21年3月期に1000億円の大台に乗ると見込まれる。

このように各社は研究開発に手を拱(こまぬ)くことなく、技術を研鑽している。研究施設が整っているのも電子部品業界の魅力であり、理系学生らに人気の理由でもある。Chapter7に登場する、インタビューした技術系社員の皆さんも、充実した業務環境に仕事のモチベーションが上がると口々に話していたのが印象的だった。

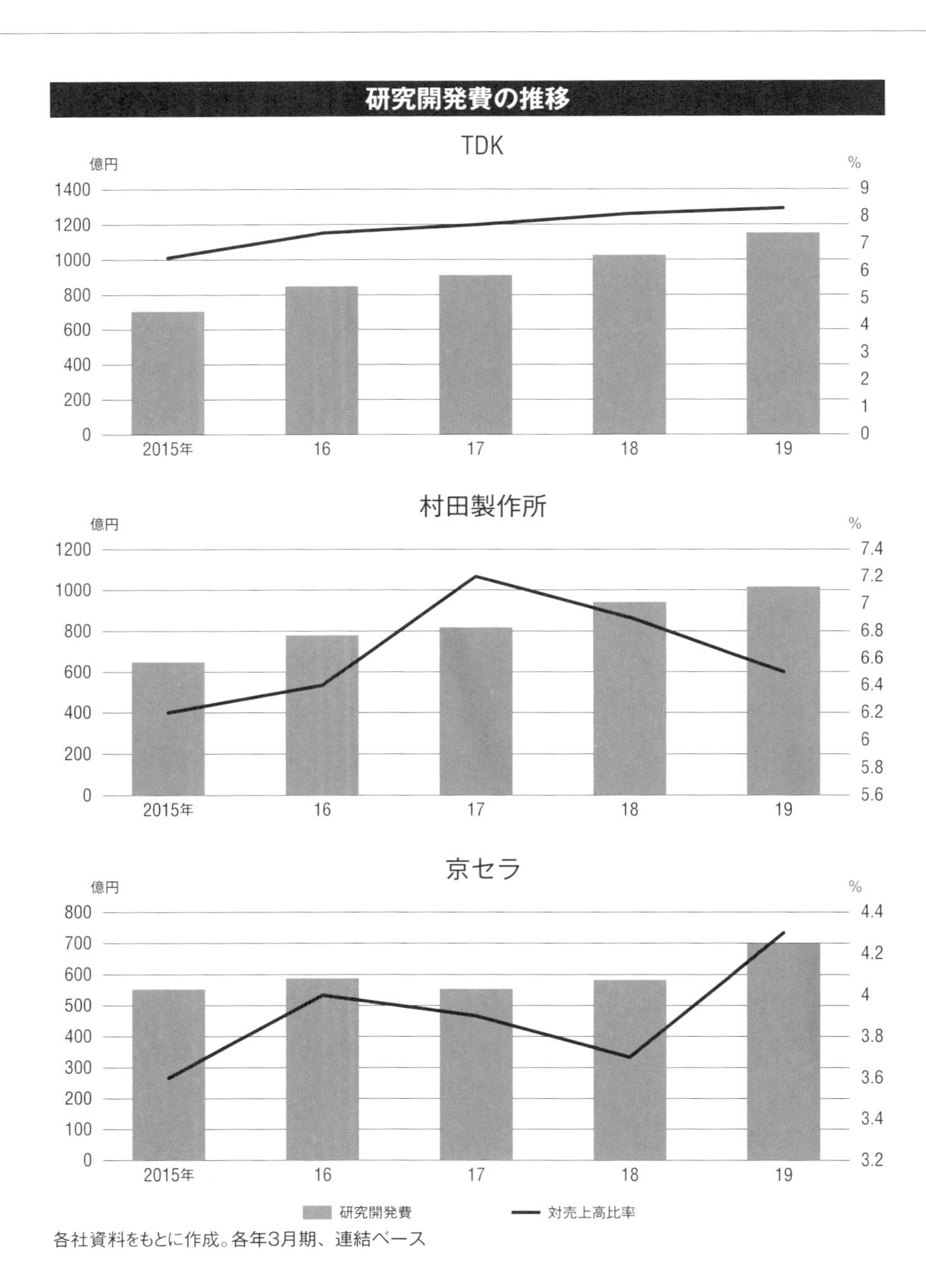

各社資料をもとに作成。各年3月期、連結ベース

4 異次元の黒子に
――脱・下請け、攻めの経営

セットメーカーと競争か、共創か

何度か前述した通り、電子部品メーカー各社の発展の歴史を繙く時、セットメーカーとの関係性を抜きに語ることはできない。電子部品各社は創業間もない頃から、最終製品を手掛ける電機メーカーに見いだされ、関係を深めてきた。社会を動かす革新的な商品を世に送り出そうという熱い思いを共有し、ともに発展を遂げてきた。

総合電機や民生電機の業界は太平洋戦争以前に創業した企業が多いのに比べ、電子部品メーカーの多くは戦後の創業で歴史が浅い。「東洋の奇跡」と呼ばれる戦後復興を先導した電機メーカーとともに技術を高め合いながら、日本の高度成長を支えていった。

しかし、その関係性は大きく変わりつつある。バブル経済が崩壊して1990年代以降、失われた20年、30年とも言われる不況下で、セットメーカーはリストラを迫られ、苦戦が続いた。手を広げ過ぎた事業は縮小し、筋肉質の財務基盤、経営体系に立て直し、反転攻勢の機会をうかがってきた。この間、電子部品各社はセットメーカーと成長してきた共栄の歴史、恩義を忘れていないが、他の供給先を探し、多角化を進めた。多角化せざるを得なかった。

電子部品に対する社会のニーズも大きく変遷している。IoTの進展であらゆるものがネットでつながるようになり、電子部品産業は自動車や医療をはじめさまざまな業種から必要とされるようになった。引く手数多の状態、いわば売り手市場となっている。

そうした趨勢にあるため、かつての電機メーカーの海外進出に部品メーカーもついていくといった、ある種の「力関係」は崩れつつある。むしろ、電機メーカーがBtoC（企業と消費者の取引）の家電などではなく、BtoB（企業間取引）の部品やサービスを手掛け、電子部品メーカーと競合する場面も増えてきた。他方、電機メーカーの事業を電子部品メーカーが買い取る事例も散見される。

象徴的だったのが2017年に村田製作所がソニーから買い取った電池事業である。村田製作所はスマートフォン事業に強みを持ち、その分野をさらに拡張させる狙いで、ソニーの電池事業を買収した。買収時点で赤字だった事業だが、村田のサプライチェーンに組み込みながら、種類も絞り込むことで競争力をつけ、黒字化を目指している。

ソニーにとっては従来の多角化経営を見直す動きとなった。電池事業は1975年から手掛け、91年には世界に先駆けてリチウムイオン2次電池（充電式電池）を商品化した。ただ2010年以降は海外との競争も激しくなり、苦戦が続いた。電池事業は大幅に縮小する一方、現在は画像センサなどBtoBの領域に注力している。

パナソニックは19年4月、半導体事業の一部をロームに売却すると発表した。連結子会社「パナソニック セミコンダクターソリューションズ」を通じ、家電向けなどのダイオードと小信号トランジスタの事業に関し、顧客を引き継ぐ形で譲渡する。10月に譲渡が完了すると見込まれ、ロームにとっては一層の事業強化につながる。パナソニックの半導体事業は赤字が続いており、早期の黒字化が課題となる中、イメージセンサなどの「空間認識」技術やリチウムイオン電池保護回路用MOSFETなどの「電池応用」技術の分野に注力していく。

1990年以前、日本の電機各社は飛ぶ鳥を落とす勢いで「電気製品の百貨店」よろしく、あれもこれもと事業を拡大してきた。「造れば売れる」と信じ、工場を相次いで新設するなど垂直統合型で莫大な資金を投じてきた。その巨額投資が仇（あだ）となり、2000年代後半以降、相次ぐ赤字決算という結果を招いた。

不採算事業に見切りをつけ、FA（Factory Automation: 工場の自動化）事業で収益を拡大している三菱電機など、今後電機メーカーはさらにBtoBに舵を切っていくことも予想される。そうなると電子部品業界と重複する領域は徐々に広がり、協調か競合かをめぐり関係性は複雑さを増すだろう。

黒子ではいられない

もう1つ、事業環境の大きな変化としてブランド力、認知度の向上が益々重要視されてきている。かつて日本の景気が良く、電機メーカーも堅調だった時代にはBtoB、納品先との間で名前が売れていれば、ある意味では事足りたのかもしれない。しかし電子部品が家庭の隅々にまで入り込んでいこうとする現代にあっては、ブランドの露出や消費者との接点が少ないことは好ましくない。国内外の企業ばかりでなく、消費者、社会にも、内蔵されている部品が確かな品質だと認めてもらうことが商売上、大事な要素となった。人材を確保する上でも宣伝強化が欠かせないとして、各社が取り組んでいる。

消費者の目に触れにない内蔵部品でありながら、宣伝で成功した事例として半導体のインテルがよく引き合いに出される。同社製のCPUが入っているパソコンは高性能だと安心感をアピールし、広く認知されるようになった。「インテル入ってる？」と韻を踏んだ耳に残るキャッチフレーズのテレビCMは、覚えている人も多いのではないだろうか。90年代初頭、外資系で認知度が高くないことが日本での宣伝強化のきっかけだったという。

時代が下り、ネットなどを通じた多様な宣伝手段が増える中でもやはりテレビCMは有用だとして、近頃は日本電産も露出を増やしている。主力のモータは一般消費者に届く最終製品ではないが、日常のさまざまな場面で同社の部品が使われている様子を表現し、工夫を凝らした。俳優の佐々木蔵之介さんを起用した「もし、日本電産が無かったら」篇では、同社のモータがないと自動ドアが開かずに手動でこじ開けることになる苦労をコミカルに描いた。

普段気にかけないような日常の中でも自社の部品

村田製作所をPRするロボット

「ムラタセイサク君」(左)と「村田製作所チアリーディング部」(いずれも同社提供)

が使われていることが示せれば、消費者を「へえ、そうなんだ」と納得感やある種の新鮮な驚きを与えられれば、効果的に印象を残せる。

村田製作所も2000年代に放映されていたCMで、自社をPRするロボット「ムラタセイサク君」が上手に自転車に乗る様子を伝え、世間の耳目を集めた。その後、14年に登場した「村田製作所チアリーディング部」は倒れそうで倒れない動きがかわいいとCMや展示会の舞台などで人気を博している。

また、スポーツのスポンサーになることを通じた知名度向上も、昔から常套(じょうとう)手段としてある。京セラは地元のプロサッカーチーム「京都パープルサンガ」(現京都サンガF．C．)のスポンサーになったり、プロ野球チームオリックス・バファローズの大阪市にある本拠地の施設命名権(ネーミングライツ)を取得して「京セラドーム大阪」としたりして知名度を高めている。

TDKは世界陸上競技選手権大会のゼッケンスポンサーとして、1983年の第1回ヘルシンキ大会から協賛してきている。「記録と自己への飽くなき挑戦を続け、未来を引き寄せようとしているアスリートを支援したいという思いと、独自の技術で未来を引き寄せるテクノロジーを生み出し、社会に貢献していくTDKの姿勢が共通する」ことが協賛の理由だという。

また、別の認知度向上の常道としては、広く世に知られている企業や団体への納品実績を示すことである。すなわち、「当社はあの大手メーカーにコネクタを納品しています」といった言い方をすることにより「箔がつく」のである。たびたび引き合いに出して恐縮だが、分かりやすく言えば、「下町ロケット」で主人公が営む佃製作所、そこが日夜磨いてきた技術の結晶であるバルブ、それを見た取引先が、「あの帝国重工のロケットエンジンに使われている、あのバルブですか」と目の色を変えて食いつくといった具合である。

「あれは所詮ドラマでしょ?」と侮ってもいられない。ビジネスの世界では、そうした確固たる納入実績がものを言うことが往々にしてある。

まさにそれを体現するように、キャパシタやインダクタなど各種電子部品を手掛けるトーキン（宮城県白石市）はホームページのトップに「小惑星探査機はやぶさ2」に自社の部品が使われているとアピールしている。小山茂典社長も19年4月の入社式で「当社は、今話題の衛星はやぶさのイオンエンジンに使われる磁気回路の製造を担当している。その磁気回路は仙台事業所において材料開発から製造までを行っている」と強調し、新入社員の士気を高めた。

「うちの部品はNASAのロケットにも使われています」
「アップルのiPhoneに採用されています」
「インテルにパッケージ基板を提供しています」

このようにビッグネームを引き合いに出すことが、ビジネスにおいて重要なブランド効果を発揮する。逆に、そうした実績がない、あるいは一たび失ってしまうと、にわかにブランド力が萎んでしまいかねない。スマホなどの電子機器はライフサイクルも短いため、次々と行われるモデルチェンジ、マイナーチェンジに対応する必要があり、それに応えられないと次世代機では納品機会を失する憂き目にも遭いかねない。

電子部品各社はそうしたスピード感で勝負する一方、新興企業などからの低価格の挑戦も受けながら、世界トップの地位を守り続けている。

名物経営者

電子部品メーカーには、一代で東証1部上場を果たし、売上高1兆円を稼ぎ出すような大企業に育て上げた名経営者が多い。そうした創業者らは今も影響力、情報発信力を保持し、ある意味で広告塔の役割を担っている節がある。メディアで取り上げられ、前述のような宣伝戦略より高いＰＲ効果を上げることさえ少なくない。

京セラなら、創業者の稲盛和夫氏が一線を退き、名誉会長となった今も粛然として経営哲学を現役社員に伝えている。京セラに加え、第二電電の創業や日本航空の再建に手腕を発揮したことでも知られる。その非凡な経営の哲学やノウハウを学びたいとする京都の若手経営者らの要請に応え、稲盛氏自らが教えを説く「盛和塾」が１９８３年に生まれた。1万３０００人超が参加する一大組織になった。２０１9年末で解散することが決まっている。

日本電産の永守重信氏は、会長として今も第一線で活躍する。会長業の傍（かたわ）ら、京都先端科学大学の理事長を務め、人材育成に力を入れる。「20年に開設予定の機械電気システム工学科、工学研究科は、企業からのニーズが今後も伸びると予測される、モータ工学やロボット工学を中心とした機械電気システム全般の知識を持つ人材を育てる」と意気込む。一方、国内外の研究者・開発者を支援する「永守財団」を14年に私費で創設したほか、18年8月には「永守重信市民会館」を京都府向日市に寄付することを表明し、錦を飾ることとなった。21年度に完成予定で工事費は約32億円、各種式典や演劇、コンサートが行えるという。

村田製作所も創業者、村田昭氏の跡を長男泰隆氏が継ぎ、07年には弟の恒夫氏が新社長となった。創業家のＤＮＡが脈々と受け継がれている。「エレク

トロニクスの改革者」(Innovator in Electronics)を標榜し、社員一人一人に変革者であることを使命として課している。

部品各社はそうした意気軒昂な創業者が熱い思いを込めて立ち上げ、社風にそのスピリットを残し、今に伝えている。

創業者の言葉など

村田製作所 村田昭氏	技術を練磨し 科学的管理を実践し 独自の製品を供給して 文化の発展に貢献
TDK 齋藤憲三氏	個々の能力を発揮していくところに、その人間の価値が生まれる
オムロン 立石一真氏	最もよく人を幸せにする人が最もよく幸せになる
京セラ 稲盛和夫氏	一日一日、一瞬一瞬をど真剣に生きていく
日本電産 永守重信氏	すぐやる、必ずやる、できるまでやる

社名は創業時と異なる場合がある。写真は各社提供

5 国内再編のこれから
――広がり続ける「電子」の枠と可能性

激動の時代の経営戦略

「激動と変革期において、両社の強み、即ち旧アルプス電気のコアデバイスを深耕して製品力を高める『縦のI型』と、アルパインの広範なデバイスや技術をシステムに仕上げる『横のI型』を合わせた『T型』企業（Innovative T-shaped Company）へと進化する」

そう力を込めるのは2019年1月に誕生したアルプスアルパイン。電子部品大手のアルプス電気と、カーナビなどのソフトウェア開発に強みを持つアルパインが経営統合して持ち株会社制に移行した。社内カンパニー制を敷き、アルプス、アルパインの両カンパニーが存続するが、アルパインはアルプスの完全子会社となった。

CASE（35ページ参照）をはじめとする自動車産業の需要を取り込み、EHI（エネルギー、ヘルスケア、インダストリー）など伸びる市場を中心に部品やソフトを供給していく。一方、「モバイル」などは成熟期に入ったとして、これまで振り向けてきた資金をCASEをはじめとする成長分野にシフトさせ、利益の出やすいポートフォリオに組み直していく。

まさにこの経営統合が物語っている通り、電子部品各社は電気製品「以外」への部品供給を視野に、事業領域の拡大や多様化に資するような統合や提携を探っている。同業他社との提携ではなく、親和性の高いと見込める自動車や医療をはじめとする異業種と手を組む事例が増えている。

自動車への越境増える

アルプスアルパインより少し前に、異業種で手を組んだ企業としてミネベアミツミがある。

センサや半導体などを手掛ける部品大手のミツミ電機は17年、精密機械の加工技術を強みとするベアリング大手のミネベアと経営統合した。両社の名前は残ったが、他にも積極的なM&A（企業の合併・買収）攻勢をかけていたミネベアの前に、ミツミ電機は完全子会社化される形となった。「超精密機械加工技術とエレクトロニクス技術の双方に強みを持つ、新たな時代の総合精密部品メーカー」としてIoTなどへの対応を含め、世界での展開を加速させている。

そのミネベアミツミは18年11月、自動車部品ユーシンの買収も決定した。19年に連結会社化した。伸長する自動車市場への足場を固めることに加え、悲願だったグループ売上高1兆円にも手が届くと見込まれる。

自動車市場へ触手を伸ばすのは、電子部品各社に限らない。多種多様な業態の企業が意欲を見せている。その自動車業界の先頭を走るトヨタ自動車は、パナソニックとEVなど車載電池で提携し、20年に新会社を立ち上げる。さらに両社は住宅事業の統合も19年5月に発表、20年1月に共同出資会社「プライム　ライフ　テクノロジーズ」を立ち上げ、系列の住宅子会社を移管する。IoTの進展で車や家電がネットにつながる環境が広がる中、自動車とエレクトロニクスを融合させた理想の街づくりにも取り組んでいく。

トヨタは一方でソフトバンクとともに、MaaSに対応するための新会社「モネ・テクノロジーズ」（MONET Technologies）を立ち上げ、19年2月から本格的に始動した。トヨタの豊田章男社長はかつて、CASEの導入により、中古車市場や保険など自動車産業を取り巻くさまざまなビジネスモデルが「壊れる可能性」があり、通用しなくなるかもしれないと指摘していた。

自動車に関連し、TDKは18年に戸田工業との提

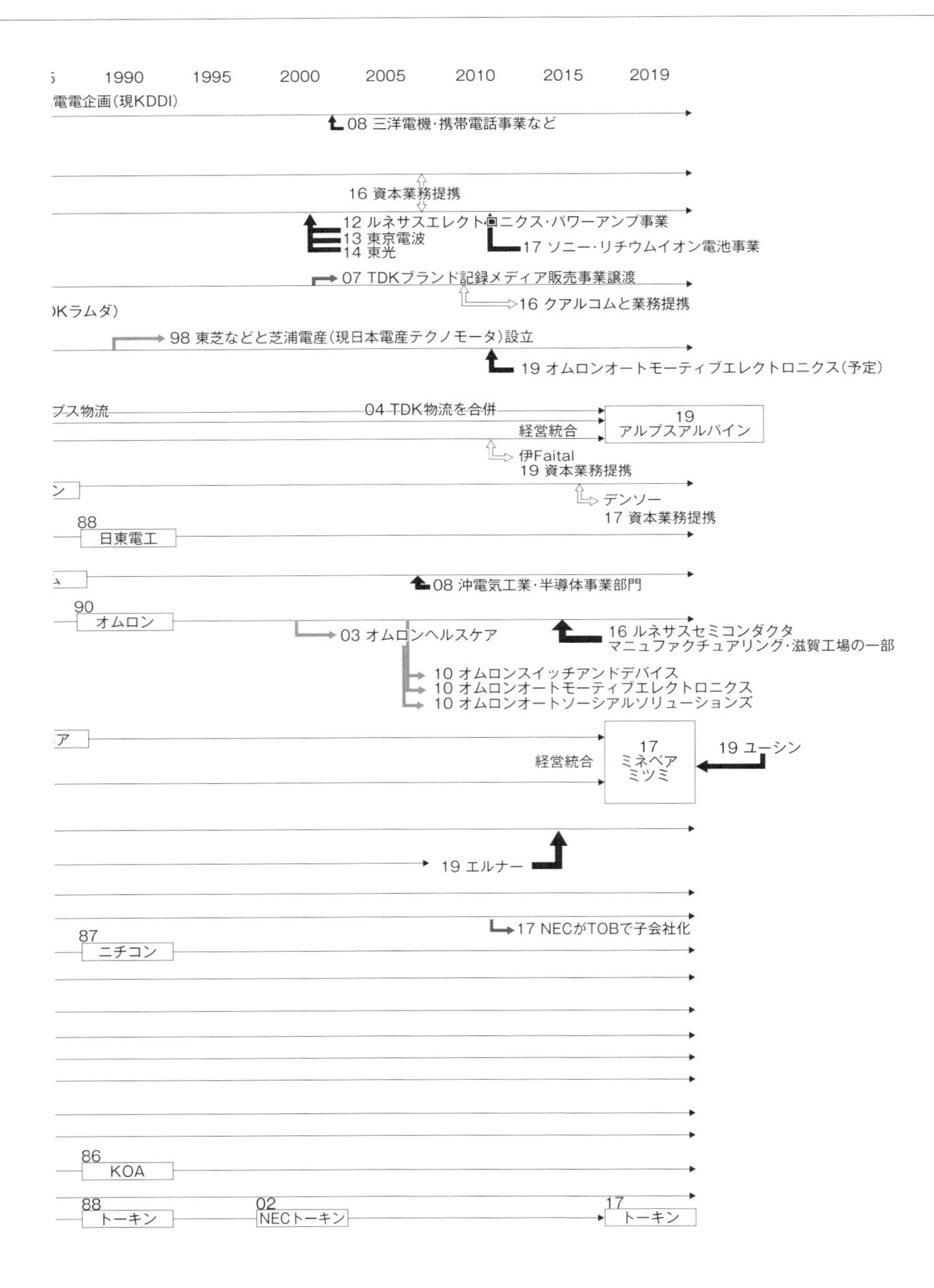
1990
1995
2000
2005
2010
2015
2019
電電企画(現KDDI)
08 三洋電機・携帯電話事業など
16 資本業務提携
12 ルネサスエレクトロニクス・パワーアンプ事業
13 東京電波
14 東光
17 ソニー・リチウムイオン電池事業
07 TDKブランド記録メディア販売事業譲渡
16 クアルコムと業務提携
Kラムダ)
98 東芝などと芝浦電産(現日本電産テクノモータ)設立
19 オムロンオートモーティブエレクトロニクス(予定)
プス物流
04 TDK物流を合併
経営統合
19
アルプスアルパイン
伊Faital
19 資本業務提携
デンソー
17 資本業務提携
88
日東電工
08 沖電気工業・半導体事業部門
90
オムロン
03 オムロンヘルスケア
16 ルネサスセミコンダクタ
マニュファクチュアリング・滋賀工場の一部
10 オムロンスイッチアンドデバイス
10 オムロンオートモーティブエレクトロニクス
10 オムロンオートソーシアルソリューションズ
経営統合
17
ミネベア
ミツミ
19 ユーシン
19 エルナー
17 NECがTOBで子会社化
87
ニチコン
86
KOA
88
トーキン
02
NECトーキン
17
トーキン

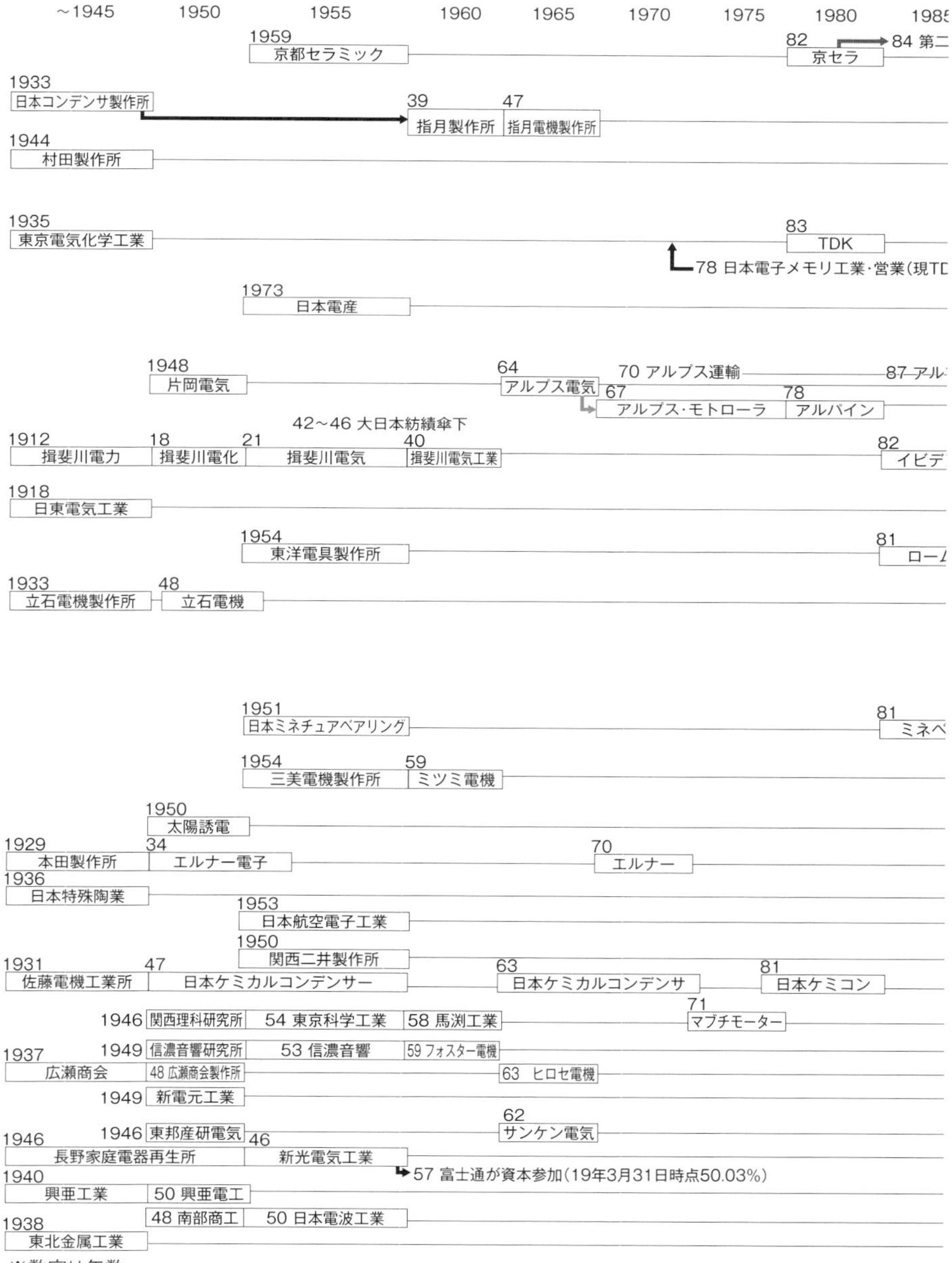

～1945　1950　1955　1960　1965　1970　1975　1980　1985

1959 京都セラミック → 82 京セラ → 84 第二

1933 日本コンデンサ製作所 → 39 指月製作所 → 47 指月電機製作所

1944 村田製作所

1935 東京電気化学工業 → 83 TDK
78 日本電子メモリ工業・営業(現TD

1973 日本電産

1948 片岡電気 → 64 アルプス電気 → 70 アルプス運輸 → 87 アル
67 アルプス・モトローラ → 78 アルパイン

42～46 大日本紡績傘下
1912 揖斐川電力 → 18 揖斐川電化 → 21 揖斐川電気 → 40 揖斐川電気工業 → 82 イビデ

1918 日東電気工業

1954 東洋電具製作所 → 81 ロー

1933 立石電機製作所 → 48 立石電機

1951 日本ミネチュアベアリング → 81 ミネベ

1954 三美電機製作所 → 59 ミツミ電機

1950 太陽誘電

1929 本田製作所 → 34 エルナー電子 → 70 エルナー

1936 日本特殊陶業

1953 日本航空電子工業

1950 関西二井製作所

1931 佐藤電機工業所 → 47 日本ケミカルコンデンサー → 63 日本ケミカルコンデンサ → 81 日本ケミコン

1946 関西理科研究所 → 54 東京科学工業 → 58 馬渕工業 → 71 マブチモーター

1949 信濃音響研究所 → 53 信濃音響 → 59 フォスター電機

1937 広瀬商会 → 48 広瀬商会製作所 → 63 ヒロセ電機

1949 新電元工業

1946 東邦産研電気 → 62 サンケン電気

1946 長野家庭電器再生所 → 46 新光電気工業
57 富士通が資本参加(19年3月31日時点50.03%)

1940 興亜工業 → 50 興亜電工

1938 東北金属工業
48 南部商工 → 50 日本電波工業

※数字は年数

携を発表、19年1月に戸田工業の筆頭株主となった。戸田工業が手掛けるリチウムイオン2次電池の研究開発と製造の知見をＴＤＫの部品開発に生かし、車載向けの潜在需要を取り込んでいく。

ＴＤＫはまた、病院・介護施設関連事業などのトーカイとも17年に業務提携した。ＴＤＫのセンサデバイスとベルトを組み合わせたウエアラブル端末と通信機器を使い、取りつけた人の脈拍などの情報を24時間遠隔でモニタリングでき、容態変化など緊急時の早期発見と重症化予防につなげられる。

京セラは力を入れる太陽光事業で電力会社との提携を進める。関西電力と19年4月に立ち上げた「京セラ関電エナジー合同会社」を通じ、新築戸建住宅を中心に京セラ製の太陽光発電システムを無償で貸与、設置する。京セラは契約期間中、10年保証でメンテナンスを行い、契約満了後には太陽光設備を無償譲渡するという。京セラの太陽光パネルを家庭に無償で貸与する。東京電力とも、初期費用の負担なく自宅に京セラ製の太陽光発電システムや蓄電池を設置できるとの触れ込みで、同種のサービス「エネカリ ｗｉｔｈ ＫＹＯＣＥＲＡ」を4月下旬に始めた。機器の種類や容量に応じて毎月定額を東電傘下のＴＥＰＣＯホームテック（東京）に支払う仕組みで、サービスの契約終了後に対象の機器を無償譲渡する。

電子部品以外に幅広く事業を展開している京セラならではの取り組みだが、太陽光電池事業は苦戦が続いている。エネルギー事情に詳しく顧客網も広い電力会社と協働の新サービスを通じ、収益改善を目指す。

日東電工は海外メーカーと幅広い分野で提携を進めている。16年には、肝硬変を対象とした開発中の薬の効果や副作用の治験に関し、米製薬大手のブリストル・マイヤーズスクイブ（ＢＭＳ：Bristol-Myers Squibb）と提携した。開発費の低減が期待でき、医薬品事業の強化を狙っている。17年には液晶テレビの分野で中国の杭州錦江集団などと技術提携を結んだ。液晶の画面表示に必要な大型偏光板の製造技術を最大5年にわたって供与し、対価として5年で約１５０億円が支払われる。

業界をまたいだ提携が目立つ中、電子部品各社がどう立ち回るか、年々注目が高まっている。

部品メーカーの枠を超えて

積極的なM&Aも目立つ。

京セラは19年に買収を相次いで発表している。人工関節などを開発する米医療機器ベンチャー、レノヴィス・サージカル・テクノロジーズ（Renovis Surgical Technologies, Inc.）から主たる事業を約100億円で譲り受け、5月には欧州を中心にセラミックやプラスチックの部品を製造販売するドイツのフリアテック（Friatec）からセラミック事業を100億円前後で買収する契約を締結した。さらに6月には、米国の建築・産業用工具の販売を手掛ける大手、サザンカールソン（SouthernCarlson, Inc.）を900億円で買収、京セラとして過去最高額の大型買収となった。

京セラは他にも、情報機器や自動車の電力を制御するパワー半導体の大手、日本インター（神奈川県秦野市）を15年にTOB（Take-Over Bid: 株式公開買い付け）で買収、翌16年に吸収合併するなど、買収攻勢が目立つ。

村田製作所も17年に、少ない電力で済むパワー半導体を設計・販売する米ベンチャー、アークティックサンドテクノロジーズ（Arctic Sand Technologies, Inc.）を約70億円で買収した。14年には同社として過去最大規模の約490億円をかけ、スマホのアンテナ周りの部品となる高周波スイッチ大手の米ペレグリン・セミコンダクター（Peregrine Semiconductor Corp.）を買収し、商品の総合力を一段と高めていた。

M&Aや提携を通じた電子部品メーカーの非部品メーカー化が進んでいる。

Chapter 3

電子部品業界の基礎

1 高度化するインフラに呼応して
——ＩｏＴが変える社会、支える電子部品

ＩｏＴの浸透、5Gが後押し

現在進行するＩｏＴは、生活やあらゆる産業の仕組みを根底から覆すほどの影響力を持っている。スピーカーに向かって話しかければ家に居て料理をしながらでも買い物ができ、外出している時も家の戸締まりを確認したり、離れて暮らす高齢の親の様子を見守ったりもできる。冷蔵庫内の食材管理や部屋の温度調節もお手の物である。

そうしたネットにつながる装置を使うたびに、データがオンライン上に蓄積され、使用者の傾向、嗜好、ひいては社会のトレンドがＡＩによって紡ぎ出される。そうして積もり積もったビッグデータに基づき、現実世界を反映した「仮想世界」がデジタル空間につくり出される。瓜二つの現実と仮想の在りようは「デジタルツイン」（Digital Twin）と呼ばれる。そんな未来的な社会が訪れつつあるのが現代であり、その精度が高められていくことにより、最終的にソサエティ５・０が実現する。

現状では課題もある。こうした仮想空間やＩｏＴなどは電波障害に弱く、強靭なインフラ整備が急がれる。それを果たすために欠かせないのが、今世界中で動き出している次世代移動通信「５Ｇ」である。２０１９年に米国、韓国で世界に先駆けて始まり、日本でも20年に本格的に導入される。

来るべき社会を見据えると、センシング技術をはじめ、電子部品は不可欠で今後さらなる大量採用が見込まれる。ＩｏＴはどの程度の市場性があるのか、５Ｇで何が変わるのかをまずは見ていく。

ＩｏＴと進化系のＩｏＥ

ＩｏＴという言葉を使い始めたのは１９９９年、英国の技術者のケビン・アシュトン（Kevin Ashton）氏が最初だとされる。一方、ＴＲＯＮ（The Real-time Operating system Nucleus）と呼ばれるリアルタイム性に優れた計算機システムの技術体系の研究開発などを行った坂村健氏が、80年代からＩｏＴのコンセプトを提唱してきたとされる。同氏は２０15年にＩＴＵ（International Telecommunication Union: 国際電気通信連合）１５０周年賞を受賞している。

20世紀当時はネット環境が未発達だったこともあり、ＩｏＴの概念が即座に広まることはなかった。時代が下ると、ラップトップ型パソコンの人気に火がつき、ｉＰｈｏｎｅの普及も相まって、次第にＩｏＴは市民権を得てきた。特に２０１０年以降に持て囃（はや）されるようになった。

ＩＴ関連の調査を手掛けるＩＤＣによると、ＩｏＴの市場規模は世界で19年に７４５０億ドルに上る。17～22年の年間成長率は2桁で推移し、22年には１兆ドルを突破すると見込まれる。特に製造や個人消費、運輸といった分野で活用が進むと目される。

日本国内の市場は、野村総合研究所の予測で、18年の4兆円強から24年に7兆５０００億円ほどに拡大する。特に「家電・ホーム」の割合が大きく、「産業機器・工場設備」も今後大きく伸長していくと予想されている。

このように伸びる市場で、ＩｏＴが適用できる領域も次々と広がっていく。そしてＩｏＴはＩＩｏＴ（Industrial IoT）、やＩｏＭＴ（Internet of Medical Things）へと概念が拡張し続けている。ＩＩｏＴはロボットを通じた生産効率の向上など製造現場で採用されるＩｏＴを意味し、ＩｏＭＴは医療機器とヘルスケアのシステムをつなぐＩｏＴを指す。

さらにＩＩｏＴとＩｏＭＴをも包含するより広い概念としてＩｏＥ（Internet of Everything）がある。Ｔ＝シングスではなく、あえてＥ＝エブリシングを使っている。インターネットが「全て」に、森

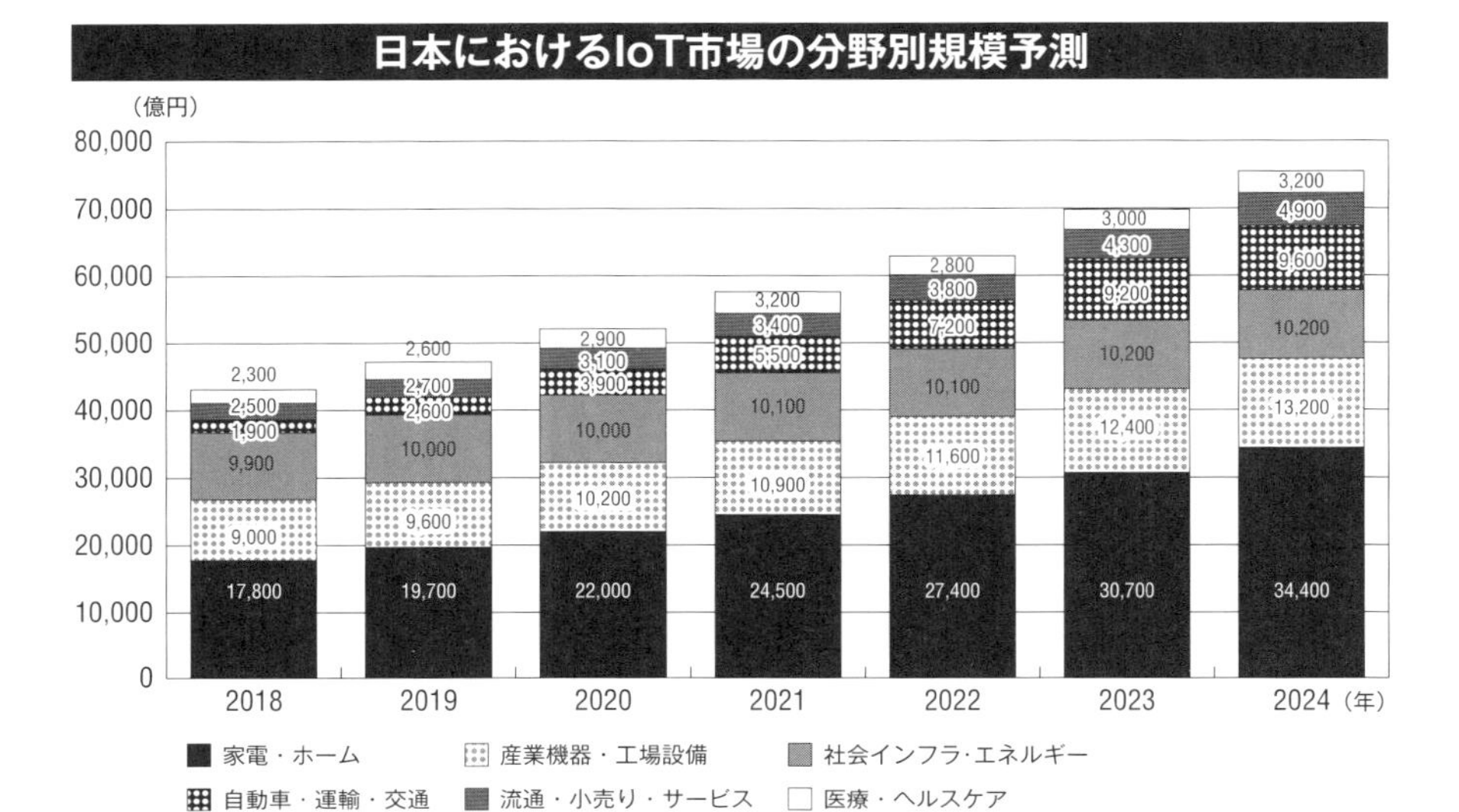

出典:野村総合研究所「「5G」によって加速するデジタル変革のなか、何を守り、何を捨てるのか?」

羅万象に接続されるイメージである。極端に言えば、動物や植物、山や海などの自然にもつながっていく、そんな概念である。

ＩｏＴの概念が拡張する中で、今最もホットかつ議論を呼んでいるものの一形態がＩｏＨ（Internet of Human：ヒトのインターネット）である。一例を挙げれば、先進的な北欧スウェーデンではキャッシュレス決済の進展に相まって、ＩＣチップを体内に埋め込み、それをして支払う仕組みが普及している。ＩｏＨが究極的に辿り着く先は、指数関数的「収穫加速の法則」を示した先述のカーツワイル氏の言を借りれば、「大脳皮質の拡張」へと連なっていくだろう。未来的なソサエティ５・０は夢物語ではなく、既に到来しつつある。

こうした世界の実現には高度なセンサが欠かせず、支えるのは電子部品であると付言しておく。

CPSと5G

ＩｏＴの普及とともにＣＰＳ（Cyber Physical

System：サイバー物理システム）という言葉も生まれている。ＪＥＩＴＡなどの説明によれば、ＩｏＴとＣＰＳはほぼ同義とされる。

ＩｏＴがモノとインターネットをつなぐ技術、手段とすれば、ＣＰＳはそれにより生み出される空間、世界とでも言おうか。ネットとつながった、実世界のテレビやエアコンが、デジタルの仮想空間にも認識され、それぞれがネットを介してつながるイメージである。ウエアラブル端末などのセンシングによって個人の出勤経路や体内環境が感知され、交通渋滞やイベントの混み具合、街中の防犯カメラなどから社会の状況を読み解き、さらに河川の氾濫や地滑りなどの災害情報といった自然環境、橋梁などの公共インフラの情報が、全てインターネット上に集積し、それが社会の在りようを示す。

そうしたビッグデータが高度に蓄積され、構築された世界観が、デジタルツインとして表されることになる。

抽象的になって恐縮である。イメージや理想像は先行して存在するものの、実現にはまだ時間がかかる。あえて概念図を示せば、次ページの図のようになるだろうか。

実現するには、高度なネット環境がより整備されなければならない。そこで各国が取り組むのが次世代移動通信システム「５Ｇ」である。各国政府と通信事業者を中心に取り組みが進むが、そのメリットは幅広い分野に及ぶ。ＩｏＴやＭａａＳ（82ページ参照）をはじめ、次代の社会インフラの基盤を支えるようになると期待される。

５Ｇは第5世代（ジェネレーション）のことで、国内の初代1Ｇは１９７９年、民営化前の日本電信電話公社（ＮＴＴ）がコードレス電話のサービスを開始した時代まで遡る。93年登場の第2世代、2Ｇはアナログ方式でデータをやり取りし、最大通信速度は９・６ｋｂｐｓだった。ｂｐｓ（bits per second）は1秒当たりに送れるビット数であり、これが現在の4Ｇ・ＬＴＥの第4世代では1Ｇｂｐｓと、通信速度は20年で約10万倍となった。これもやはり等比級数的な進歩と言える。

およそ10年ごとに代が進み、用途が広がってきた。

電子部品業界の最新情勢
完成品メーカーの動向
電子部品業界の基礎
各部品の概要
電子部品業界の主な仕事
電子部品各社の現状
働く人最前線
海外の動向

CPSとデジタルツインの概念図

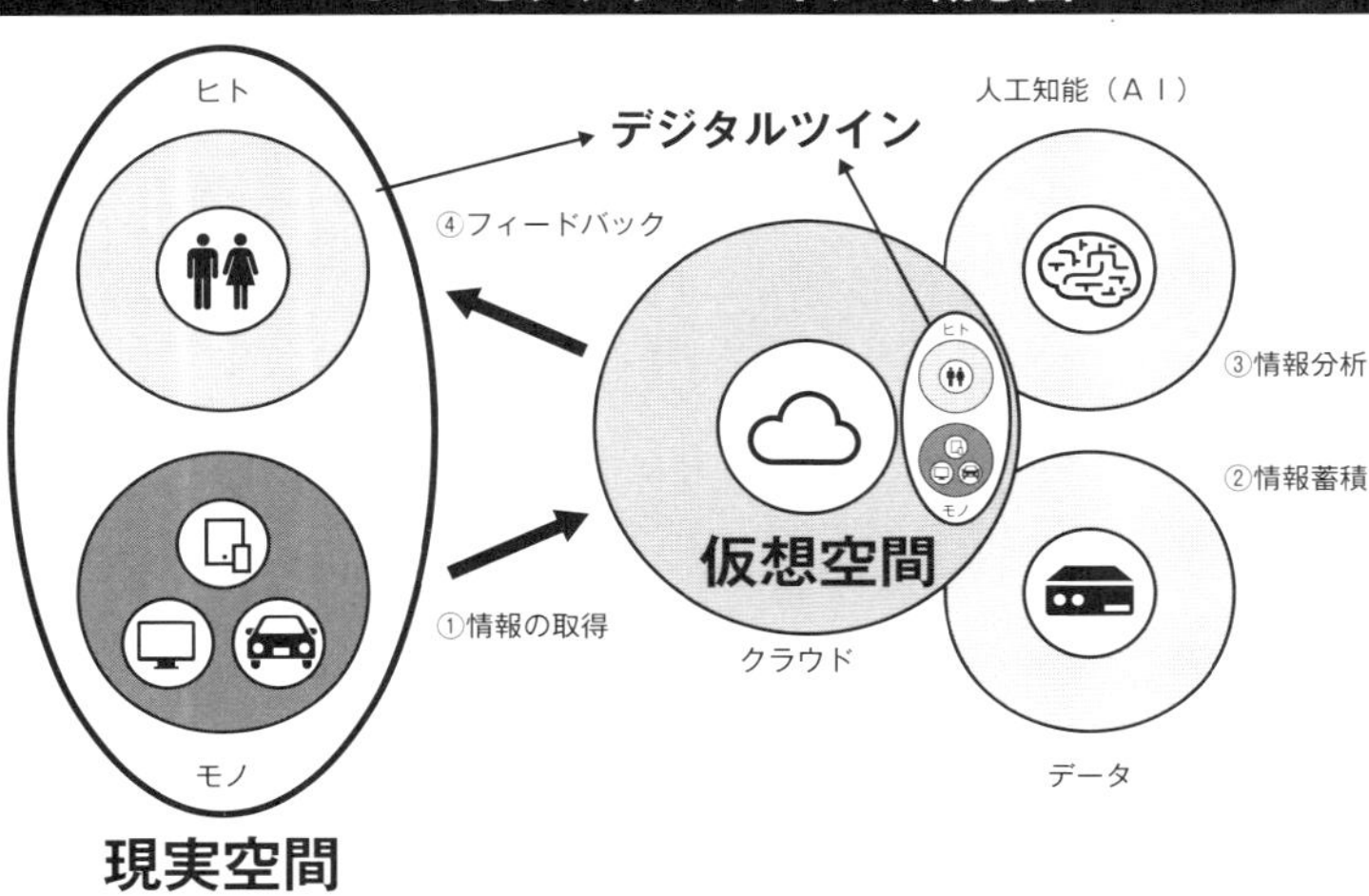

デロイトトーマツリミテッド「IoTのヘルスケア分野における可能性について」の図「IoTプロセスのイメージ」に加筆

通信速度が10Ｇｂｐｓまでさらに向上する5Ｇでは、「超高速」「超低遅延」「多数同時接続（多接続）」の3つがキーワードとなる。

例えば、2時間の映画のダウンロードに、ＬＴＥでは約5分かかっていたが、5Ｇでは3秒と超高速で完了する。そしてタイムラグが気にならなくなる「低遅延」は、自動運転や医療など生命に関わる分野では極めて重要で、逆に遅延すると、言葉通り命取りになる。さらに、現代の一般家庭の部屋ではスマホやＰＣなど数台への接続が限界だったところ、5Ｇではそうしたモバイル機器に加え、生活家電や衣料品など、同時につなげるのは１００ほどに及ぶようになる。「5Ｇは、全てのモノがインターネットに接続されるＩｏＴ実現に不可欠な基盤技術」（総務省）とされる。

ＩｏＴと5Ｇの普及、発達により、電子部品が入り込める産業の裾野は格段に広がると見込まれる。次項以降、詳しく見ていくとする。

2 モバイルやAV機器 ──旧来の市場、次世代機普及に期待

IoTと5Gで商機拡大

劇的に社会の仕組みを変えていくIoT、5Gの普及に、電子部品はどう関わるか。

電子部品メーカーは押しなべて自社の強みを発揮でき、後述する「積層セラミックコンデンサ」（105ページ参照）「SAWフィルタ」「EMI除去フィルタ」「無線LANモジュール」「インダクタ」、各種センサとそれに必要な「水晶振動子」や「セラミック発振子」といった「タイミングデバイス」、各種モータなどの需要が今後ますます高まっていくとみられる。

産業ごと、分野ごとに活用される部品を見ていくとする。

モバイル市場

昔ポケベル今スマホ　その次は？

頭打ちと言われるものの、スマートフォンの市場は依然電子部品の供給先として大きな地位を占めている。スマホ1台当たりに搭載される部品数も増加の一途を辿る。

IDCによると、2018年の世界の出荷台数は前年比4・1%減の14億490万台となった。1位はサムスン電子、2位はアップル、3位は華為技術（ファーウェイ）、とおなじみの顔ぶれがトップ3を占め、3社で世界の需要の約半分を占めている。ただ、2位アップルと3位ファーウェイの差はわずか

約３００万台と縮まっている。

一方、米中の貿易摩擦が激化した19年５月以降、ファーウェイの製品を通じて機密情報が奪われると警戒する米国は、米企業に対し、政府の許可なくファーウェイと取引することを禁止すると発表した。

スマートフォンの世界出荷台数

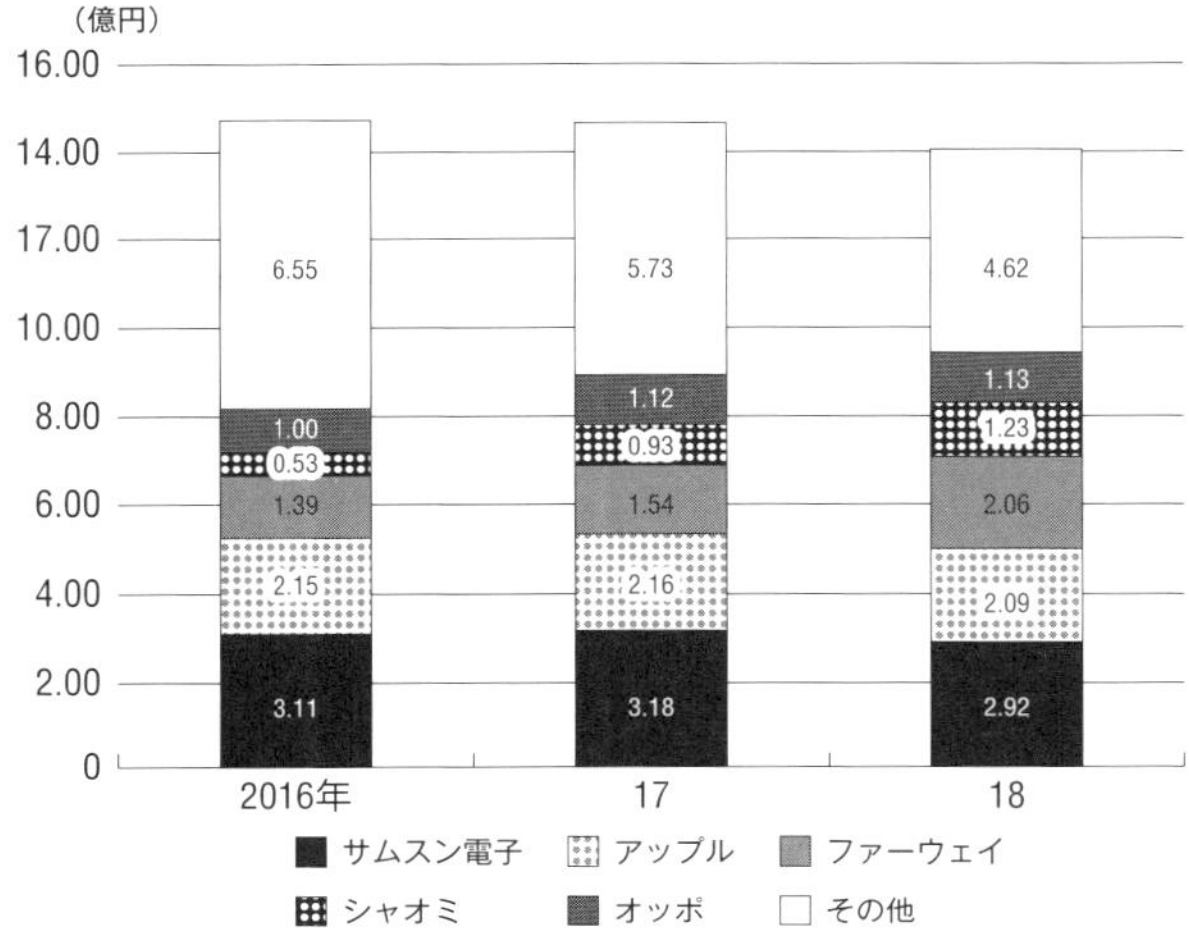

（億円）

	2016年	17	18
サムスン電子	3.11	3.18	2.92
アップル	2.15	2.16	2.09
ファーウェイ	1.39	1.54	2.06
シャオミ	0.53	0.93	1.23
オッポ	1.00	1.12	1.13
その他	6.55	5.73	4.62

IDC「Top 5 Smartphone Companies, Worldwide Shipments, Market Share, and Year-Over-Year Growth」をもとに作成

中国側も対抗措置を講じるなど応酬が続き、先行きに不透明感が出ている。

日本国内に目を転じると、携帯電話の出荷台数はＪＥＩＴＡの統計で５０００万台を超えてピークだった00年度に比べ、３分の１以下の１４５０万台まで落ち込んでいる。一方、移動電話の国内需要台数は、Ｍ２Ｍ通信モジュール*の需要増を踏まえ、19年は前年より微増して３９００万台を見込む。

調査会社のＩＨＳによると、タブレット端末の世界出荷台数は漸減傾向が続き、近年は１億５０００万～２億台の間で推移している。

これらモバイル機器に使われる電子部品は主に、電圧を制御する積層セラミックコンデンサや、特定周波数の電気信号だけを取り出すＳＡＷ

キーワード解説

M2M 通信モジュール

機械同士が互いにデータを受け渡しし合う「M2M」（Machine-to-Machine; 機械から機械）を担い、機械から情報を集めたり、機械を制御したりするのに使う装置。IoT と似た概念だが、人が介在しない点で異なる。

携帯電話の国内出荷台数推移

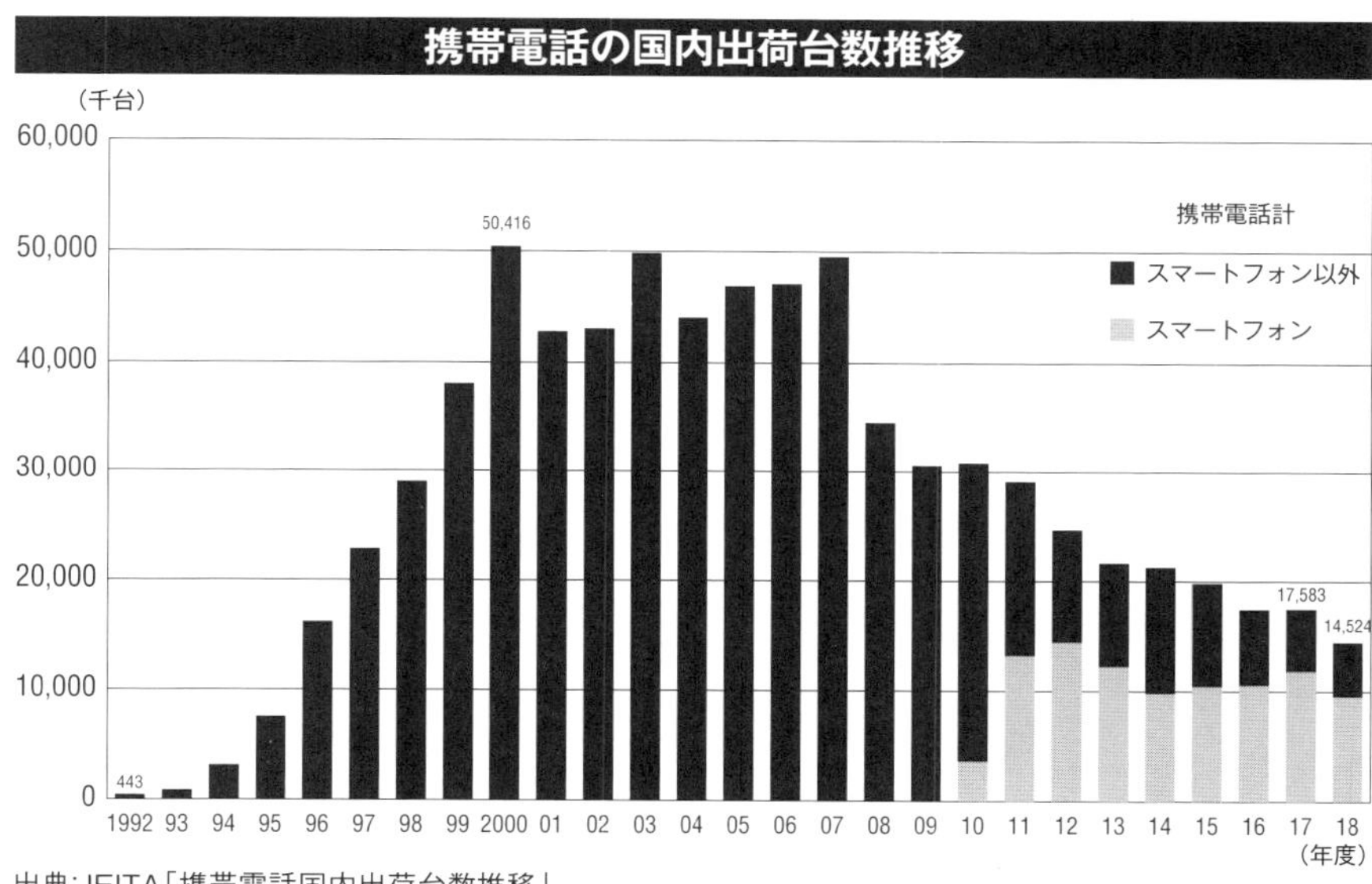

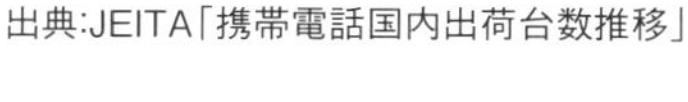
出典:JEITA「携帯電話国内出荷台数推移」

移動電話の国内需要台数推移

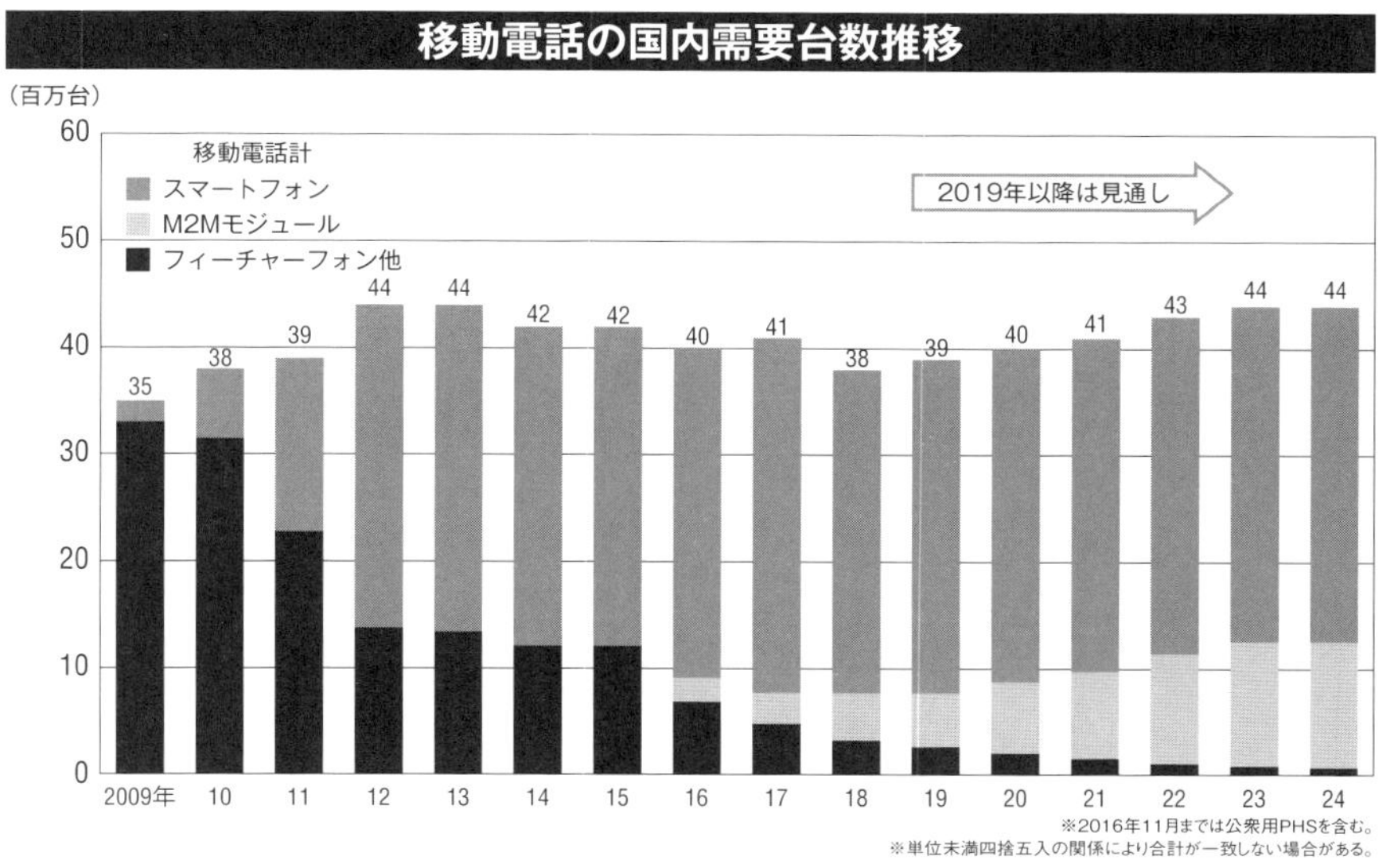

出典:JEITA「移動電話国内需要台数推移と見通し」。2016年11月までは公衆用PHSを含む

フィルタのほかセラミック発振子、EMI除去フィルタ、リチウムイオン電池、無線LANやブルートゥースのモジュールなどがある。

テレビなどAV機器市場

期待は4K・8K

Chapter1で見た通り、電子情報産業に占めるAV機器全体の割合は19年に約4%で、日系企業の比率も落ち込みが目立つ。

薄型テレビは日本や欧米での家庭への普及はほぼ終わり、4K・8Kテレビ*といった次世代型買い替え需要を喚起できるかがカギとなる。国内の足元では20年の東京五輪・パラリンピックを控えた特需も重なり、一時的な国内出荷量の増加が見込まれる。同時に次世代パネル「有機EL(Electroluminescence: 電界発光)」の採用も広まっていくとみられる。韓国LG電子は8Kに対応した有機ELテレビを、19年内にも日本で売り出すとの報道もあった。

一方で東南アジアやアフリカなどの新興市場を中心とした世界の薄型テレビの需要は、緩やかに伸びていくとの見方が大勢となっている。

全体としては、DVDレコーダやオーディオなど他のAV機器を含め、漸減傾向が続く。

テレビの分野では、液晶はもちろんのこと、主に有機ELの導入拡大とともに、大電流を調節するための積層セラミックコンデンサなど、組み込まれる電子部品の点数は増えると期待される。また、偏光機材の両面にフィルムとベース基板を貼り合わせた偏光板や、リチウムイオン電池の需要が見込まれる。

キーワード解説

4K・8K テレビ

画面の水平方向の画素数が4Kは4000、8Kは8000と高解像度のテレビ。Kは「1000」を表すkilo(キロ)で、地上デジタル放送開始当時の普及型「フルハイビジョン」が約2000=2Kだったのに対し、8Kは「スーパーハイビジョン」とも呼ばれる。

テレビ出荷台数見通し

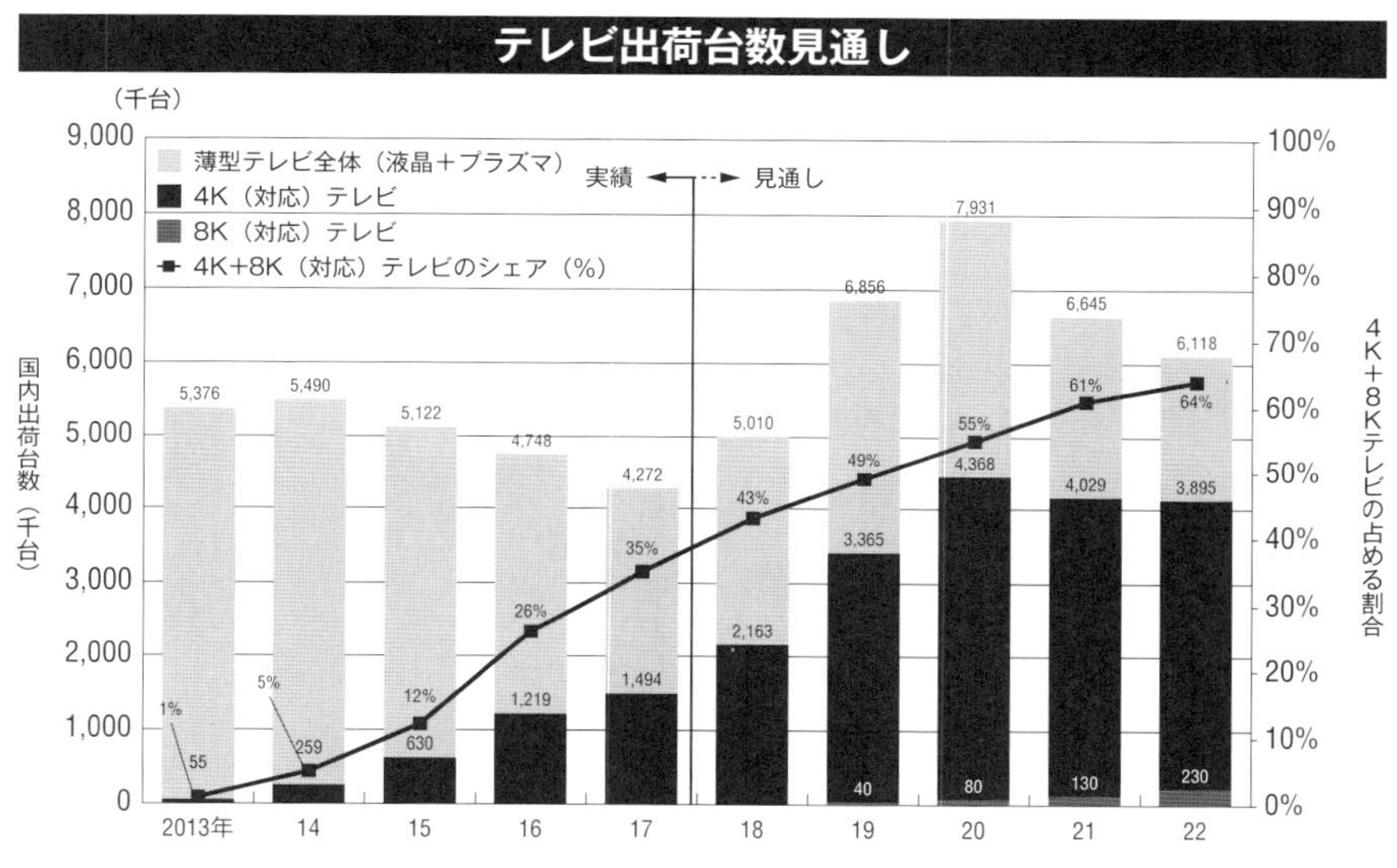

出典:経済産業省「テレビジョン受信機の現状について」、元データはJEITA

世界のフラットパネルテレビ需要動向見通し

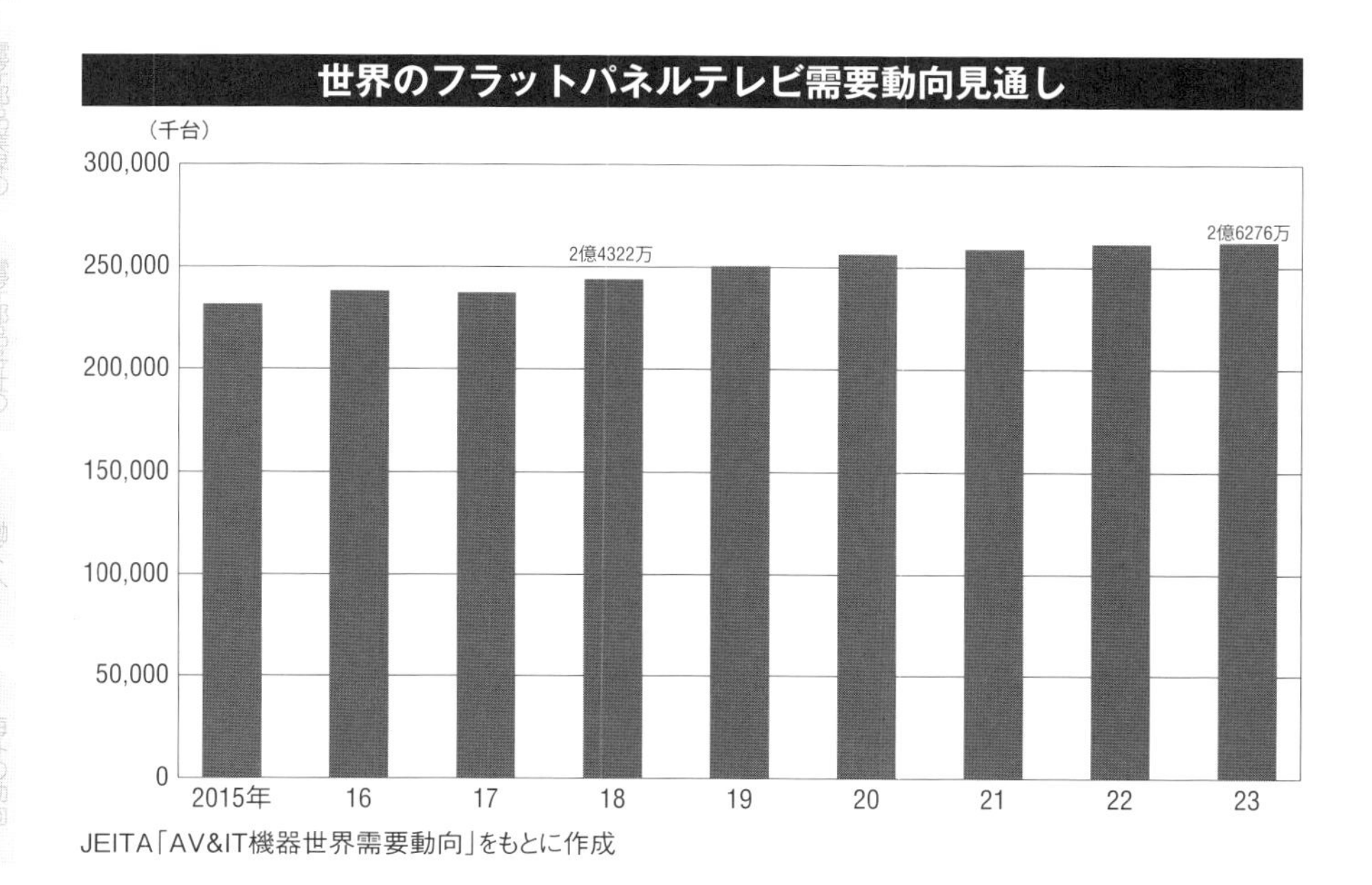

JEITA「AV&IT機器世界需要動向」をもとに作成

3 広がる採用先
――自動車　医療　産業用

自動車

ADASにMaaS、切り口多彩

　自動車は、電子部品の供給先として最も魅力的な産業となっている。CASEに代表される市場の広がり、その有望性は、例えば日本電産が車載事業本部、村田製作所が車載営業部などと専属部署を設けていることや、各社の売り上げに占める自動車分野の比率や展望からも明白である。TDKは2019年に「自動車の未来に向けた最適ソリューションをトータルにご提供します」として、ウェブサイト上に車載製品のページを新たに公開した。ミネベアミツミによる自動車関連部品のユーシンの買収や、アルプス電気と車載ソフトウェアに強いアルパインの経営統合も、自動車分野へ注力する姿勢の表れである。

　カメラやセンサを駆使して警告や自動制御を行うADAS（Advanced Driver-Assistance Systems：先進運転支援システム）や、ICTを活用して交通をクラウド化してモビリティ（移動）を1つのサービスとして捉えた新しい概念のMaaS（Mobility as a Service）と自動車の電装化が進むにつれ、電子部品の採用点数も格段に増加すると見込まれる。

　富士キメラ総研が19年4月に発表した調査結果によると、車載電装システムの世界市場は18年の24兆781億円から、30年に2倍超の50兆5955億円まで伸びると予想されている。

　半導体を含め、搭載される部品は幅広い。電装化

ADASの世界市場

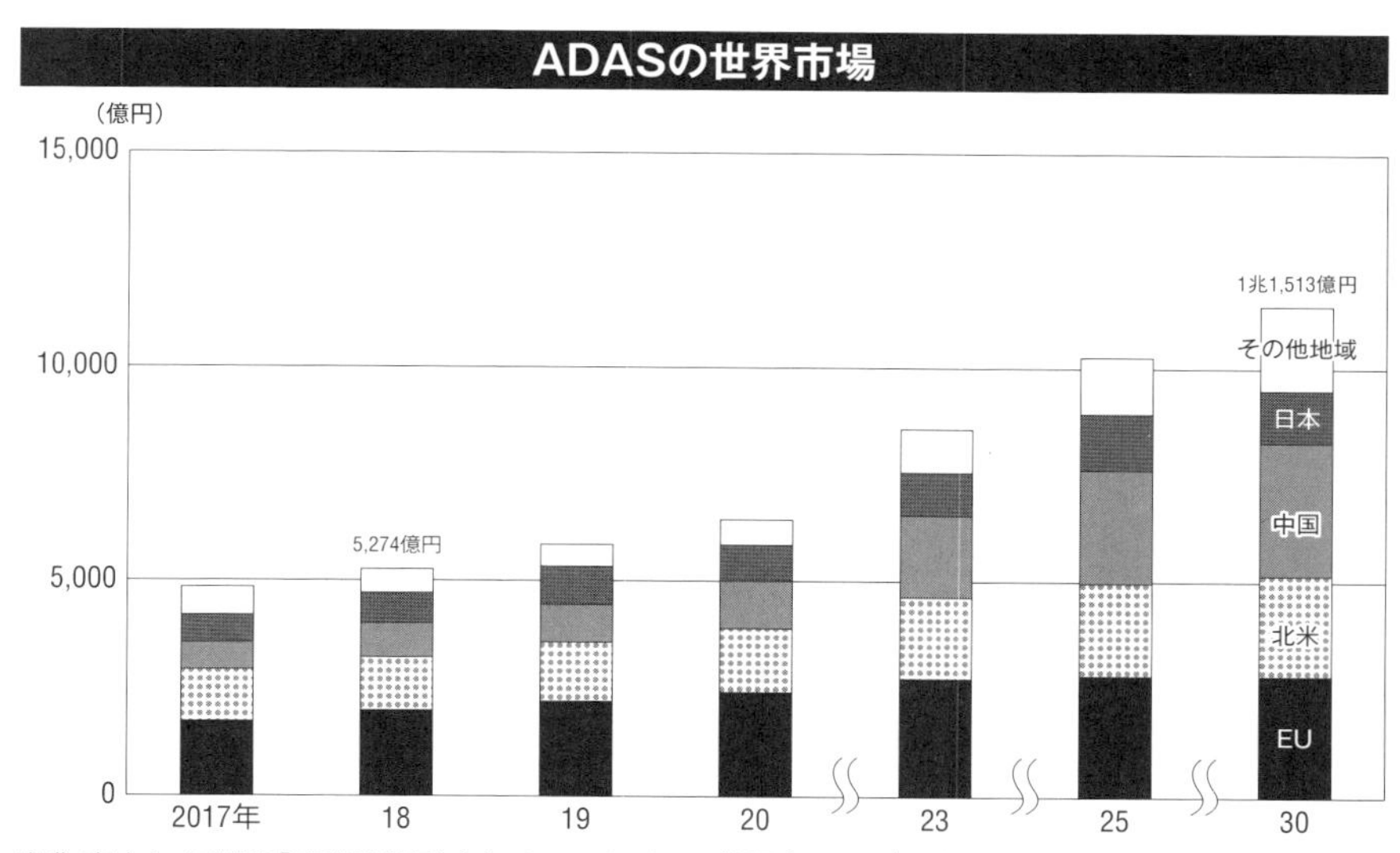

出典:富士キメラ総研「車載電装デバイス&コンポーネンツ総調査2019《上巻:システム／デバイス編》」。18年は見込み、19年以降は予測

自動車部品出荷額と電装化率

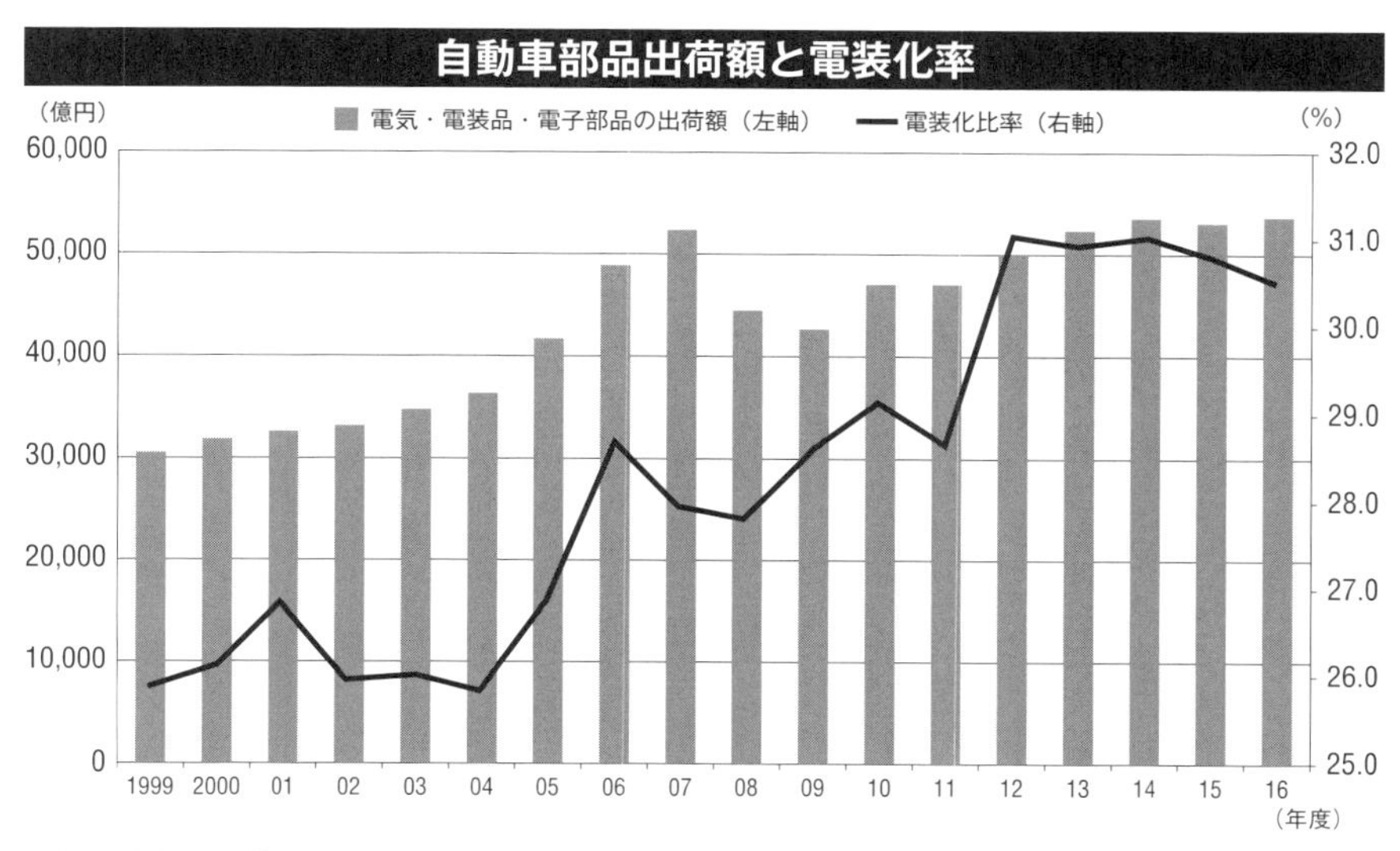

出典:ちばぎん証券「産業ニュース 車載向けが好調な電子部品企業」、元データは日本自動車部品工業会「自動車部品出荷動向調査」。電装化率は自動車部品出荷額に占める･電気･電装品･電子部品出荷額の比率

に伴い、全般的に積層セラミックコンデンサの搭載が増え、自動運転に関しては抵抗器やコネクタ、CMOSセンサやカメラモジュール、画像処理チップ、各種モータ、電動パワーステアリング（パワステ）などと多岐にわたる。

ヘルスケア・医療

少子高齢化のカギを握る

65歳以上の高齢者を取り巻く国内市場は25年に100兆円に上るとも試算される。その市場は「医療・医薬産業」「介護産業」「生活産業」の3つに分けられ、手術や臨床、介護の現場でのパワーアシスト装置、買い物に不便する地域での宅配サービスの拡充など、将来的な商業化も含めた可能性はさらに広がっていく。

例えば、TDKは18年に国内初となる、リストバンド型ウエアラブル端末でバイタルデータなどを遠隔管理できるシステムを開発し、医療施設に導入したと発表した。離れた所から認知症患者のモニタリングとともに、病院内の危険領域への侵入や異常を即座に感知できるようになるという。

村田製作所は、強みとするコンデンサを通じ、体内に埋め込む「インプラント」の医療機器を支える。心臓ペースメーカーに代表されるインプラント機器は「小型化により人体への負荷を低減させる『低侵襲化』が課題となっており、小型化のニーズはますます高まっている」といい、各部位に見合った部品を展開している。初期故障率が比較的低くなるようスクリーニングを行い、寿命も長くなるように設計

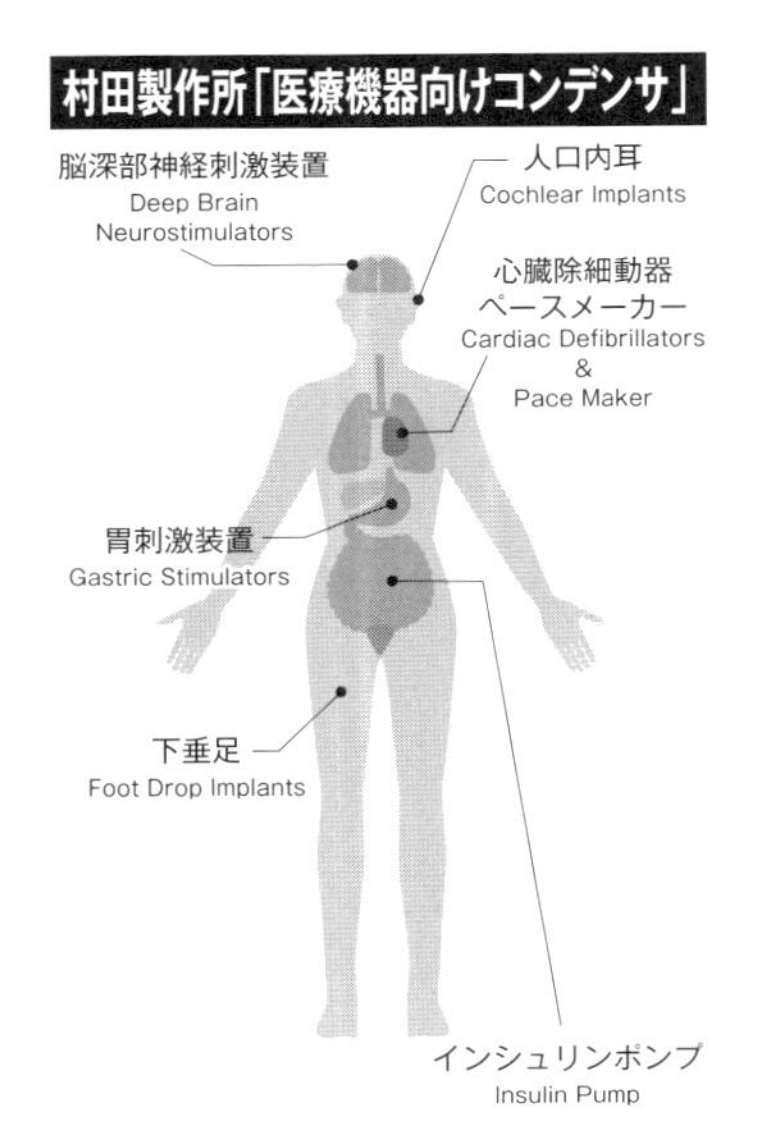

同社ウェブサイトをもとに作成

されたコンデンサを展開している。

ヘルスケアの市場は高齢者に限らない。ベッドに寝ている状態で、脈拍数や呼吸数、睡眠・覚醒などの状態を測定・検知し、電子カルテやナースコールシステムなどに情報をつなげたり、体温や血圧といった生体情報を通信機能付き測定機器などで読み込んで情報を一元管理したりするような、「スマートベッドシステム」も引き合いが増えている。ミネベアミツミはリコーと組み、寝返りなどの体動や呼吸状態を検出できる、ベッドに取り付けるタイプのセンサシステムを開発した（165ページ参照）。

医療向けIoTの世界市場

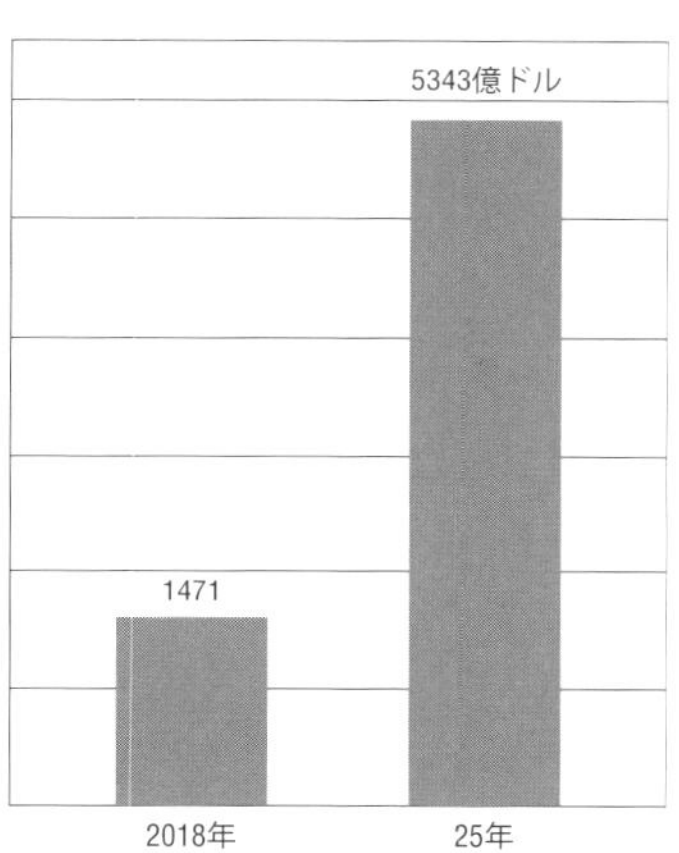

グランドビューリサーチ「IoT in Healthcare Market Worth $534.3 Billion By 2025」をもとに作成

医療分野におけるIoT関連機器・システムの国内市場

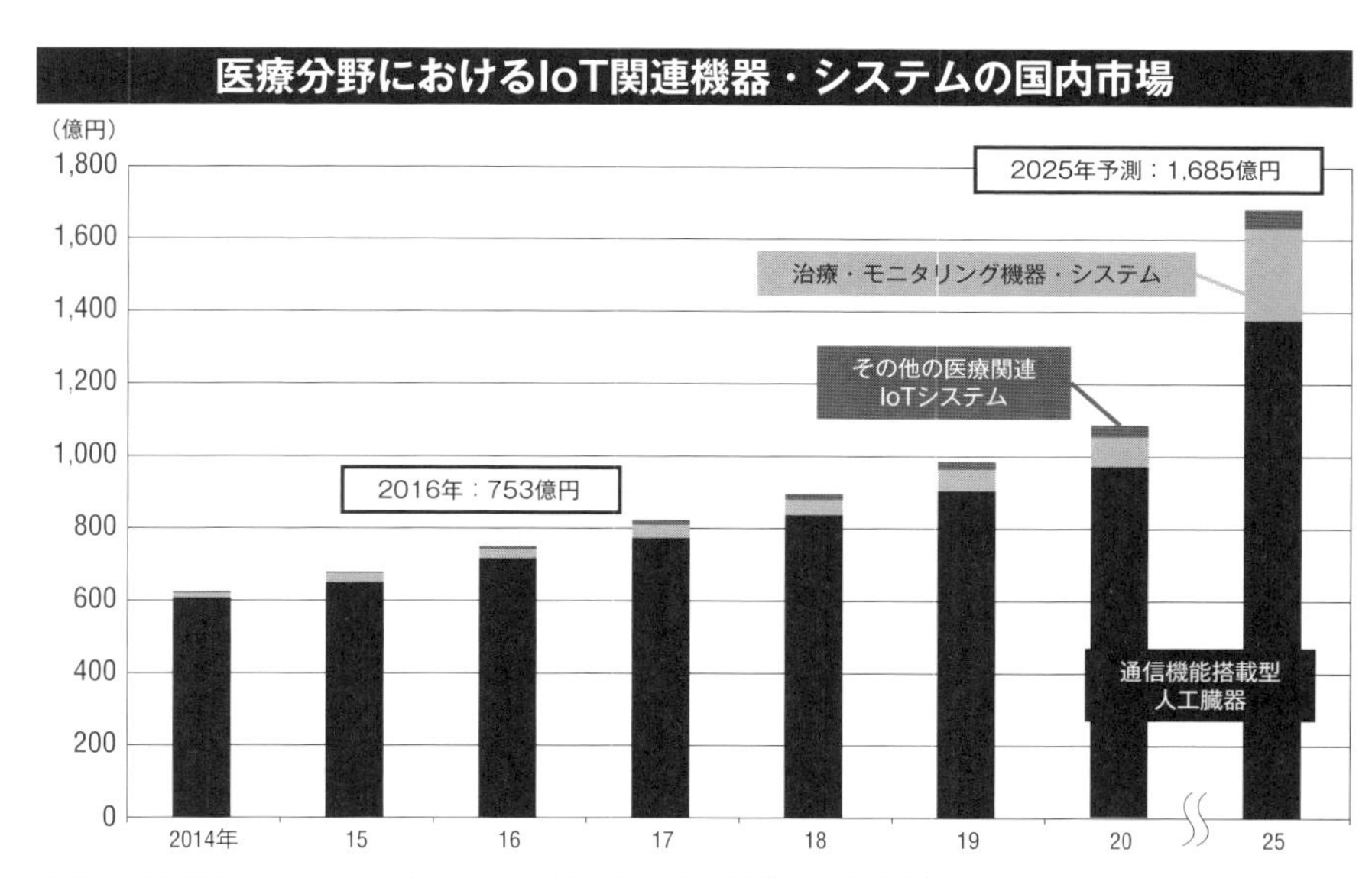

出典:富士経済「2017年メディカルIoT・AI関連市場の最新動向と将来展望」。17年は見込み、18年以降は予測

こうした医療向けのＩｏＴは、病院など医療分野で、ＩｏＭＴと特別な呼び方もされている（73ページ参照）。ＩｏＭＴは、ワイヤレス通信機能を備えた医療機器を活用し、患者のあらゆる健康データを収集・分析して共有することができるため、個々の患者に特化した医療サービスが可能となる。

富士経済の調査によると、医療分野のＩｏＴ関連機器・システムの市場は、在宅医療や遠隔医療の利用増を背景に拡大が予想され、25年には16年の約２・２倍の１６８５億円まで伸びると見ている。

産業機器

FAでロボット活躍

インダストリー４・０で工場などへのＩｏＴ導入が進み、「スマートファクトリー」が増えていくと見込まれる。製造業でのＩｏＴはＩＩｏＴ（73ページ参照）と呼ばれ、工場内のあらゆる生産設備や管理システム、工程などの各データをセンサやカメラで集め、ネットを介して共有する仕組みである。

ＩＩｏＴを通じて製造工程を円滑化、最適化できるとともに、顧客のニーズによりきめ細かく対応して少量の品種を幅広く生産できるようになる。同時に、工場の生産体制は自律的に維持され、こうしたＦＡ（Factory Automation: 工場の自動化）は次の段階へと進んでいく。

富士経済は19年に相次いで調査結果を発表し、製造業向けロボットの世界市場は、25年に18年比２・５倍の２兆８６７５億円まで伸びるとの見通しを示した。特に「組立・搬送系」が過半を占め、「溶接・塗装系」でもロボットの活躍が期待される。一方、生産量の増減に柔軟に対応できる「ヒト協調ロボット」の市場は、19年に７８２億円、25年には18年比で７倍の４１１０億円まで拡大すると見込む。そのうち、日本国内も19年に１８６億円、25年に８５０億円となる見通しで、富士経済は「人手不足を背景としたロボットによる自動化ニーズは底堅く、人の作業工程、作業スペースにそのまま置き換えが可能」としている。国内製造業のデジタル化関連ツー

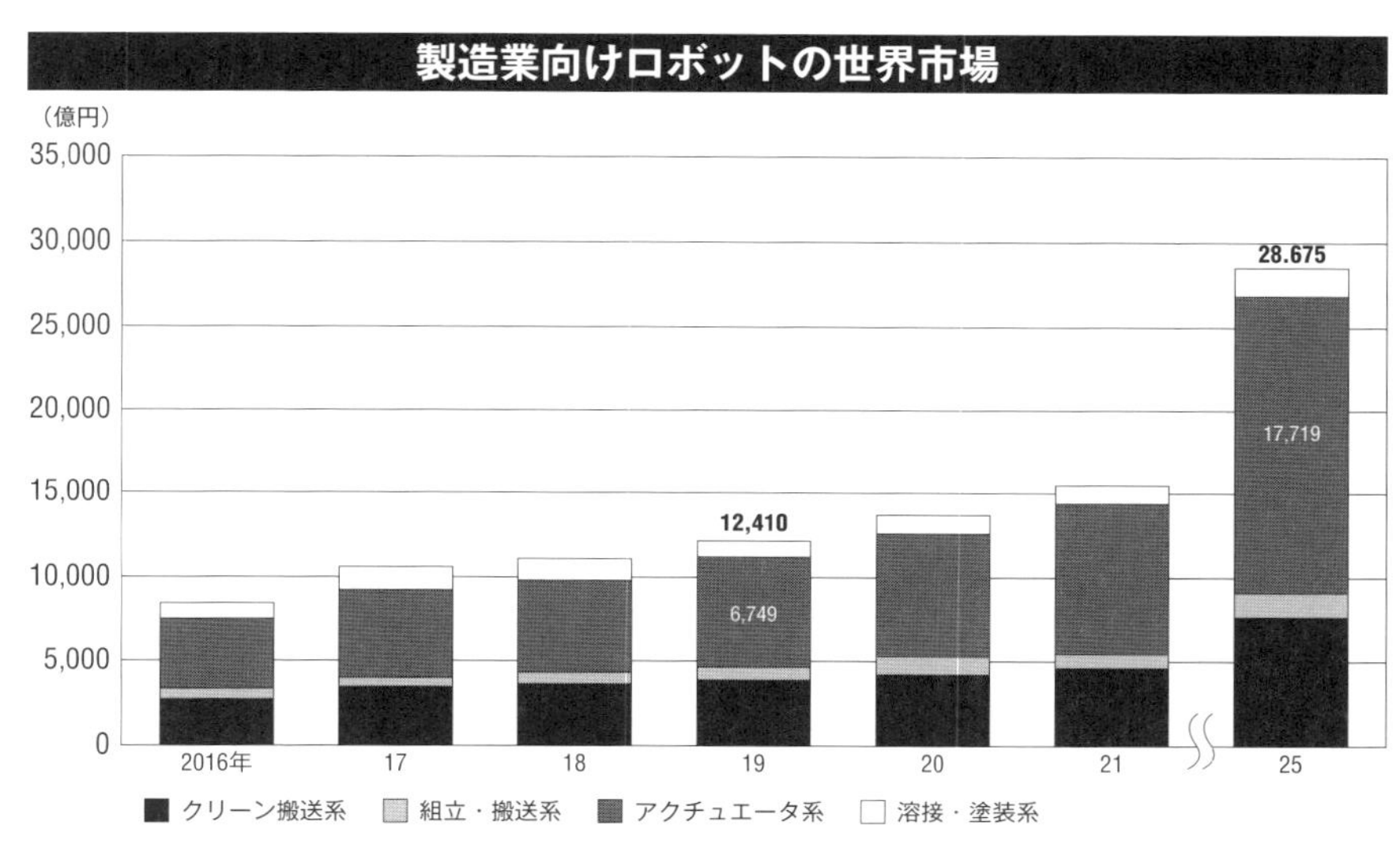

出典:富士経済「2019ワールドワイドロボット関連市場の現状と将来展望No.1FAロボット市場編」。19年は見込み、20年以降は予測

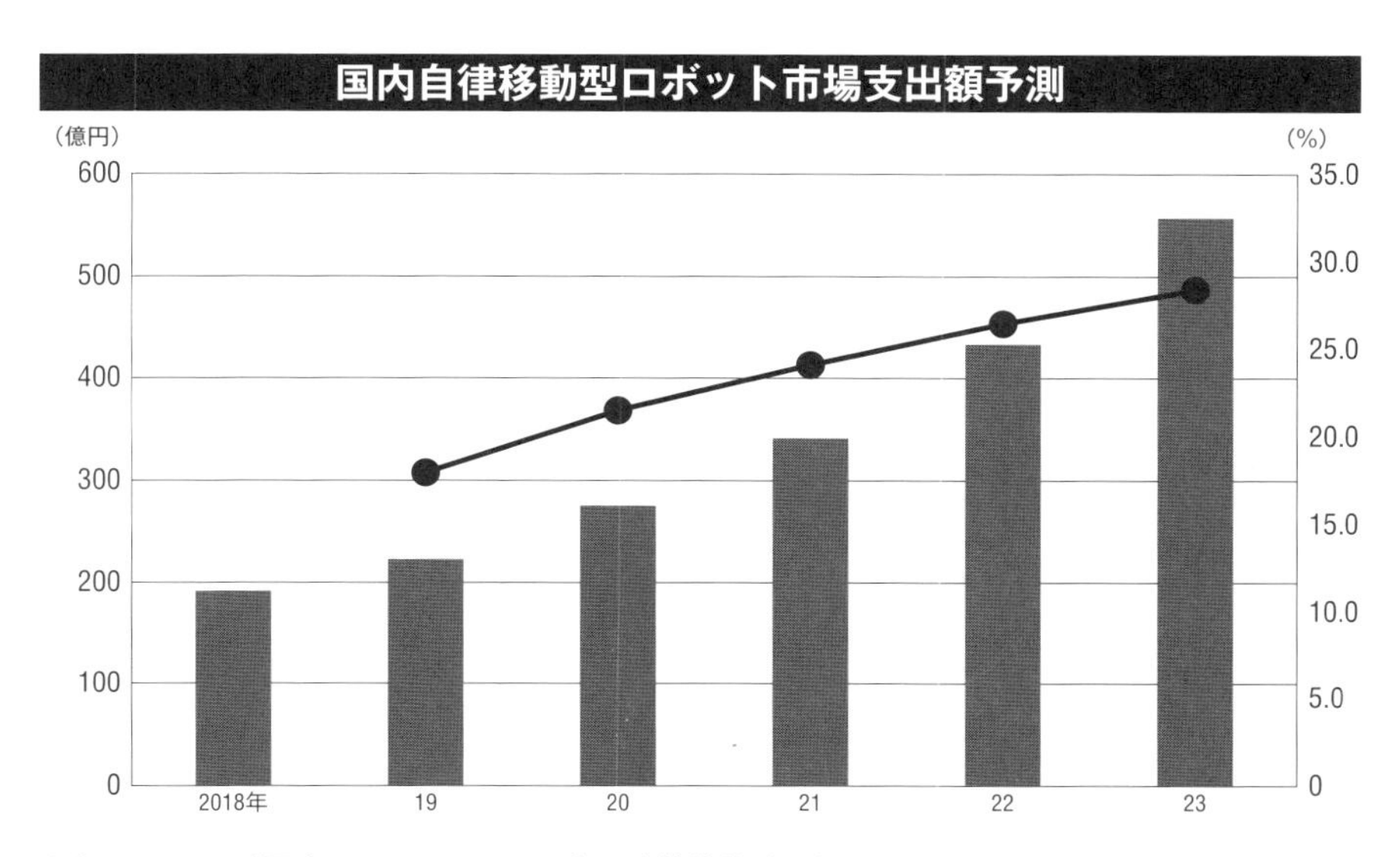

出典:IDCジャパン「国内コミュニケーションロボット、自律移動型ロボット、ドローンソリューション市場におけるユースケース(用途)別／テクノロジー別支出額予測」。折れ線は前年比成長率(右軸)、2018年は実績値

ルの市場も堅調に推移するとの予測を出している。

IDCも、操縦者を必要とせずに動き回る「自律移動型ロボット」の市場予測を19年5月に発表、18～23年の年間平均成長率は23・7％で、23年の市場規模は561億円と予測している。小売や卸売などの「倉庫管理」での利用がけん引しているとした。

産業分野での部品の需要は、「FA機器に欠かせない、各種コンデンサ、ノイズ対策部品、保護素子、電源、センサなどの電子部品をはじめ、FA機器の発展やインダストリー4・0の実現を支える、サービスやソリューション」（村田製作所）や、「製造現場で起きるさまざまな変化（位置・長さ・段差・変位・外観など）を確実に検出・計測し、分析・解析し対処する、または将来の現象の予測・予防に貢献するセンシング機器」（オムロン）が期待される。

各方面で活躍するロボット

FAなどの産業用に限らず、ロボットの市場は当面伸び続けるとみられる。国立研究開発法人の新エネルギー・産業技術総合開発機構（NEDO）は10年に、ロボット産業の将来市場予測を発表、15年に1兆6000億円、20年に約3兆円、35年に約10兆円との試算を弾いた。

その後、18年にNEDOが公表した資料には、16年時点で既にロボットの市場が2兆6000億円に達し、35年には約28兆4000億円まで伸びる見通しが示されていた。いわば「未来予測の大幅な上方修正」である。過去10年のロボットやテクノロジーをめぐる環境の変化、その進度や程度を言い当てることは、国の機関をもってしても難しかった。状況がいかに劇的に、想定を超える早さで変わっているかを示す証左となるだろう。

変化の1つに、自動車のMaaSならぬ、RaaS（Robotics as a Service: サービスとしてのロボット）なる概念も登場している。警備や清掃、介護などの専門サービスを担うロボットを月単位、時間単位で貸し出すといった新たなビジネスモデルである。ロボットが日常生活に違和感なく存在する未来が、すぐそこまで来ている。

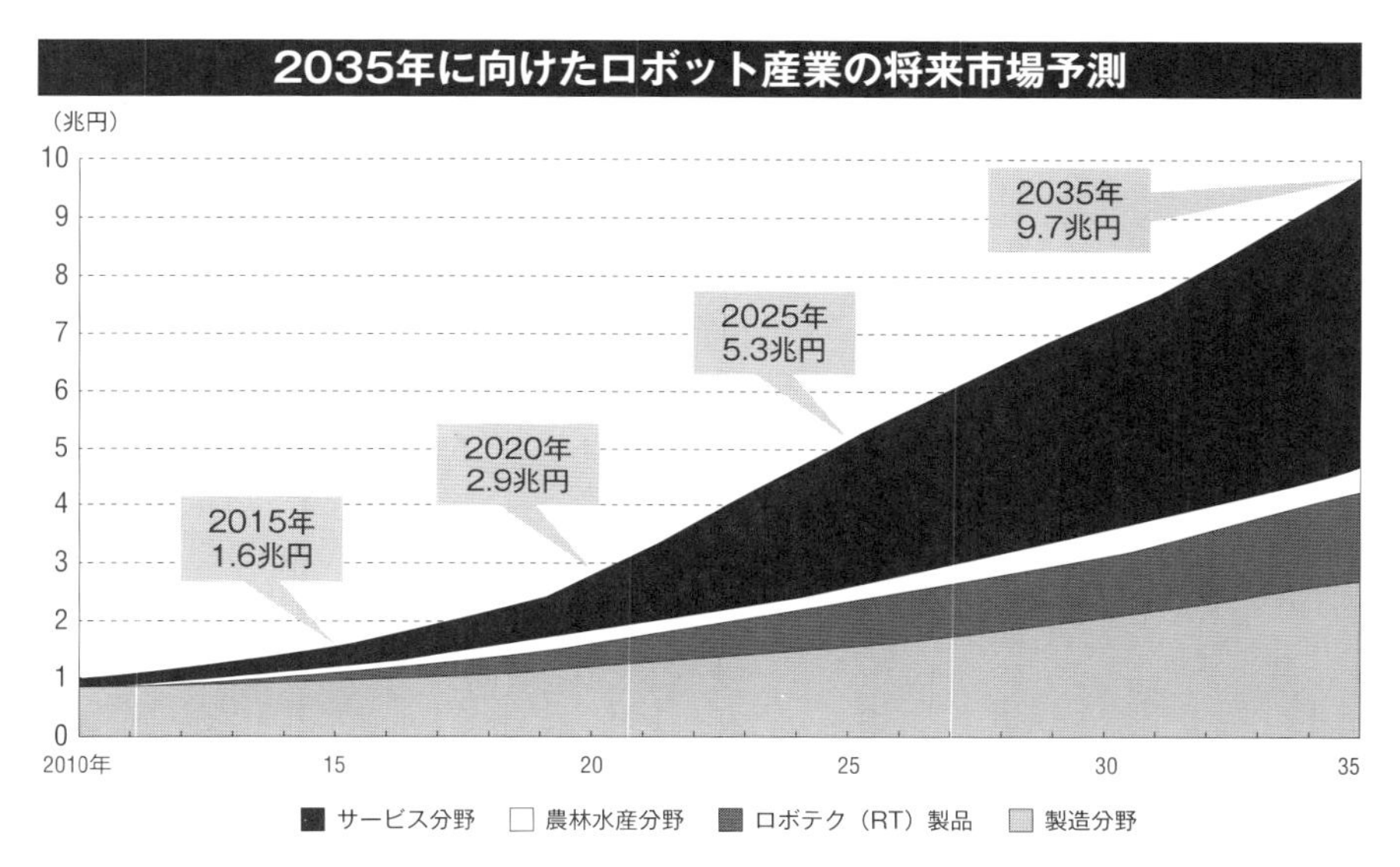

出典:NEDO「ロボットの将来市場予測を公表」

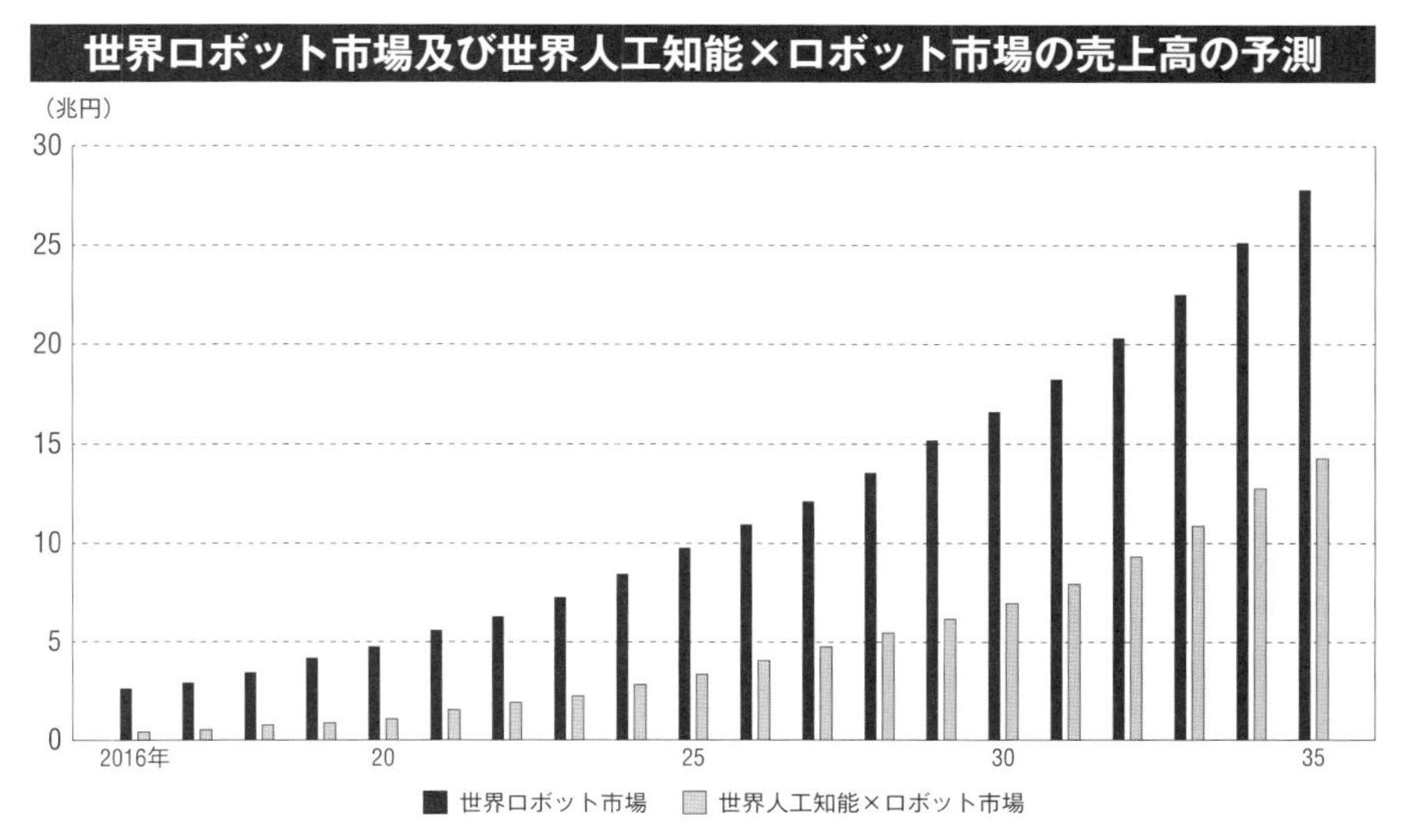

出典:NEDO「人工知能×ロボット分野」、元データはInternational Federation of Robotics 2016、World Robotics 2016 ServiceRobots

4

多様化する電子部品の使い道
——広がる地平、底流には常にIoT

家に街に、仕事に広がる可能性

IoTが生活の隅々に行き渡るようになり、衣料品や雑貨に至るまで、ネットでつながるようになる。あらゆるものが電装され、家電の定義さえ揺るがしかねない勢いで普及していく。

家を一歩外に出れば、街角にITの波が押し寄せているのが分かる。デジタルサイネージやデジタル機器と接続できるスポットは世界的に増えている。ニューヨーク市は街中に「LinkNYC」というICTサービスがあり、Wi-Fiを使えたり、スマートフォンやタブレット端末を充電したり、電話したりできる。サービスは無料で、地図を調べられる大型の画面はデジタルサイネージにもなっている。

LinkNYC

19年7月、ニューヨーク市で筆者撮影

市内に少なくとも7500基が順次設置されていく。

交通面では、EVの普及に伴い、急速充電のサービスも街中に増えると見込まれる。将来的にはワイヤレスで給電する仕組みが実現するかもしれない。渋滞の予測などにもAIやビッグデータが使われ、今後一層の活用が期待されている。
同時に橋や道路などの社会インフラの修繕や災害への備えにも、ＩＴが駆使される。小型無人機ドローンの活躍の場も広がっている。

実現するスマートホーム

核となるＡＩスピーカー

温度や照明の調節、施錠といった操作をスマホやウエアラブル端末で行えるスマートホーム、家の隅々に微小なチップが組み込まれ、要所要所にセンサが配置される。部品がどこに使われているかを見ていこう。概してどの用途にもセンサは付いていてフェライトやコイルが使われるほか、トレーサビリティ用にタグが備わっている。

スマートホームの中核となるＡＩスピーカーはアマゾンの「Ｅｃｈｏ（エコー）」や「Ｇｏｏｇｌｅ　Ｈｏｍｅ」がメジャーである。ここで使う部品はスピーカーやオーディオＳｏＣ（２２２ページ参照）、コ

スマートホームが実現する生活

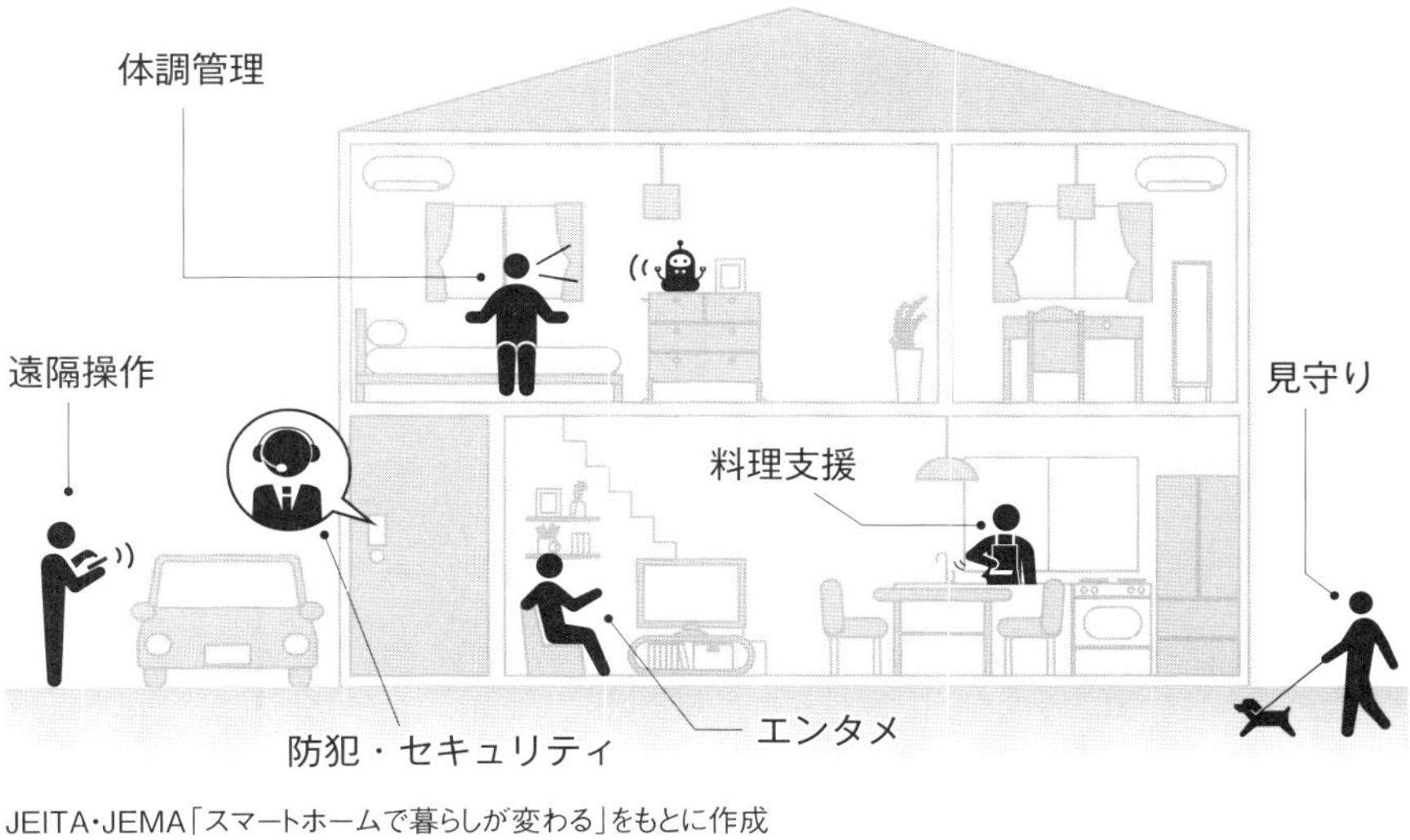

JEITA・JEMA「スマートホームで暮らしが変わる」をもとに作成

ンバータ向けなどにノイズフィルタや水晶振動子、インダクタなどがある。

また、家の電気を賢く使って省エネにつなげるＨＥＭＳ（Home Energy Management System: 住宅用エネルギー管理システム）では、Ｗｉ－Ｆｉやブルートゥース（Bluetooth）モジュールのほか、従来の電力メータから置き換えが進む「スマートメーター」や、ソーラーパネルにコンデンサやコンバータが用いられる。計量のためにセラミック発振子や水晶振動子、蓄電池にはサーミスタや一般用安全規格のコンデンサなどが使われる。

セキュリティ上も、多数の部品が必要となる。監視カメラはモジュールやＤＤＲ（Double Data Rate）メモリ、ＬＡＮスイッチ、レコーダには各種コンバータが搭載され、信号の処理にはやはりセラミック発振子や水晶振動子が使われる。ＭＣＵ（Memory Control Unit）にはチップ抵抗器や、一般的なＬＳＩ（22ページ参照）のＭＯＳＦＥＴ（Metal-Oxide-Semiconductor Field-Effect Transistor）も必要となる。ガス警報器も同様にＭＣＵが使われ、ガス漏れを知らせるスピーカーやブザー、圧電サウンダなどの部品も必要となる。入退室管理には、キャパシタを用いたＩＣカードのほか、「無線ＩＣタグ」などと呼ばれるＲＦＩＤ（Radio Frequency IDentification: 高周波ＩＤ）システムやそれを読み取るリーダも要る。

高齢者や子どもの見守りに有効なウエアラブル端末には、セラミックコンデンサ、インダクタ、抵抗器、フェライトビーズ、落雷などによる異常な高電圧「雷サージ」対策のバリスタのほか、無線通信モジュールなども使われる。

体調管理には、例えば、体温計に温度検知やサーミスタ、音を知らせる圧電サウンダ、ブルートゥースモジュールなどが組み込まれる。

ＯＡ機器も部品の採用点数が増えている。代表的な複合機では、画像処理や操作パネル、インターフェースに各種コンデンサが使われ、エンジン制御にはセラミック発振子や水晶振動子、直流のＤＣ－ＤＣコンバータなどが使用される。

生活家電に幅広く

衣料品や雑貨まで

スマートホームでつながる先、電力の消費源となるエアコンや冷蔵庫などにも当然、センサやモジュールのほか、CPUにセラミック発振子やDC－DCコンバータ、電源用にコンデンサが必要となる。日本電産が強みとする各種モータも使われている。

各家電に特徴的なものを挙げれば、冷蔵庫なら自動製氷機、洗濯機なら水量センサや蓋ロック、エアコンならルーバ、掃除機なら吸引モータなどがある。

従来の家電の域を超え、照明器具もIoTでネットの世界とつながるようになった。ミネベアミツミの「SALIOT」（サリオ）は名前にIoTが入っている通り「超薄型レンズに代表される光学技術と、モータ・電源・無線と複数の異なる製品と技術を集約した未来の照明」と謳う。光量はもちろん、光の広がる角度も調節でき、さまざまなシーンを演出できるという。ブルートゥースを搭載し、遠隔で操作できる。

そうした据え置き型の製品以外にも、身近なところからIoTの採用は進んでいる。衣料品は今後、ますます導入が進む分野の1つで、リーバイスはグーグルと組み、導電性の繊維を用いたジャケット「Jacquard by Google」を開発した。袖口がタッチスクリーンとして機能し、ダブルタップすると、イヤホンを通じて音声が聞こえる、といった仕組みである。

東レとNTTも、着ていると生体センサで心拍数を計れる機能素材「hitoe」を開発、応用して平常時と異なる心拍の検出による体調変化の恐れを知らせる見守りサービスのアプリも考案した。

子どもの見守りにも親和性が高く、流通大手イオンの20年版ランドセルは、GPS（Global Positioning System）を活用した見守りサービス「みもり」を付けられる。スマートフォンのアプリと連動する。

スマートシティ

スマートホームとは別に、省エネ効率に優れ、災害にも強い街は「スマートシティ」と呼ばれ、00年代以降、実証実験を経て徐々に実現の道を歩み出した。スマートコミュニティ、スマートタウンも似た意味合いで使われる。

これらを実施する主体は、電機メーカーやエネルギー企業、自治体などが中心だが、そこで使われる各種ＩＴにはやはり、電子部品各社の黒子的な支えがある。

また、19年にはオムロンが子会社のオムロンソーシアルソリューションズ（東京）を通じて京都府舞鶴市と「ビッグデータ＋ＡＩに見守られた安心安全な街の実現」などを掲げ、スマート社会に向けた協定を結んだ。17年には村田製作所も、ソフトバンク、京都府とともに「スマートシティ化促進プロジェクト」を立ち上げた。ソフトバンクがＩｏＴネットワークとソリューションを、村田製作所がＩｏＴに必要な通信モジュールやデバイスを提供することで、オープンなＩｏＴプラットフォームを構築し、府が抱える課題の解決を目指すとしている。

まさにこうした「部品を提供する」形で、提携やその発表の有無は別として、電子部品各社はスマートシティの普及を後押ししている。より将来的な「未来予測」としては、ＴＤＫが創業１００年を迎える２０３５年、ＥＶのバスが地面に埋め込まれたワイヤレス給電ポイントを通るたびに給電される。同時に、クラウド上の交通に関するビッグデータをＡＩが分析し、渋滞のない交通システムを構築する

TDK「2035年の未来予測」

同社提供

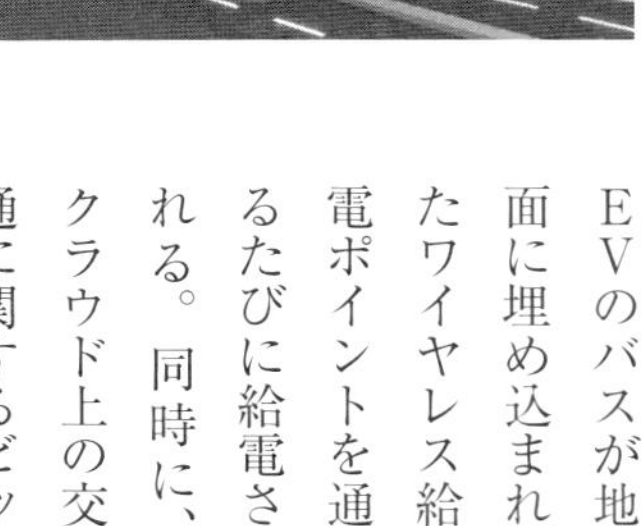

社会を描く。

ＩＤＣが19年2月に発表した調査によると、世界のスマートシティ関連の支出は19年に18年比17・7％増の958億ドルに達するとされる。特にシンガポール、ニューヨーク、東京、ロンドンは10億ドル以上の投資が見込まれ、活況を呈している。

スポーツ

eスポーツもにわかに人気

スポーツの分野では、選手やチームも、ジャッジする審判も、観客の側もみな押しなべてＩＴの恩恵にあずかる。

例えば、18年のＦＩＦＡワールドカップロシア大会では、大会として初めて、参加チームにタブレット端末が配られ、プレー中の選手らのデータをリアルタイムに取得、活用できるようになった。ＥＰＴＳ（Electronic Performance and Tracking Systems：電子パフォーマンス・アンド・トラッキングシステム）と呼ばれる。端末に表示されるデータとピッチの状況を照らし合わせながら、分析者とベンチ側が交信し、選手に適切な指示を出しやすくなる。ボールの動きや選手らの心拍数などもデータ化して見られるようになったとして、画期的な大会となった。

同時に、誤審を防ぐために導入されたＶＡＲ（Video Assistant Referee：ビデオ補助レフリー）も注目を浴びた。ビデオを精査した結果、ジャッジが覆り、試合展開にも影響を与えた。今後、ＶＡＲが「抑止力」となり、ファウルや、ファウルを受けたふりをする「シミュレーション行為」は減ってくると見込まれる。人の目は欺けても機械は欺けない、と認知され始めている。

サッカーに限らず、テニスや相撲や柔道など、ビデオ判定が取り入れられる競技は拡大しており、機械が勝敗を左右する場面も増えるだろう。少なくとも、誤審で涙を飲む選手が減ることは望ましい。

ＥＰＴＳにしてもＶＡＲにしても、カメラやセンサのシステムに、多数の電子部品が使われるのは想像に難くないだろう。

スポーツに関連し、別の次元で盛り上がりを見せるのが「eスポーツ」である。オンラインでつながったビデオゲームの総称で、離れた場所にいる相手とも対戦できるのが特徴である。日本ではまだ認知度が低いのが現状だが、KDDIやコナミ、イオンが取り組みを進め、市場は急速に拡大している。

eスポーツ市場も、ヘッドホンやスピーカーといった音響機器、コントローラなど部品の採用範囲は広い。そしてeスポーツをより臨場感あふれるものにするため、VR（Virtual Reality: 仮想現実）や、スマホアプリ「Pokémon GO」で一躍有名となったAR（Augmented Reality: 拡張現実）などの技術が一層求められていく市場となる。VRはキャラクターになりきって戦ったり、空を飛んだりしている気分を味わえ、その世界にのめり込んでいる「没入感」を演出する。それにはプレーヤーが頭に装着するHMD（Head Mounted Display: ヘッドマウントディスプレイ）と、動きに遅れることなく映像や音を流すことが不可欠である。そのためにも5Gの普及には期待がかかっている。

IDCの調査では、VRとARのハードウェアやソフトウェア、関連サービスの市場は、世界で18年の89億ドルから19年に168億5000万ドル、23年に1606億5000万ドルと見込まれ、年平均で8割近く伸びていく。日本でも、19年に17億8000万ドル、23年に34億2000万ドルまで、年平均2割強のペースで成長していくと予想される。主

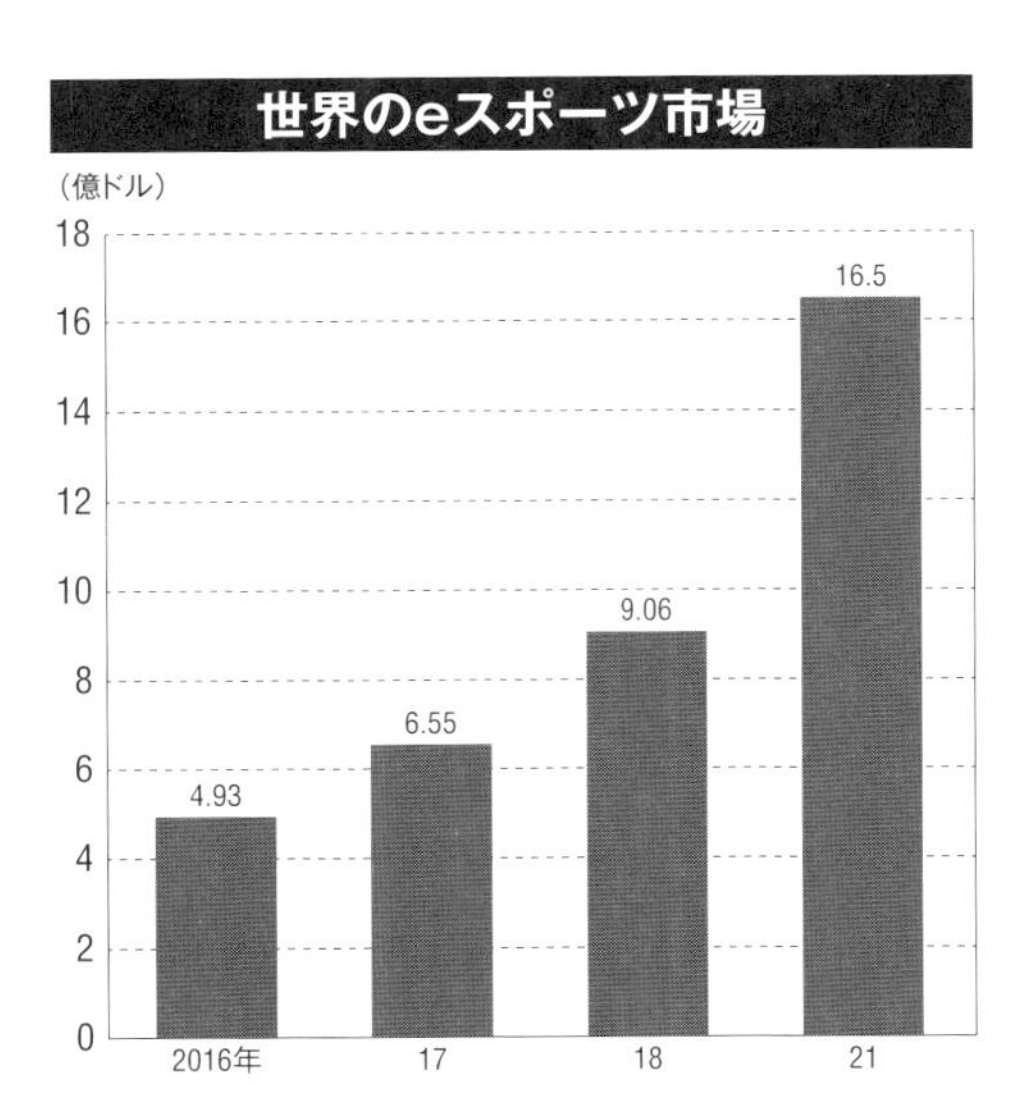

NewZoo「Global Esports Market Report」をもとに作成。
21年は見込み

に「流通・サービス」や「消費者」のセクターが主要な市場となる。

もちろん、VRやARの有用性はゲームの世界にとどまらない。製造現場や教育現場にも応用が進む。さらに、CGによる仮想の世界観を現実に映し出して業務改善などに役立つと期待されるMR（Mixed Reality: 複合現実）や、現実に見えている映像に過去の映像を重ね合わせる追体験型のSR（Substitutional Reality: 代替現実）もある。

これらVR、MRなどは、総称してxR（クロスリアリティ）技術と呼ばれる。

xテック

xRのように、用途が多岐にわたる新領域にxTech（クロステック）がある。既存の産業（x）に革新的なテクノロジー（Tech）が組み合わさって生まれる新たなビジネスを指す。ITの普及で広まったキャッシュレスサービスなど金融の新領域「FinTech」(Finance × Tech: フィンテック）などが有名で、金融サービスの電子化は今後ますます加速すると見込まれる。勢い、電子部品の需要も高まっていくことが想定される。

ITが広く普及し出しているのは金融に限らない。教育なら「EdTech」(Education × Tech: エドテック)、農業なら「AgriTech」(Agriculture × Tech: アグリテック)、広告なら「AdTech」(Advertisement × Tech: アドテック）といった調子である。

どのxTechの市場も大きく伸びていくと見込まれる。18年の野村総合研究所の調査結果によると、エドテックは17年度に1714億円だった国内市場が18年度に1839億円、24年度に3062億円まで伸びると予想される。

xTechで現在最も活発な市場のフィンテックでは、ブロックチェーン（Blockchain）の活用が進む。ネットワークでつながった利用者同士が、取引したデータを互いに管理し合う仕組みで「分散型取引台帳」などと呼ばれる。応用分野は金融以外に広がりを見せている。

電子部品業界の最新情勢
日系メーカーの動向
電子部品業界の基礎
各部品の概要
電子部品業界の主な仕事
電子部品各社の現状
働く人最前線
海外の動向

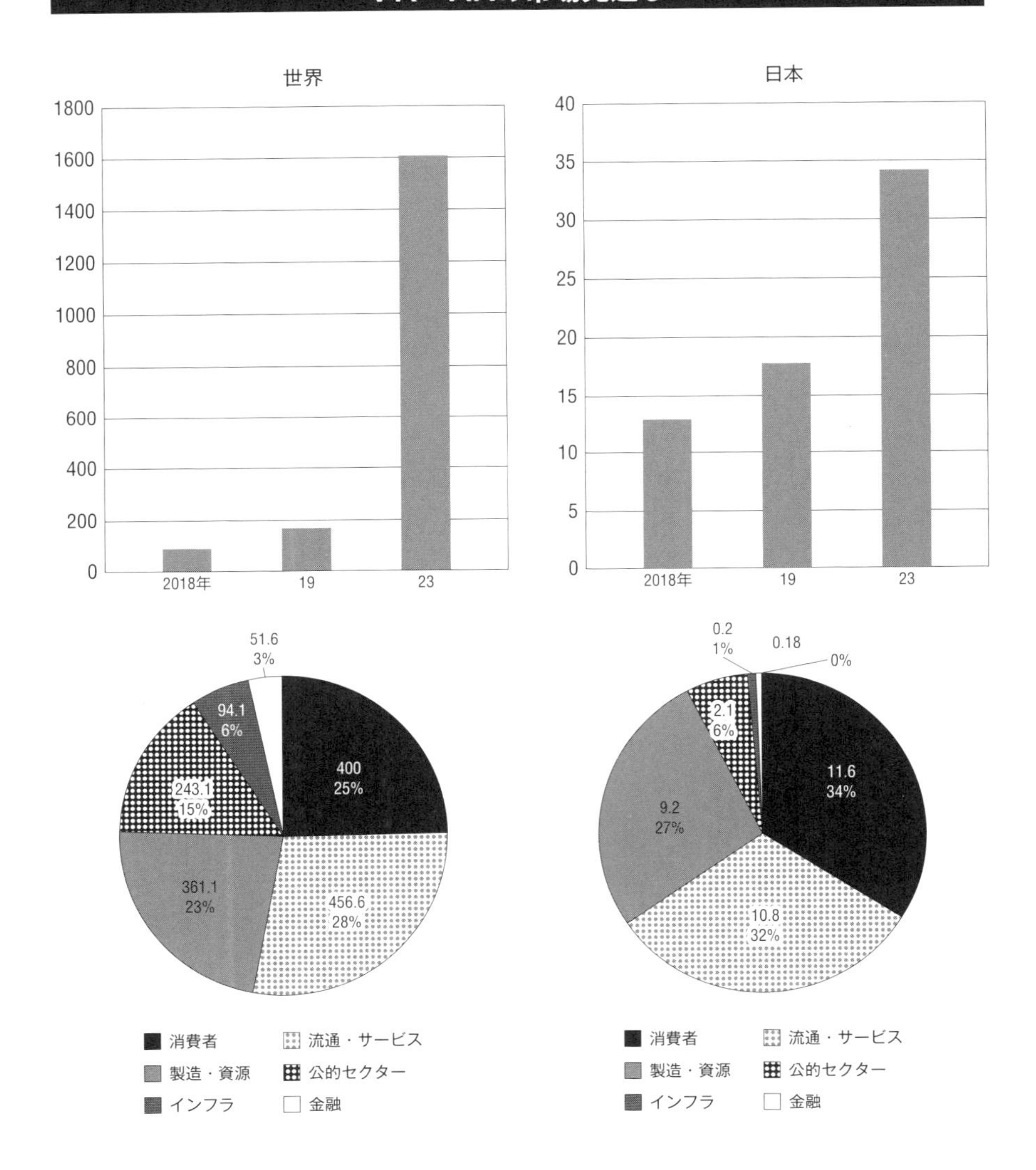

IDC「世界のAR(Augmented Reality、拡張現実)／VR(Virtual Reality、仮想現実)のハードウェア、ソフトウェアおよび関連サービスの2023年までの市場予測」をもとに作成。単位は億円、19年と23年は予測。円グラフは23年のセクター別推定比率

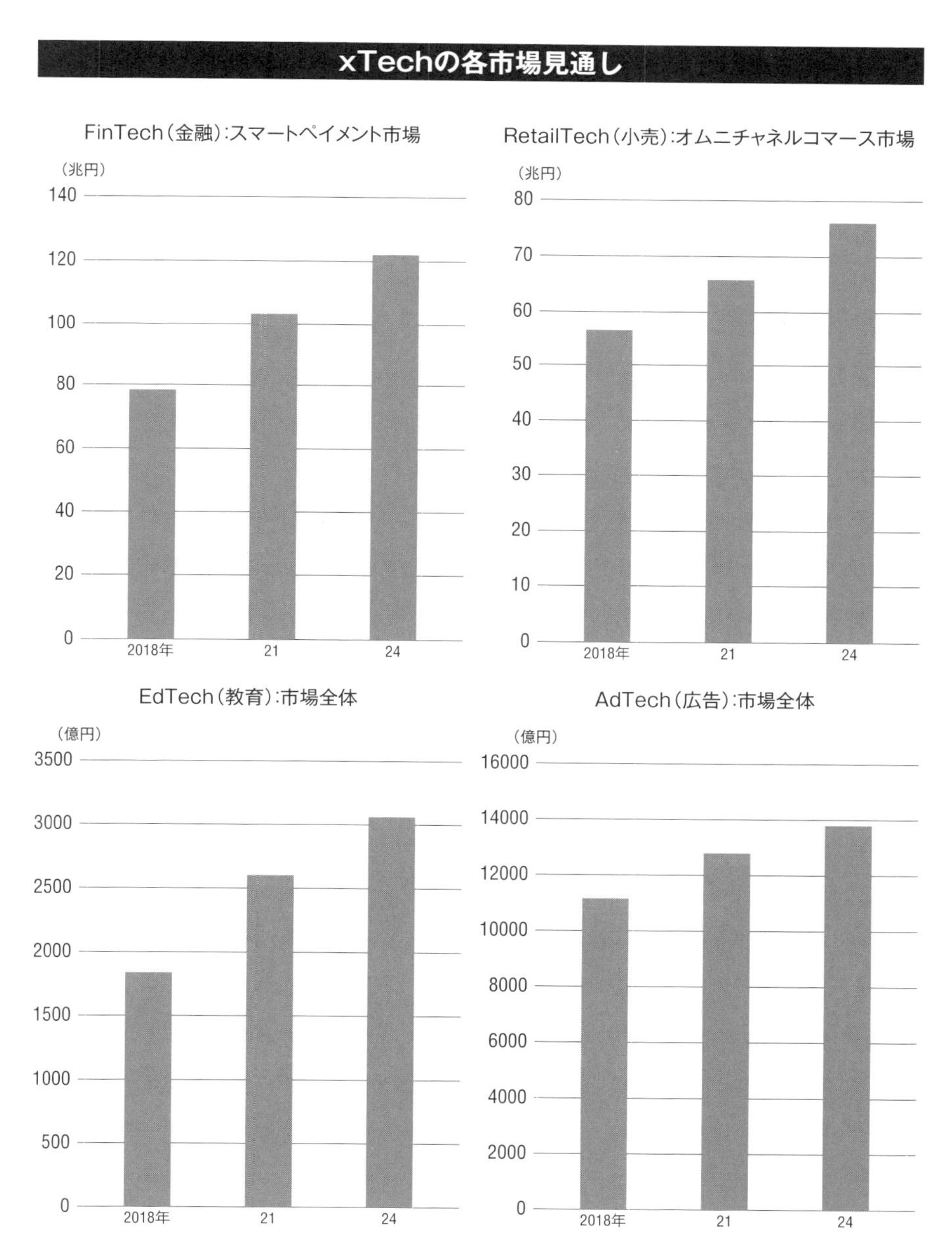

野村総合研究所「「5G」によって加速するデジタル変革のなか、何を守り、何を捨てるのか？」をもとに作成

Chapter 4

各部品の概要

1 電子部品の全体像
――受動部品、接続部品、変換部品などで構成

電子部品デバイスの分類

Ｃｈａｐｔｅｒ１末尾で述べた通り、本書では主にＪＥＩＴＡの分類に沿って、コンデンサ、抵抗器、コイル、インダクタなどの「受動部品」、スイッチやコネクタなどの「接続部品」、音響部品やセンサ、アクチュエータの「変換部品」、そして電子回路基板や電源、高周波部品など「その他電子部品」を中心に取り上げることとする（37ページ参照）。半導体や液晶は電子部品とは別枠として扱う。

ただ、こうした分け方に限らずさまざまに分類できる複雑さが、電子部品産業にはある。そのため、最初に「電子部品・デバイス」の全体像を少し説明した上で、各電子部品の概要やシェアの高い各社を紹介していくほうが、理解されやすいだろう。

本書で言う電子部品の根幹を成す「受動部品」(Passive Component)、それと対になるのが、能動部品」(Active Component) である。能動部品は入力されてきた信号、つまり送られてきた電気を整えて流す「整流」をしたり、増幅させたりする機能を持ち、ダイオードやトランジスタが代表的で多くは半導体から構成される。一方の受動部品は、送られてきた電気に対して整流や増幅をする機能はなく、そのまま使ったり蓄えたりして能動部品をサポートする役割を担う。受動部品はそれだけでは機能しないが、能動部品と組み合わさることによって効果を発揮する。

さらに、能動部品、受動部品に当てはまらないものを、「機構部品」あるいは「補助部品」として扱

う分け方もある。部品の接続や固定を担い、プリント基板やコネクタ、スイッチ、リレーなどが該当する。なお、センサは受動部品にも能動部品にも分類され、企業や団体、書籍によってまちまちである。

こうした大枠の分類を頭に入れつつ、ＪＥＩＴＡの「電子部品・デバイス」という括りを踏まえ、あえて概略図にすると、次ページのようになる。電子部品の品目は結局、経産省の「生産動態統計調査」に記載されているものが主となる。

こうした複雑さを帯びる業界だけに、分類主義(Classificationism)の枝葉末節にこだわると、先に進めない。実際に配属先で担当する部品に携わるようになれば、「百聞は一見に如かず」、ＯＪＴなどで学びながら体得するほうが理解は早いだろう。本章ではおおむねの部品のラインアップを俯瞰(ふかん)していく。

政府統計　㊙

経済産業省生産動態統計調査
機械器具月報（その35）

35　電　子　部　品

（2019年　　月 分）

1. 製　品

品目			項目
受動部品	抵抗器	可変抵抗器 / 半固定抵抗器	0101
		可変抵抗器 / 炭素系可変抵抗器（半固定を除く）	0102
		可変抵抗器 / その他の可変抵抗器	0103
		固定抵抗器 / ネットワーク抵抗器	0104
		固定抵抗器 / チップ抵抗器	0105
		固定抵抗器 / その他の固定抵抗器	0106
	固定コンデンサ	アルミ電解コンデンサ	0107
		タンタル電解コンデンサ	0108
		セラミックコンデンサ	0109
		金属化有機フィルムコンデンサ	0110
		その他の固定コンデンサ	0111
	トランス		0112
	インダクタ（コイルを含む）		0113
	機能部品	水晶振動子	0114
		フィルタ	0115
		複合部品	0116
接続部品	スイッチ（通信・電子装置用に限る）		0117
	コネクタ	同軸コネクタ	0118
		プリント基板用コネクタ	0119
		丸形コネクタ	0120
		角形コネクタ	0121
		その他のコネクタ	0122
	リレー（有線通信機器用に限る）		0123

品目			項目
電子回路基板	リジッドプリント配線板	片面プリント配線板	0124
		両面プリント配線板	0125
		多層プリント配線板（4層）	0126
		多層プリント配線板（6～8層）	0127
		多層プリント配線板（10層以上）	0128
		ビルドアップ多層配線板	0129
	フレキシブルプリント配線板	片面フレキシブル配線板	0130
		両面・多層フレキシブル配線板	0131
	モジュール基板	リジッド系モジュール基板	0132
		その他のモジュール基板	0133
電子回路実装基板		プリント配線実装基板	0134
		モジュール実装基板	0135
音響部品（スピーカ・マイクロホン）			0136
メモリ部品	磁気テープ	磁気録音・録画テープ	0137
		その他の磁気テープ	0138
	光ディスク		0139
スイッチング電源			0140

経済産業省「生産動態統計調査」用紙に加筆

主な電子部品とメーカー

分類	部品	種類	主なメーカー
受動部品	コンデンサ／キャパシタ	セラミックコンデンサ	村田製作所、太陽誘電、TDK、京セラ
		アルミ電解コンデンサ	日本ケミコン、ニチコン、ルビコン
		タンタルコンデンサ	京セラ、パナソニック、ニチコン
	抵抗器		パナソニック、ローム、KOA、ニチコン
	インダクタ／トランス		TDK、村田製作所、太陽誘電
		SAWフィルタ／EMI除去フィルタ	村田製作所、太陽誘電
	タイミングデバイス	水晶振動子	セイコーエプソン、日本電波工業、京セラ、大真空
		セラミック発振子	村田製作所
接続部品	コネクタ		日本航空電子工業、ヒロセ電機、パナソニック、TDK
	スイッチ		アルプスアルパイン、ミネベアミツミ、NKKスイッチズ
	リレー		オムロン、パナソニック
変換部品	音響部品		フォスター電機、アルプスアルパイン、ホシデン、村田製作所
	センサ		各社
	アクチュエータ	モータ	日本電産、マブチモーター、アルプスアルパイン
その他電子部品	電源		TDK、村田製作所、オムロン
	高周波部品		村田製作所、太陽誘電
	電子回路基板		イビデン

各社資料をもとに作成。社名は各部品を扱う主な企業

2 受動部品
——根幹を成すコンデンサ、抵抗器、インダクタ

コンデンサ

受動部品には3大要素と言われる部品として、コンデンサ、抵抗器、インダクタがある。

コンデンサは、電気を蓄え、必要な時に放出、この作用を繰り返すことができる。電子回路には必ず使われ、コンデンサがないと回路は正常に動かない。積層セラミックコンデンサ（ＭＬＣＣ：Multilayer Ceramic Capacitor）やアルミ電解コンデンサなどが、自動車の電装化やＩｏＴの普及に伴い特に需要が伸びている。電子機器に詳しいジェイチップコンサルティング（東京）が公表している市場調査の結果によると、「リーマン・ショック以後、コンデンサ製品群は右肩上がり」と言い、特にＭＬＣＣが市場を牽引している。

ＭＬＣＣはスマートフォン1台当たり約７００個、電気自動車には1万個使われると言われる。村田製作所が特に強みとする製品で、同社によると２０１８年３月末時点で世界シェアの約４割を握っていた。太陽誘電やＴＤＫ、京セラも手掛けており、増産に動いている。太陽誘電は新潟県内の子会社の敷地内に、ＭＬＣＣ生産の新棟を建設し、20年度内に稼働する計画を持つ。増産とともに、充放電の大容量化も求められている。

コンデンサと似た部品にキャパシタがあり、ほぼ同義で使われてきた。近年注目度の高い、長寿命で出力が大幅に向上した「電気二重層キャパシタ」（ＥＤＬＣ：Electric Double-Layer Capacitor）は「電気二重層コンデンサ」とも呼ばれる。

積層セラミックコンデンサ

株式会社村田製作所提供

タンタル電解コンデンサ

京セラ株式会社提供

コンデンサ世界市場 販売金額予測

(億円)
25,000
20000
15,000
10,000
5,000
0

2008年 09 10 11 12 13 14 15 17 18 20

アルミ電解　タンタル　セラミック
有機フィルム　金属化有機フィルム　その他

出典:ジェイチップコンサルティング「2018年度アルミ電解コンデンサ市場シェア調査」

抵抗器

抵抗器もコンデンサ同様、あらゆる電子機器に使われる必要不可欠な部品である。回路内の電流を一定に保ったり、必要に応じて電圧を下げたり分けたりといった、電流の制御や分圧の役割を担う。「電圧（V）＝電流（I）×抵抗（R）」というオームの法則に従って作用する。パナソニックやKOA、そのオームを社名に冠したロームなどが代表企業である。

抵抗の大きさは抵抗値（Ω）＝Rで表され、炭素や金属などの素材や断面積によって決まってくる。大別すると、抵抗値が一定の「固定抵抗器」

各種抵抗器

可変抵抗器の一種「スライドボリューム」（左）と「ロータリーボリューム」

アルプスアルパイン株式会社提供

2018年チップ抵抗器売上高（億円）

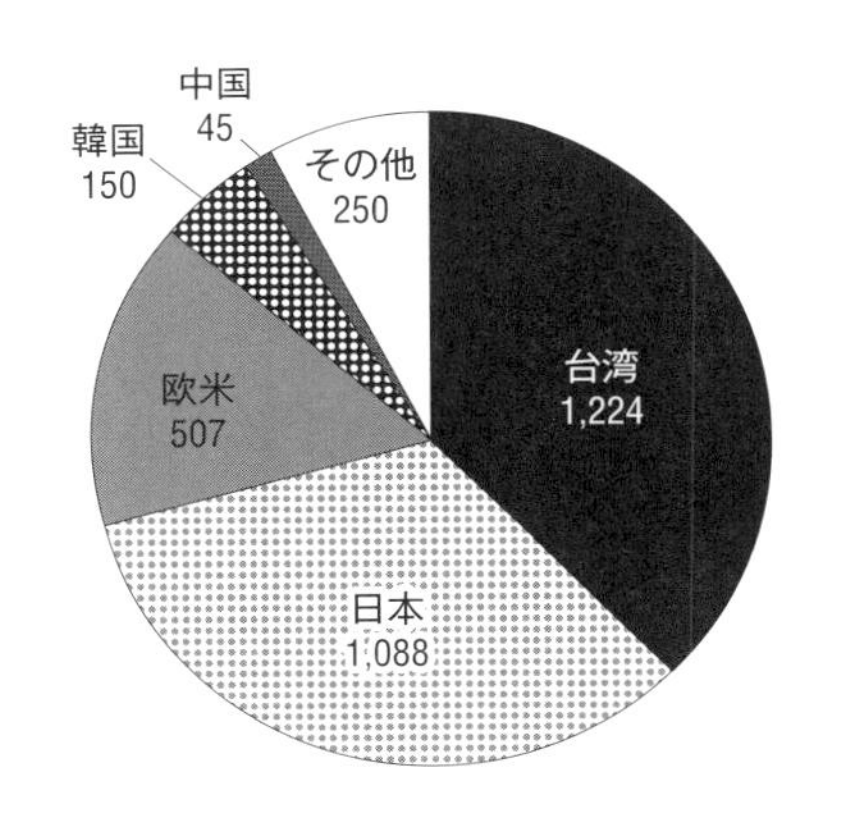

出典:ジェイチップコンサルティング「2018年度抵抗器市場シェア調査」

と、抵抗値が変えられる「可変抵抗器」に分けられる。可変抵抗器は英語の「Variable resistor」から「バリスタ」（Varistor）との呼び名がつく。また、温度変化に応じて抵抗値が大きく変わるタイプは、「Thermally sensitive resistor」（熱過敏性抵抗器）で「サーミスタ」（Thermistor）と呼ばれ、ある温度以上で回路動作を停止させる保護回路などの用途に向いている。118ページで後述するセンサにも分類される。

ジェイチップコンサルティングによると、18年のチップ抵抗器の世界売上高は3264億円で、台湾が1224億円で35・7％、次いで1088億円の日本が33・3％となっている。パナソニックのウェブサイト上にある「抵抗器の基礎知識」やKOAのサイト「抵抗器の基礎」が詳しい（19年7月現在）。

インダクタとトランス

受動部品3要素の残りの1つ、インダクタは、導線をぐるぐる巻きにしたコイルの別名である。磁気を作用させ合うことで電気信号を整え、ノイズを取り除くことができる。また、電気のエネルギーを貯める機能もあり、電圧の安定化に役立つ。スマホやPC、自動車など幅広い分野で、電源回路用、無線通信用などに使われる。

導線に電気を流すと磁界が発生し、その導線を幾重にも巻けば巻くほど、磁界は強力なものになる。また、巻いたコイルの内側に「コア」を入れることで、その力を一層引き出すことができる。そのコアは「磁心」または「鉄心」と呼ばれる。コアとして有用なのがフェライトで、TDKが「創業の原点」とする材料である。

TDKはまた、コアに導線を巻きつけるやり方ではなく、フェライトをペースト状にして薄膜化してその上に金属ペーストを印刷し、その膜を幾層にも重ねることでらせん状のコイルを成す積層技術を、1980年に世界で初めて実現した。

一方のトランスは、1つのコアに2本の導線を巻くといった形態を取り、片方の導線に電気を流すと、発生した磁界をもう片方の導線が受け取って電気が流れるといった仕組みである。

電子部品市場の調査・出版を手掛ける産業情報調査会（東京）によると、「インダクタ・トランス世界出荷額」は、17年に前年比5・9％増の1兆5861億円だった。「スマートフォンの成長は一時期の勢いが失われているが、ADASなどの車載電装、IoT関連のFA、エネルギーなどの産業分野が好調に需要を伸ばした」と分析している。この傾向は続き、需要は18年以降も年平均4・3％伸び、22年には2兆円を突破するとみられる。

各種インダクタ

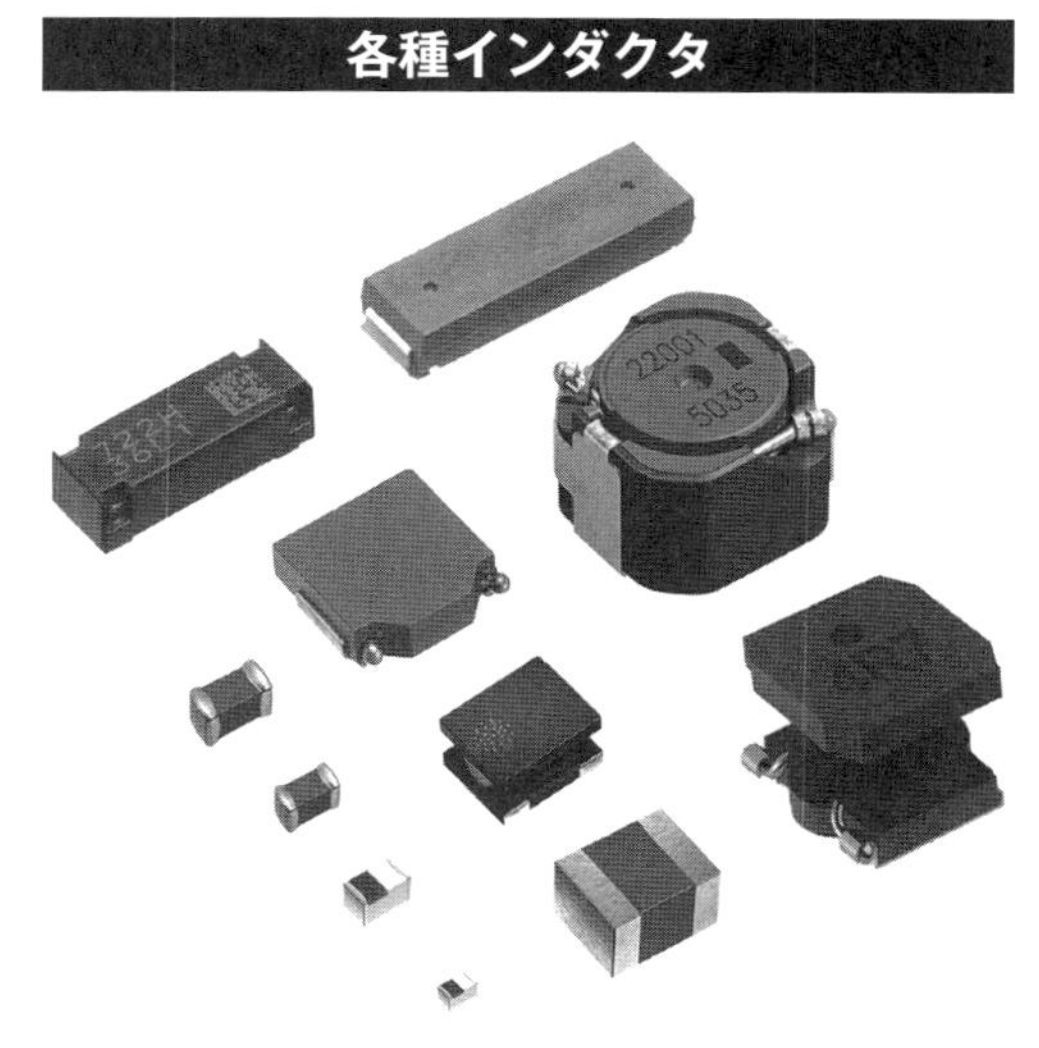

TDK株式会社提供

その他受動部品

SAWフィルタ　EMIフィルタ　水晶部品

コンデンサ、抵抗器、インダクタの3要素以外の

世界のインダクタ・トランス需要予測

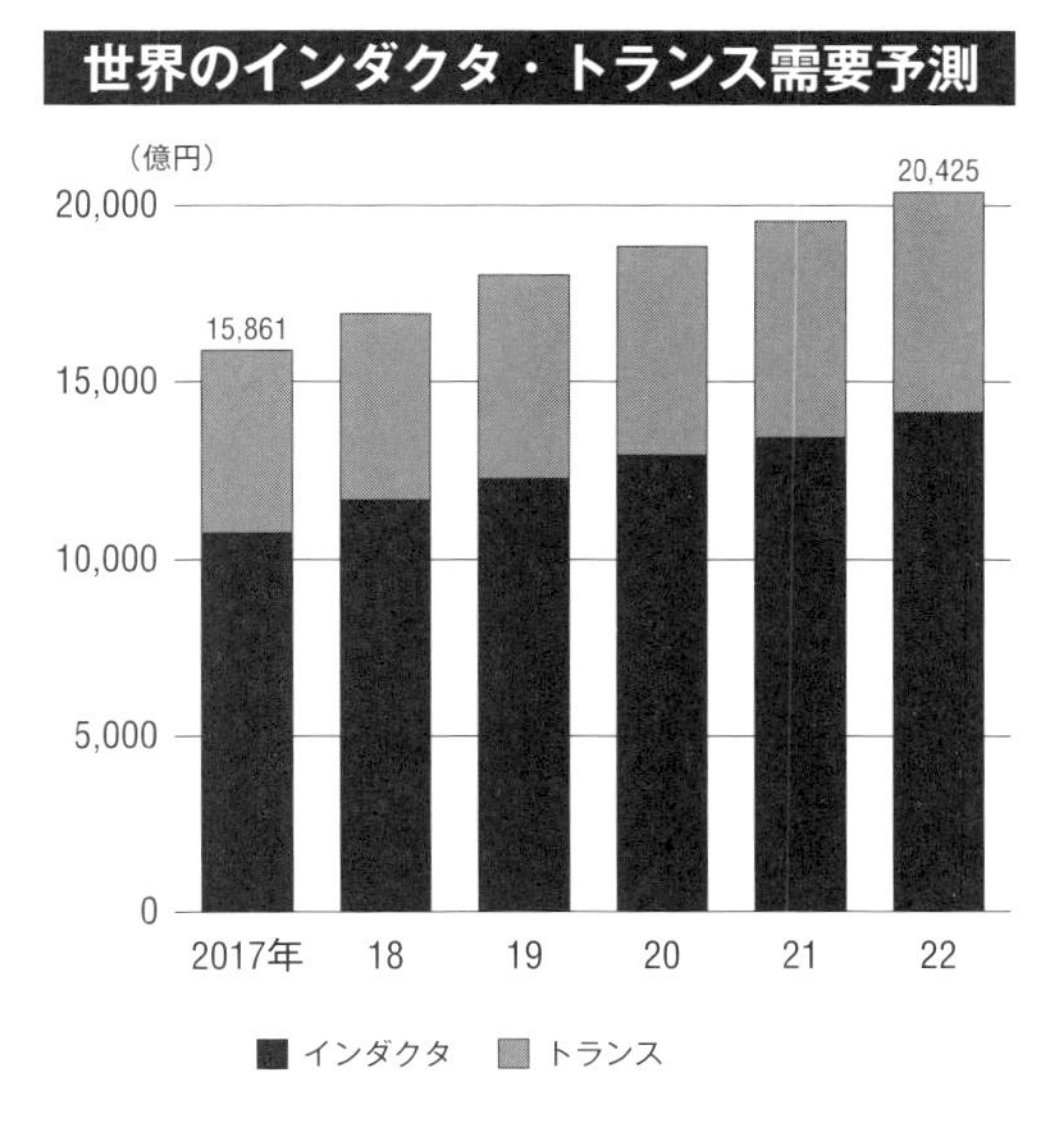

出典:産業情報調査会「2018年版コイル・トランス市場」

部品、あるいは3要素が直接、間接に使われる電子部品を紹介していく。

まずＳＡＷ（Surface Acoustic Wave; 表面弾性波）フィルタは、スマホなどの移動体通信でアンテナが捉えた電波から、必要な周波数だけを取り出し、不要分をフィルタリングする機能を持つ。表面弾性波は、水面を伝わる波のように、弾性体、つまり固体の表面にエネルギーが集中して伝わる波のことを指す。

今後５Ｇが本格的に始まり、５ギガHz以上の高周波が使われるようになると、一段の需要が見込まれる。また、将来的にスマホ以外にも車載や医療分野などでの活用も期待されている。１９７０年代にＦＭラジオ用に開発を始めたという村田製作所が現在、世界市場の半分を占める。

ＳＡＷを使った他の部品として、ＳＡＷデュプレクサがある。デュプレクサ（Duplexer）は分波器と呼ばれるアンテナを共用する部品で、スマホなどの機器から送る電波と、外から届く電波を同時にフィルタリングして送受信するための部品である。ＬＴＥ対応のスマホなどに搭載されている。

ＳＡＷデュプレクサもやはり、村田製作所が世界市場の約半数、あるいはそれ以上を占めている。太陽誘電もＳＡＷの高周波部品を生産している。ＴＤＫも手掛けていたが、クアルコムに高周波事業を譲渡した（１６１ページ参照）。

ＳＡＷフィルタ然り、電子機器の使用に際し、ノイズなど不要なものを低減させるのは使命であり、

SAWフィルタ

株式会社村田製作所提供

最重要視されている。ノイズにより機械が誤作動し、人命に関わる惨事を招きかねないためで、ノイズを出さないＥＭＩ（Electromagnetic Interference; 電磁妨害）とノイズから守るＥＭＳ（Electromagnetic Susceptibility; 電磁感受性）、この２つを両立したＥＭＣ（Electromagnetic Compatibility; 電磁両立性・適合性）の対策を講じた部品の製造が大原則となっている。

その両立に資する部品の１つにＥＭＩ除去フィルタがあり、「ローパスフィルタ」（Low-pass Filter; 低域通過濾波器）の考え方に基づいて設計される。ローパスフィルタは、ノイズを除去するために周波数の低い信号を通過させて周波数の高い信号を通さない仕組みで、インダクタとコンデンサが回路素子として機能する。

ＥＭＩ除去フィルタは村田製作所が世界シェアの35％ほどを占めているほか、太陽誘電も手掛けている。

最後に、タイミングデバイスを挙げる。電子機器内の回路が正常に動くために安定した一定周期の「クロック信号」を発生させる装置で、ＩＣの動作周波数や無線通信の交信周波数を定め、さまざまな部品を首尾よく調和させる働きを担う。素材には主に人工水晶とセラミックが使われる。

加えた圧力に比例して電荷が生じる水晶の「圧電特性」を生かした受動素子「水晶振動子」は非常に高い安定性と精度で一定の周波数を生み出す。発振

EMI除去フィルタ

株式会社村田製作所提供

回路を持たないため、水晶振動子単体では周波数や信号を出せない。水晶振動子と、発振させる回路を組み合わせてパッケージ化したものが、水晶発振器である。

セラミックを使ったセラミック発振子は、大きさが通常の水晶振動子の半分以下で小型、軽量といった特性がある。

水晶デバイスはセイコーエプソンや日本電波工業、大真空のほか、人工水晶の育成から一貫して開発、製造する京セラなどが手掛けている。セラミック発振子は村田製作所が「セラロック」という製品名で展開し、特に車載用セラミック発振子市場では95%のシェアを有している。

水晶振動子の内部構造

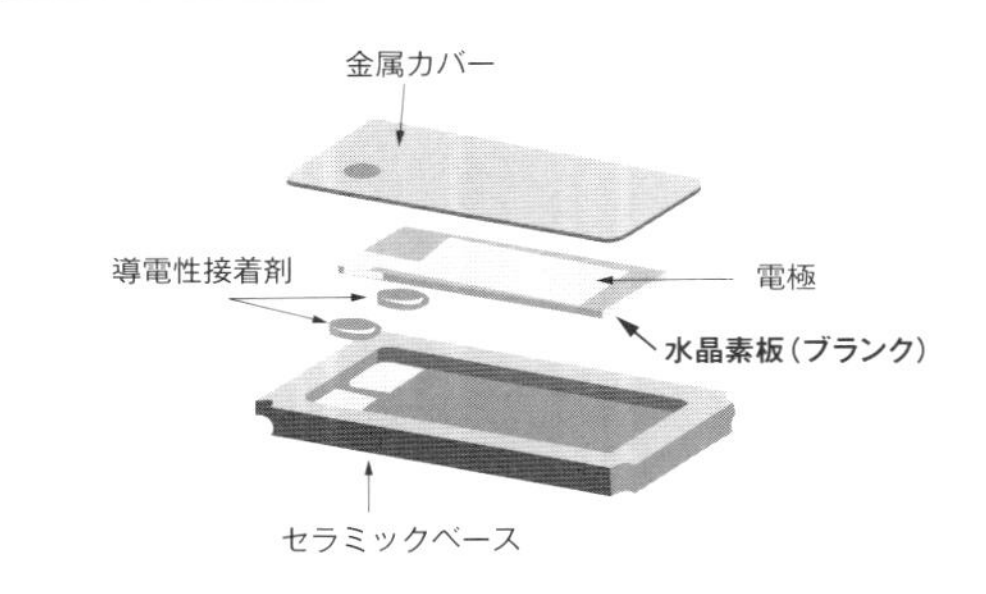

日本電波工業ウェブサイトをもとに作成

水晶振動子

京セラ株式会社提供

セラミック発振子

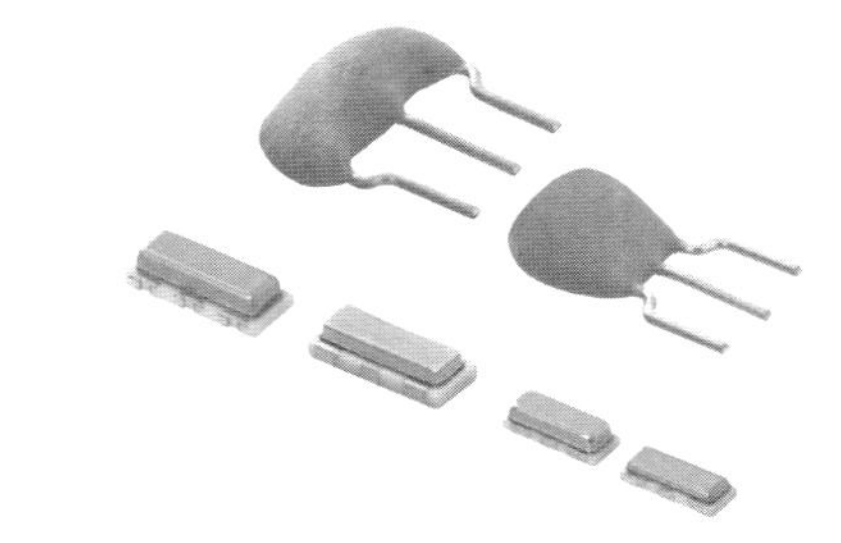

株式会社村田製作所提供

3 接続部品——部品をつなぐコネクタ、スイッチ、リレー

コネクタ

接続部品は主に配線同士を結び付けたり、電流を切り替えたりする役割を果たす。代表的な製品として、コネクタ、スイッチ、リレーがある。

まず、コネクタは電気や信号を接続する「接続器」とも呼ばれる。電子機器内の回路などを電気的につなげたり、切り離したりしてさまざまな機能を橋渡しする役割を担う。基板と基板を電線でつなぐ、あるいは直接つなぐやり方や、機器同士をつなぐやり方などがある。

用途としては、スマートフォンなどで基板対基板やカード用のコネクタ、自動車はＥＶやＡＤＡＳなどで車載用のほか、今後５Ｇの高速通信に対応して需要が伸びていく。コネクタがあることで部品交換やメンテナンスがしやすくなる利点がある。種類は約5万種、あるいはそれ以上に及ぶ。

大手としては、２０１９年3月期連結売り上げ１２４５億円のほぼ全てをコネクタが占めるヒロセ電機や、「コネクタ事業グループ」が中核を担う日本航空電子工業などがある。

スマホの需要は弱含みとなっているものの、自動車をはじめ、産業機器などで引き合いが増えていくと見込まれる。産業情報調査会が18年2月に公表した調査結果によると、コネクタの世界需要は17年の5兆９３６５億円から34・5%増の22年に7兆９８４５億円まで伸びると見込まれる。

スマホの分解図とコネクタ

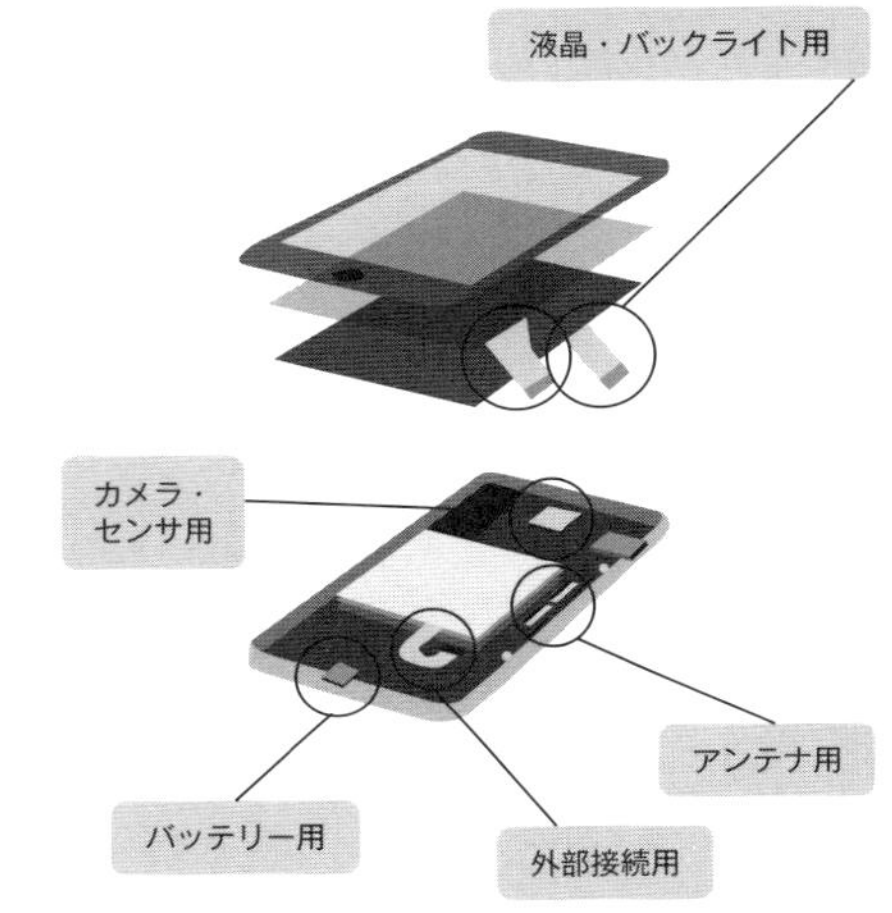

液晶・バックライト用
カメラ・センサ用
アンテナ用
バッテリー用
外部接続用

ヒロセ電機ウェブサイト「コネクタってなあに?」をもとに作成

スイッチ

スイッチは電気の通り道のオン、オフや切り替えをする部品で、機械的な動作で電気をコントロールする。たいていは操作するためのツマミやボタンの形状をしているため、他の電子部品に比べ、日常で目にする機会も多い。家庭の照明をつけたり消したりするシーソースイッチや押しボタンスイッチなどがその代表である。

ユニットとしては、PCのキーボードやゲーム機のコントローラもスイッチに分類される。JEITAの「電子部品グローバル出荷統計品目分類表」によると、操作軸の回転量や移動量を電気的信号としてデジタル化してコード信号を発生させる「エンコーダ」もスイッチに入る。

アルプスアルパインやミネベアミツミなどが強みとしている。14年に日本開閉器工業から社名変更したNKKスイッチズも専門的にスイッチを扱う。

リレー

リレーは「継電器」と呼ばれ、外部から電気信号を受け取り、回路のオン、オフや切り替えを行う。リレー走でバトンを次の走者に手渡すのと同じように、回路に組み込まれたリレーも電気信号を受け取って次の機器へ信号を伝える働きをする。リレーは大きく分けて「有接点リレー」と「無接点リレー」がある。前者は機械的に接点を開閉する「メ

リレー

シグナルリレー、オムロン株式会社提供

カニカルリレー」であるのに対し、後者は「MOSFETリレー」や「ソリッドステート・リレー」で機械的な可動部を持たない。

特徴としては、小さな電流で大きな電流のオン、オフを制御できる。具体的には、例えばスイッチを入れた後、小さな電流がリレーを経由して回路に大きな電流を伝えるため、スイッチの保護や感電防止につながる。

オムロンが同社調査で世界市場の20％を占め、パナソニックも車載用リレーに力を入れている。

4 変換部品 ——音響とセンサとモータ

変換部品は音響とセンサとモータ

「クルマの中での過ごし方が変わっていく今後の車載機器事業において、「音」の世界は変わらず存在し続けるものと考えております。今後ますますその付加価値を強化していく必要がある」

アルプスアルパインは2019年6月、高級スピーカーを手掛けるイタリアのファイタルを連結子会社化した発表文の中で、そう説明した。アルプスアルパインは従来力を入れてきた音響部品の分野で、CASEの進展を踏まえ、100年に1度と言われる変革の只中にある車載市場がさらに伸びると見て、一層強化していく考えを強調した。

変換部品はこの音響部品と各種センサ、そしてモータを中心としたアクチュエータ、主にこの3つから成る。

それぞれ用途が幅広く、いずれも自動車を中心に市場は拡大傾向にある。JEITAが毎年取りまとめている「グローバル出荷統計」によると、近年、スピーカーやブザーなどを含む音響部品は1500億~2500億円の間で推移している。光度、温度、圧力、モーションなど多岐にわたるセンサは3500億~4500億円、小型モータをはじめとするアクチュエータは2500億~3000億円のレンジで動いている。

音響部品

音響部品は先述のスピーカーをはじめ、イヤホン

発音部品

株式会社村田製作所提供

変換部品の出荷額

（億円）

年度	音響部品	センサ	アクチュエータ

縦軸：0, 500, 1,000, 1,500, 2,000, 2,500, 3,000, 3,500, 4,000, 4,500
横軸：2015年度, 16, 17, 18
凡例：音響部品　センサ　アクチュエータ

JEITA「グローバル出荷統計」をもとに作成

やヘッドホン、ブザーなどがある。いずれも一般になじみの深い製品なのでイメージが湧きやすいだろう。

スピーカーは、電気信号に変えられた声や音楽などを、空気の振動に変換して戻し、再生するというのが大まかな構造である。アマゾンのエコーやグーグルホームなど「スマートスピーカー」の普及や、ハイレゾ音源*を求める需要から、スピーカー技術の高度化も求められている。

圧電サウンダを含むブザーは圧電振動板をプラスチックケースに組み込んだ装置で、「発音部品」と呼ばれる。家電や自動車、産業用など幅広く採用され、機器の操作確認音をはじめ、

キーワード解説

ハイレゾ音源

「High-Resolution Audio」（高音質音源）のことで、従来のCDより原音を細かくデジタル化して保存するため、コンサート会場などで生演奏を聴いている、かのような臨場感溢れる音を楽しめ「『音の太さ・繊細さ・奥行き・圧力・表現力』が段違い」（ソニー）。聴くには対応する専用機器が必要。

メロディーや音声スピーカーとしても応用されている。

国内では、「スピーカ事業」「モバイルオーディオ事業」と各部門を設けて「音のスペシャルリスト」を標榜するフォスター電機と、ホシデンが強く、アルプスアルパインや村田製作所、TDKなど各社も手掛けている。

センサ

センサが来るIoT社会に欠かせないことはChapter3でよく見てきた。光、温度、圧力、慣性力――。用途も多種多様に及ぶ。

「トリリオン・センサ」なる取り組みも米国から始まった。年1兆個を超すセンサのネットワークを世界中に張り巡らせ、社会問題を解決しようとする試みで、23年の実現を目指している。13年に第1回「トリリオン・センサ・サミット」が開かれ、その後も継続的に課題や協力テーマを話し合っている。

この間、着実にセンサの市場は広がってきた。JEITAが継続的に実施してきた調査によると、09年に7901億円だった世界の出荷量は、17年に1兆9928億円と約2・5倍になった。類別では高度センサが55%と過半を占め、位置センサの18%、磁界センサの10%が続いた。用途別では、「スマートフォン・通信用」が53%で最も多く、次いで「自動車・交通用」が14%、「コンピュータ用」と「汎用」がいずれも7%、「FA・産業用」が6%と続いた。

この調査ではMEMS(メムス)(Micro Electro Mechanical Systems: 微小電気機械システム)の割合も調べ、17年に全出荷量の約7%に当たる1370億円がMEMSのセンサかモジュールだった。

MEMSはシリコン基板や有機材料の上に微細な機械要素をまとめて組み込んだセンサやアクチュエータなどのデバイス、またはその製造技術を指す。半導体製造技術やレーザー加工技術を用い、よくLSIと比較される。LSIは2次元配線で入出力は電気信号のみであるのに対し、MEMSは3次元配線で入出力は電気信号に加えてエネルギーや機械変

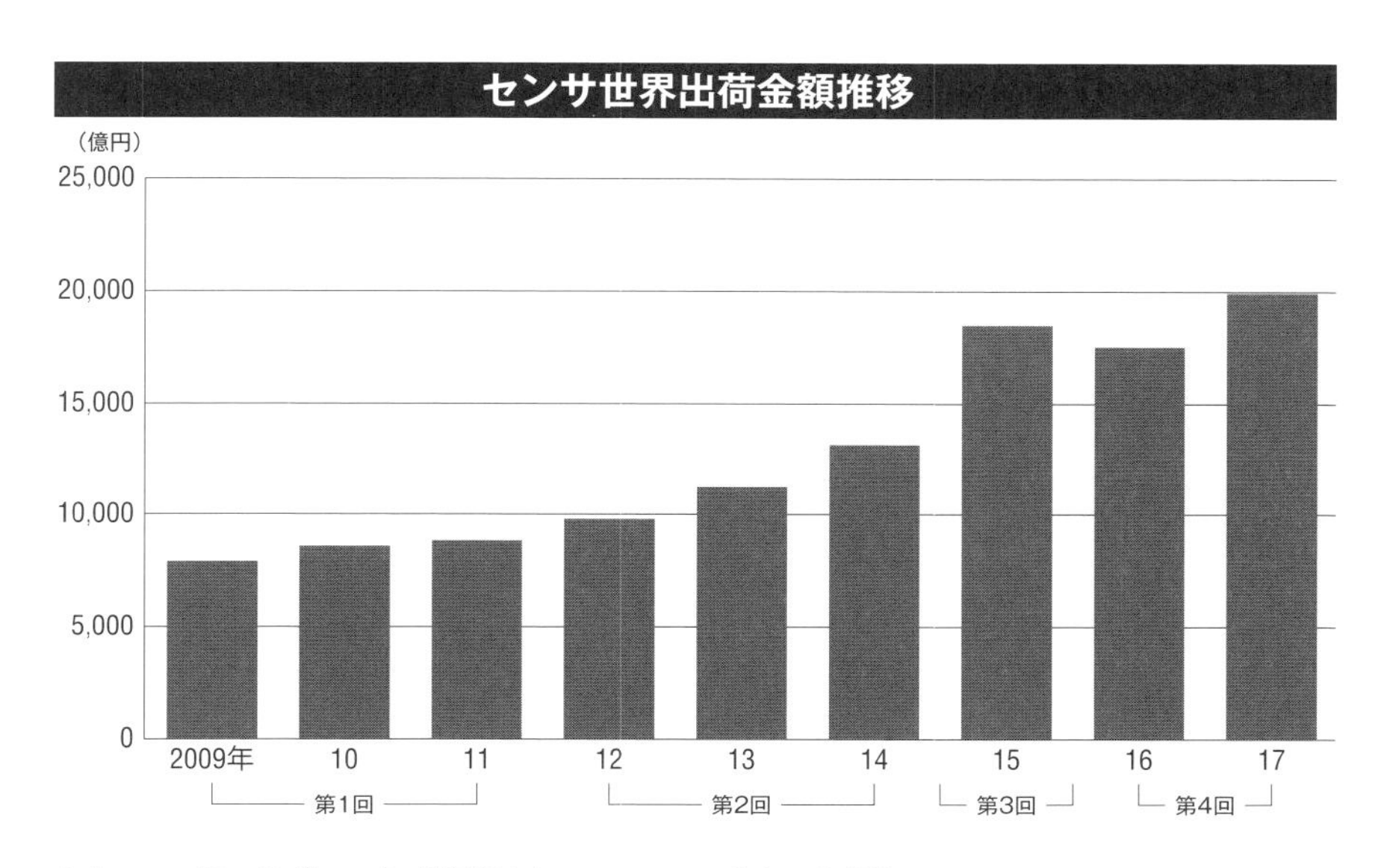

出典:JEITA「センサ・グローバル状況調査」。2012、15、16各年は参考値

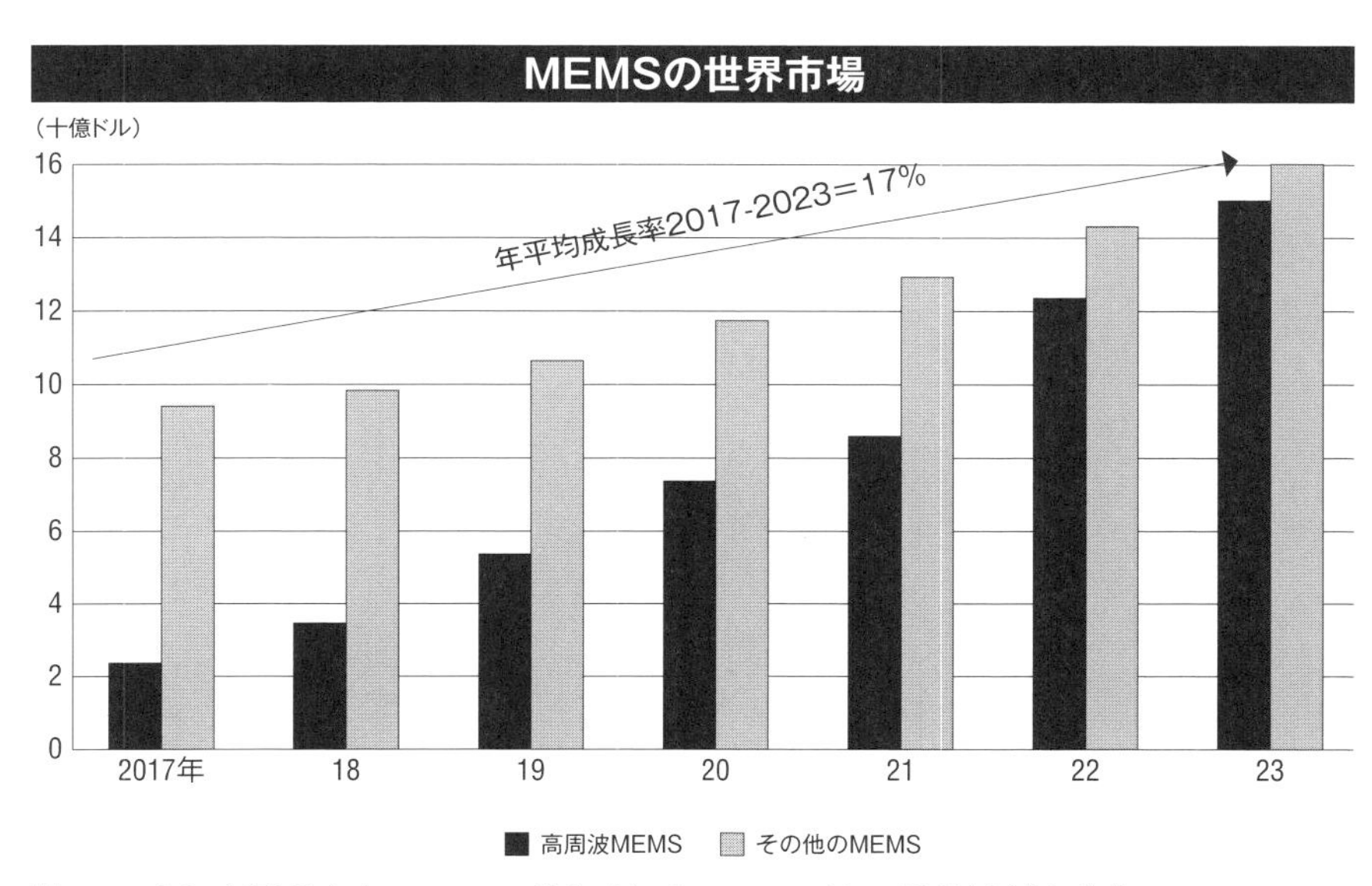

「Status of the MEMS Industry report, Yole Développement, May 2018」をもとに作成

位や光信号など多様な点で異なる。低コストで「集積化」などを通じてデバイスを微小化でき、センサ、電子回路、アクチュエータなど数種類の部品を収納できる。

フランスの市場調査会社ヨール・デベロップメント（Yole Développement）によると、ＭＥＭＳの市場は23年末までに、18年の2倍以上の３１０億ドルまで伸びると見込まれる。特に、高周波（ＲＦ）の「ＲＦ—ＭＥＭＳ」が高い伸びを示す。

また同社が19年6月に公表したデータでは、ＭＥＭＳを手掛けるメーカー上位30社の売上高が１０３億ドルとなり、市場全体１１６億ドルの約9割を占めた。トップは2年連続でブロードコム、次いでボッシュだった。日本勢は9位にインベンセンスなどを含むＴＤＫグループ、10位にパナソニック、14位にデンソーのほか、電子部品メーカーでは18位に村田製作所、21位にアルプスアルパイン、29位にオムロンが入った。

富士キメラ総研もセンサ市場を調査している。19年3月に発表した世界市場は18年度の6兆１７７２億円から22年度に7兆７００９億円まで増えると予測している。類別では、「光・電磁波センサー」と、温度や湿度の「熱的・時間空間雰囲気センサー」の比率が高かった。

同時に示したＲＦＩＤ（92ページ参照）の市場は「（ＩＤの）低価格化によって、主に流通・小売向けが急速に増加し、伸長している」と分析した。ＲＦＩＤは無線による非接触の情報通信技術で、そのシステムは電子情報が入ったタグと、タグを読み書きする「リーダ・ライタ」から成る。既にアパレル業界で普及が進み、ドラッグストアやスーパー、コンビニなどでも取り組みが始まっている。ＲＦＩＤ市場は18年度の２１００億円から、22年度には2倍近い４０９０億円まで増えると予測される。

アクチュエータ

アクチュエータの代表格はモータである。アクチュエータは、エネルギーや電気信号を物理運動に変換する電子回路などの構成要素となる機械のこと

モータの構成要素（左）と車載用「トラクションモータシステム」

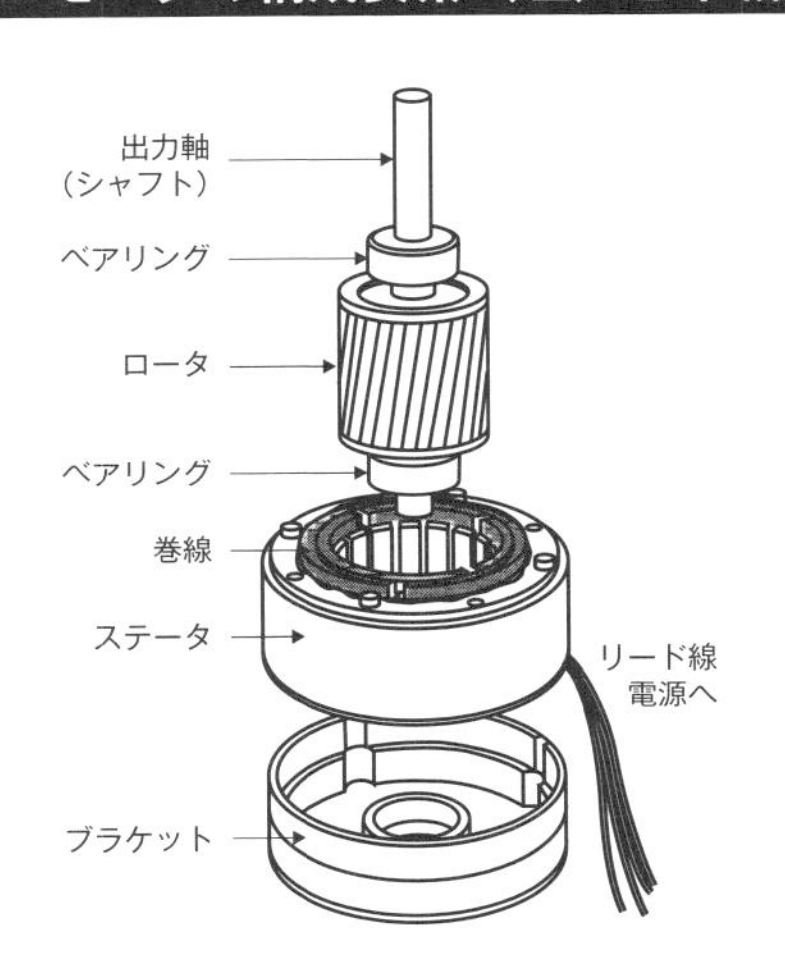

日本電産のウェブサイトをもとに作成。写真は同社提供

で、シリンダも該当する。狭義では、モータやシリンダといった名称を持たない部品を、アクチュエータと呼んでいる。

モータは、簡単に言えば、「動かす機械」、原動機のことであり、「電力を動力に変換する装置」、「電気的エネルギーを機械的エネルギーに変換する装置」、つまり「電動機」が電子部品業界で言うところのモータである。日本の総消費電力の5～6割ほどは、産業用や家電用のモータで占められているとされる。

電子部品業界では、主に70～100W以下の小型モータを扱い、3W以下は「超小型モータ」と呼ばれる。エアコンや電子レンジなどの家電やコンピュータ、音響機器をはじめ幅広い分野に使われている。

AC（Alternating Current: 交流）モータとDC（Direct Current: 直流）モータに大別され、DCモータは制御回路がシンプルな上、小型化、軽量化しやすく、力が強いといった特性がある。

一方、「ブラシが摩耗する」、「電気ノイズが発生

モータの種類別比較表

項目＼モータ	ACモータ			ユニバーサルモータ	ブラシ付DCモータ	ブラシレスDCモータ	ステッピングモータ	サーボモータ	
	単相	三相（誘導）	三相（同期）					ACサーボ	DCサーボ
電源種別	AC			AC/DC	DC	DC（ドライバ含）/ドライバ	ドライバ	ドライバ	ドライバ
効率	40-60%	60-70%	70-80%	50-60%	60-80%	80%-	60-70%	50-80%	60-80%
サイズ（同出力）	大	中〜大		大	小	小	中	小〜中	小
ノイズ	小			大	大	小	中	小	大
速度レンジ	狭い	広い		中	広い	広い	広い	中	狭い
応答性	悪い			悪い	普通	普通	普通	良い	
寿命	長			短	短	長	長		短
価格	安価		普通	安価	安価	普通〜高価	普通	高価	
用途例	洗濯機	クレーン	コンプレッサ	掃除機	電動玩具	エアコン	ロボット	コンベア	プリンタ
	送風機	コンベア	食器洗い機	電動工具	電動工具	食器洗い機	小型家電	ロボット	プロッタ
	掃除機	エアコン	洗濯機	ジューサー	車載電装品	洗濯機	空調設備	工作機械	工作機械
	ポンプ	産業機械			小型家電	小型家電			
判定	コスト重視	幅広い分野に対応		コスト重視	コスト重視	効率重視 幅広い分野に対応	幅広い分野に対応	性能重視	

出典：日本電産ウェブサイト「Nidecの技術力　ブラシレスモータ」

する」といった課題があり、それらを解決するために「ブラシレスDCモータ」が開発された。永久磁石のロータを駆動し、電源の切り替えは、ブラシとコミュテータ（整流子）の代わりに、センサと電子回路が行う。ブラシレスDCモータは、日本電産が「世界No.1」の生産を誇るとしている。

各種モータの特性をまとめると、上図の通りである。多くのモータで世界シェア首位の日本電産だが、「完全なモータというものはなく、あるモータはAという利点がある代わりに、Bという欠点がある、という具合に、用途に適した設計が色々されてきた」ために多様なモータが存在するという。

忘れてはならないのが、社名にモータを冠したマブチモーターである。大越博雄社長は自社ウェブサイトで「小型直流モーターは私たちの暮らしの中で幅広く利用されています。普段なかなか目に触れる事のない地味な存在ではありますが…（後略）」と謙遜しながらも、同社は小型直流モータで世界シェアトップを誇る。1954年の創立時、主力市場だった玩具から時代に合わせて他業種に展開し、今

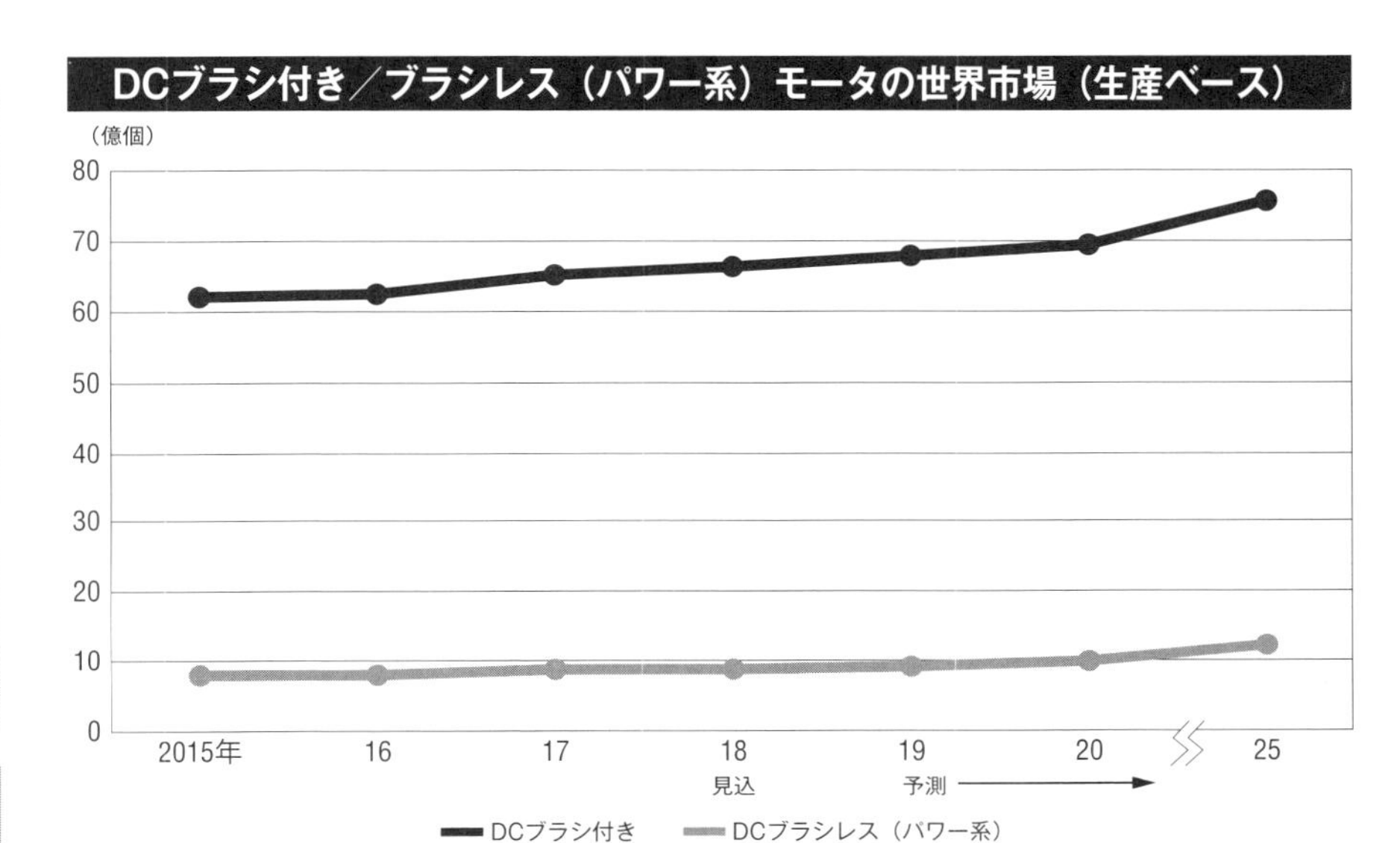

出典:富士経済「小型モータ8品目・関連部材の世界市場を調査」

も製品技術の範囲を小型ＤＣモータに絞り込んでいる。

富士経済が18年10月に発表した「小型モータ８品目・関連部材」の市場調査の結果によると、25年にＤＣブラシレスモータの市場は、17年比37・７％増の８４００億円、個数にして同40・３％増の12億個と堅調な推移が見込まれている。

他に、アルプスアルパインは、高画質化と省スペース化のニーズが高まっているスマホなどに向け、レンズアクチュエータなどを用意している。

5 電源と高周波部品
——電子回路基板は業界団体も

電源

電源もスイッチなどと同様、日常会話でよく登場するので知らない人はまずいないだろう。情報通信機器やＡＶ機器など、直流電源が必要なほとんどの製品に使われている。生活に身近な電源だけに、漏電対策の徹底やＥＭＣ（１１１ページ参照）など使用上や製造上の注意も細かく取り決められている。

電子機器を動かす大元、源の重要な部品であり、電源専業メーカーを掲げるＴＤＫラムダ（東京）は「コンピュータ機器、通信機器、医療機器、制御・計測機器、半導体製造装置、自動機器、鉄道機器、ＬＥＤ機器などの産業機器・エネルギー市場向けに、信頼性・革新性の高い電源を提供し続けています」と強調し、「小型、高効率な電源で省エネ社会に貢献します。小電力から大電力まで、情報、通信、産業、医療などさまざまな市場の用途に合わせて最適なソリューションを提供します」（村田製作所）や「制御盤から装置組込まで、さまざまな用途でご利用いただける豊富な品揃えのスイッチング電源」（オムロン）と各社が展開している。

そのスイッチング電源は、大きく産業用機器と民生用機器とに大別される。産業用機器はコンピュータ、通信、事務、医療用の各機器やＦＡや半導体製造に使う制御機器、計測機器などがある。民生用機器は主にＡＶ機器である。

スイッチング電源の用途は、この10年ほどで様変わりした。ＪＥＩＴＡによると、太陽光発電をはじめとする再生可能エネルギー関連の比率が、10年に

さまざまな種類がある電源

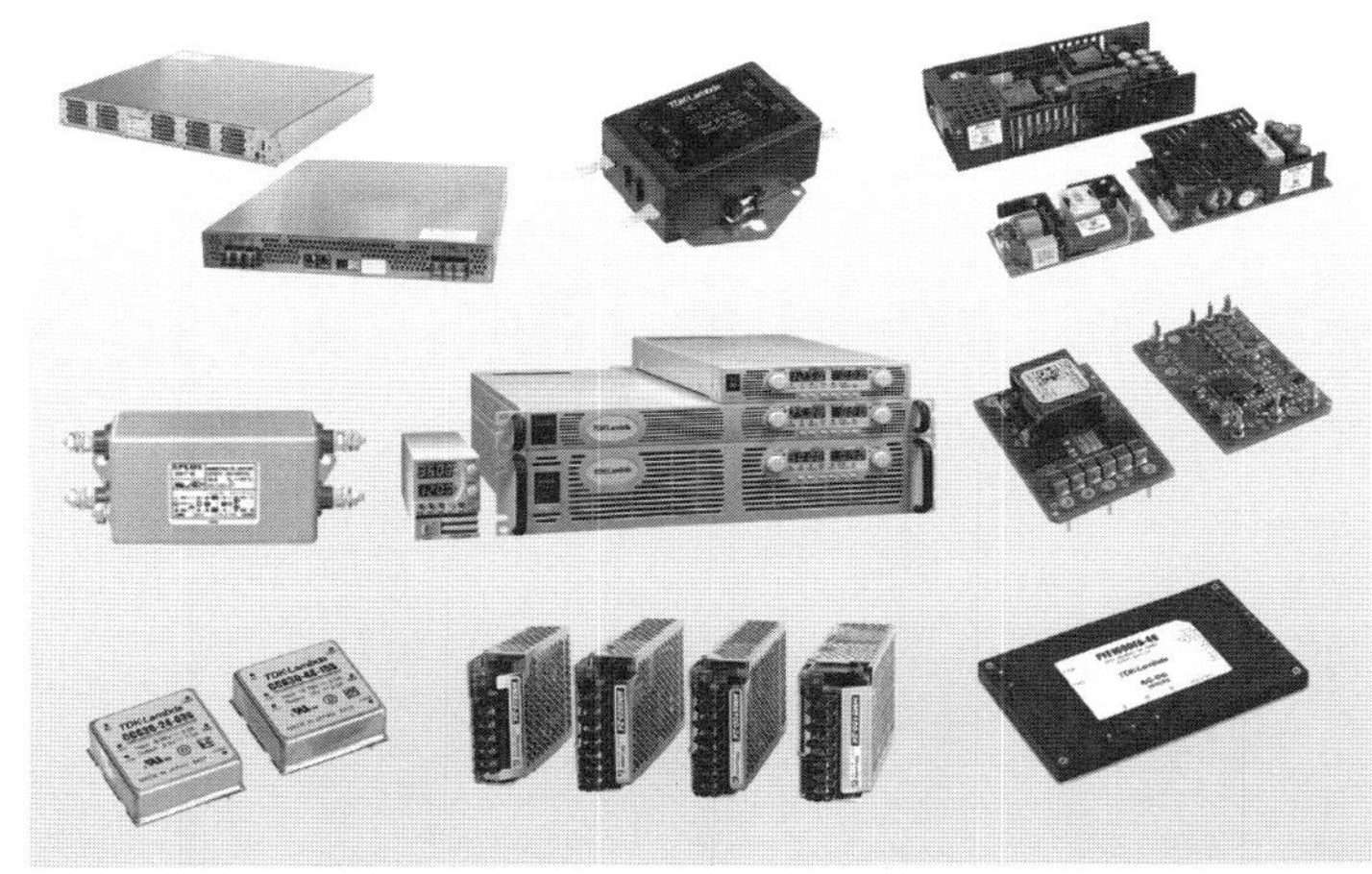

TDK株式会社提供

は5％に満たなかったが、18年に約40％と最も高くなる見通しとなった。一方、10年に過半を占めていた「AV機器・コンピュータ関連機器」は18年に20％を割り込むと見込まれる。背景には、東日本大震災後に高まった再エネ導入の機運や、国内の家電の販売不振などがある。

電源部品の出荷額

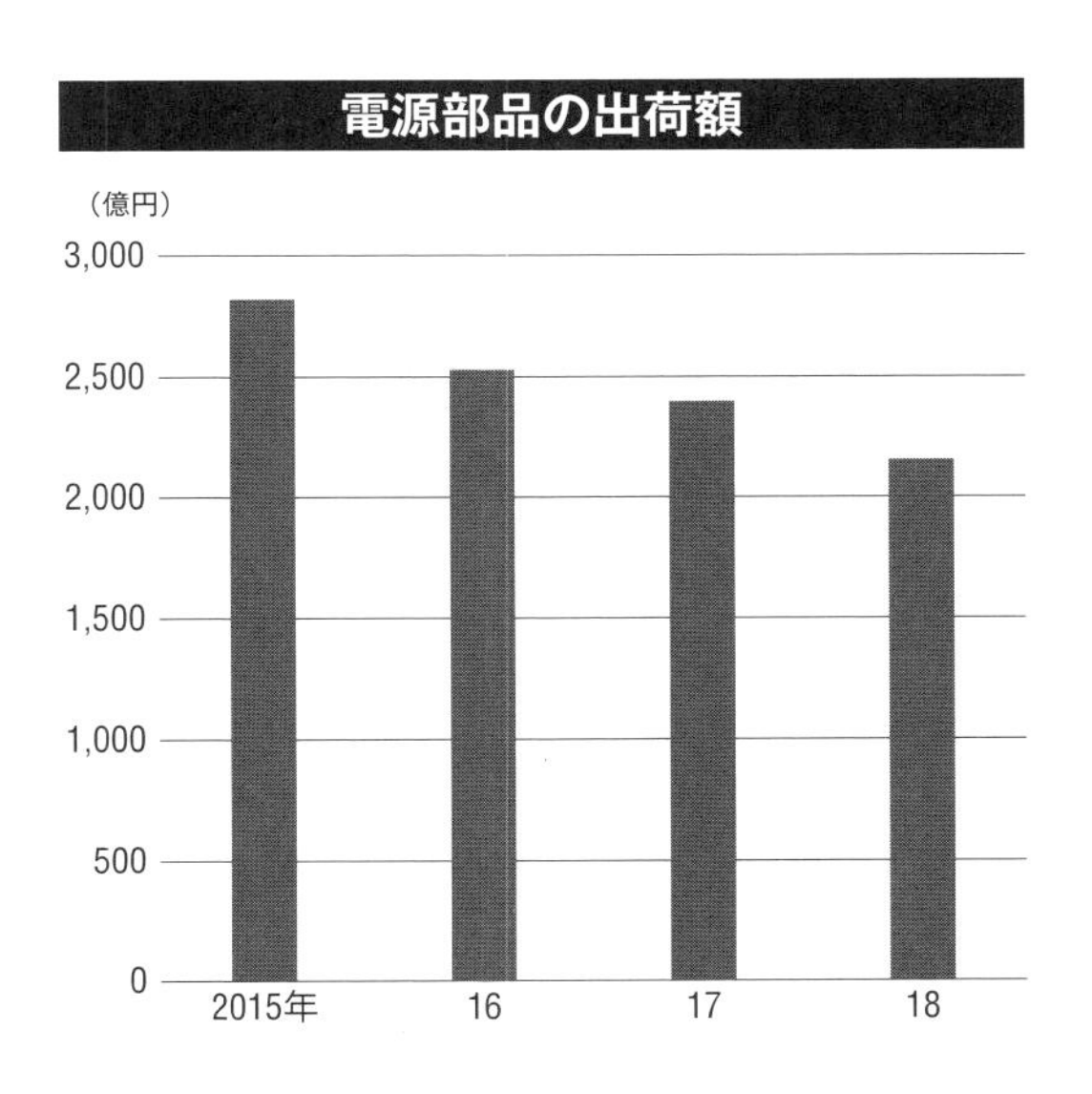

JEITA「グローバル出荷統計」をもとに作成

高周波部品

高周波部品は１１０ページ、受動部品「ＳＡＷフィルタ」で紹介したが、ここではＲＦ（高周波）モジュールを中心に概説する。

ＲＦモジュールは、無線通信機器に搭載され、複合的な機能を持つ。ＳＡＷフィルタやコンデンサ、抵抗、インダクタといった受動部品と、ＩＣチップなど複数の能動部品を基板に載せ、封止した製品である。ＲＦモジュールにはＴＶチューナー、無線ＬＡＮ、ブルートゥースモジュール、フロントエンドモジュール、パワーアンプなどが含まれる。

特に５Ｇの進展で採用先広がり、当面スマホやタブレット端末を中心に需要が伸びると見込まれる。富士キメラ総研が19年5月に発表した調査結果によると、５Ｇ対応のＲＦモジュールは19年以降、本格的に市場が立ち上がり、その規模は25年に６４３７億円と予測されている。21年頃から自動車や産業機器で採用が広まり、自動運転技術にも活用されると見込まれる。

村田製作所が力を入れているほか、京セラはＲＦモジュール用のＬＴＣＣ（Low Temperature Co-fired Ceramics: 低温同時焼成セラミックス）パッケージを供給している。

こうしたＲＦモジュールなど高周波部品全体の出

モジュールなど高周波部品出荷額

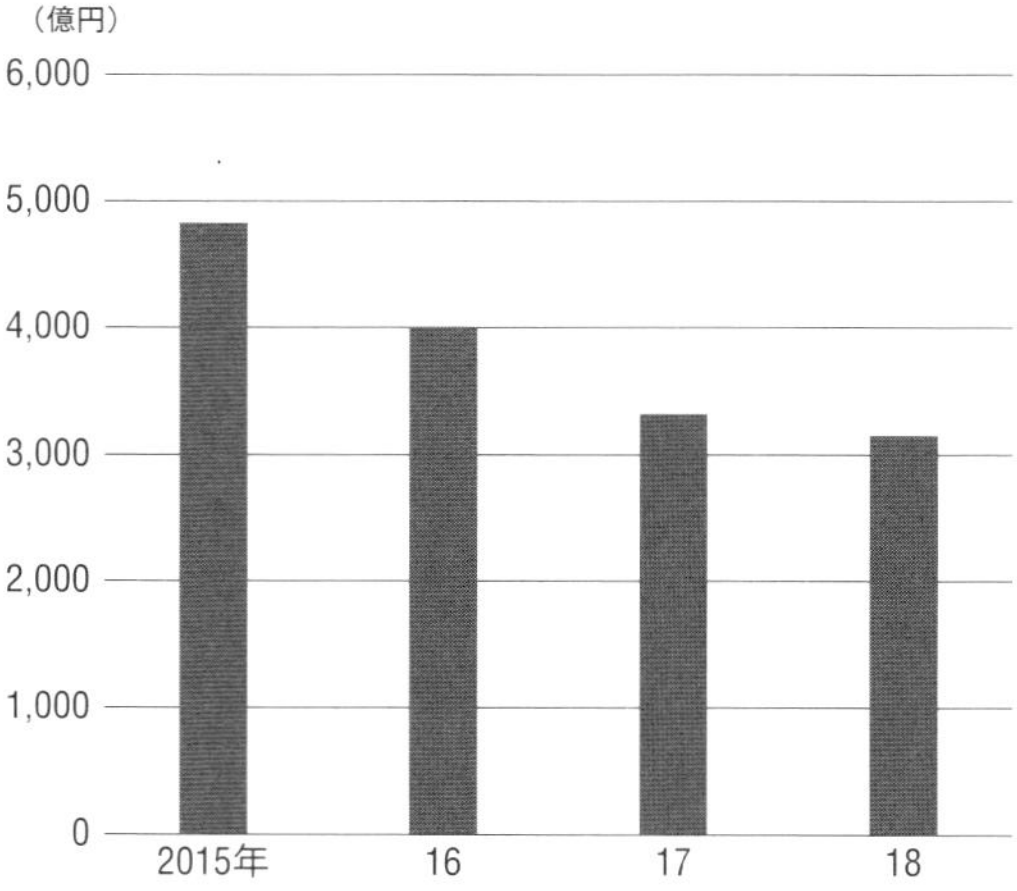

（億円）

年	出荷額
2015年	約4,800
16	約4,000
17	約3,300
18	約3,100

JEITA「グローバル出荷統計」をもとに作成

荷額は18年に3150億円。これには水晶発振子やデュプレクサも含まれている。

電子回路基板

電子回路基板は、回路設計に基づいて部品同士をつなぐための土台となる絶縁体の板部品である。有機系絶縁材料にはリジッド基板やフレキシブル基板があり、無機系絶縁材料にはセラミックス基板やガラス基板、シリコン基板がある。

その開発の歴史は長く、1962年に38社が集まって任意団体「日本プリント回路工業会」が発足、変遷を経て2013年に今の一般社団法人「日本電子回路工業会」（JPCA：Japan Electronics Packaging and Circuits Association）となった。会員はイビデンなど約380社に上る。「国内唯一の電子回路製造業の業界団体」と謳っている。

電子回路基板の業界では、「PKG事業本部」を構えているイビデンの存在感が大きい。微細化や高密度化に寄与するICパッケージ基板、スマホに使

電子回路基板における日系企業の生産推移と将来予測

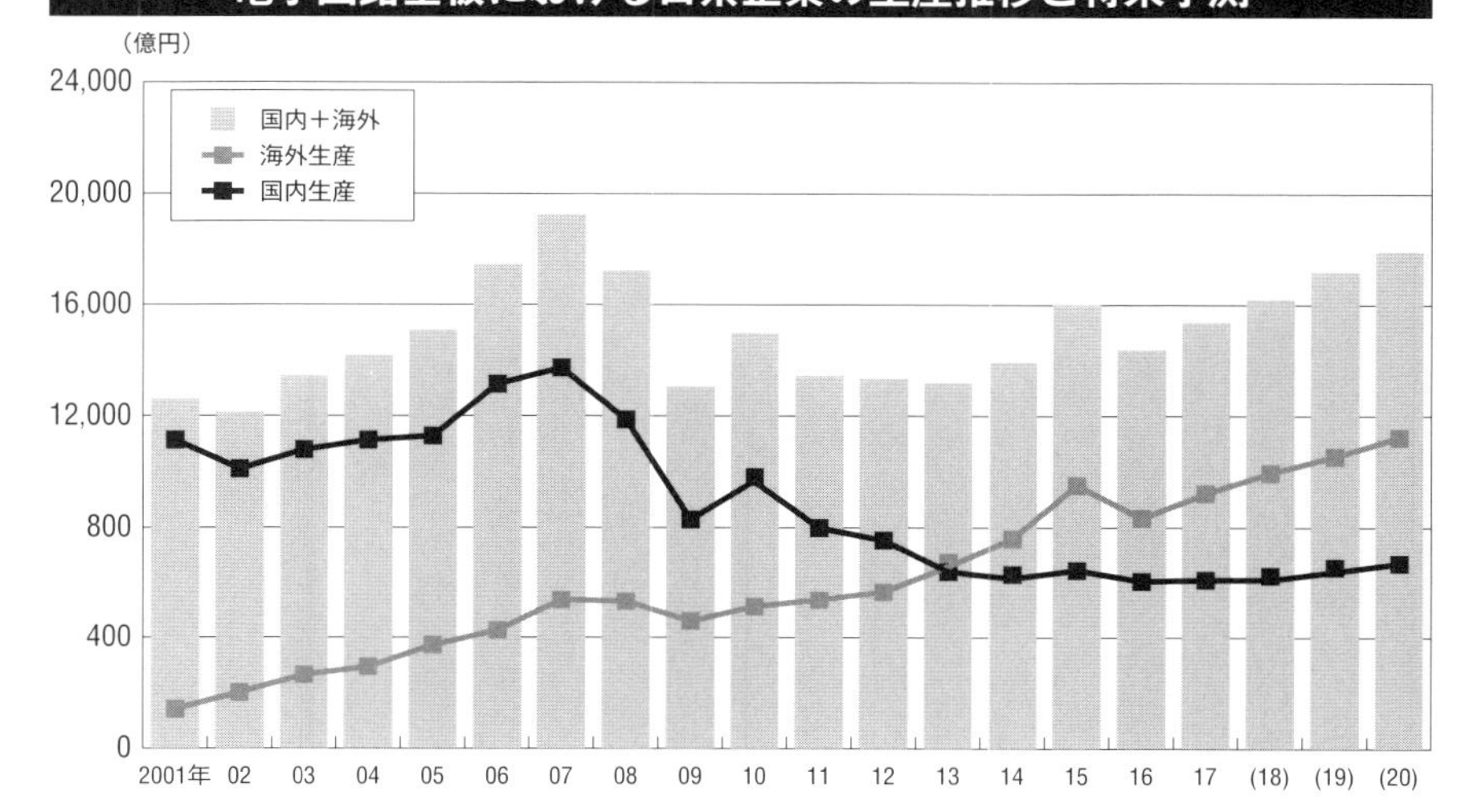

出典:日本電子回路工業会「日本の電子回路産業」

うプロセッサやその周辺機器に適した小型・薄型のＣＳＰパッケージ（Chip Scale Package）基板、複雑なモジュールなど、顧客や時代のニーズに応じたプリント配線板と各種製品を取り揃える。

ＪＰＣＡの統計調査によると、電子回路基板の総生産額は19年に１兆７１４２億円、20年に１兆７９７８億円と堅調に伸びると見込まれる。19年の内訳は国内が６５４５億円、海外が１兆５９６億円と予測される。海外生産は10年代に国内生産を逆転し、海外生産は過去最高水準で推移している。国内生産は07年以降、漸減傾向にあったが、近年は横ばいとなっている。

Chapter 5

電子部品業界の主な仕事

1 求められる世界と未来への眼差し
――技術力と営業力が鍵

主戦場は世界、ブレーンは日本

電子部品各社は売り上げや生産の海外比率が高く、社員はグローバルに活躍している。生産工場や得意先との密なコミュニケーションのため、海外へ出張する機会は技術系、事務系を問わず豊富にあり、海外に駐在している社員も珍しくない。

一方、国内工場も相当数あり、特に最先端の部品製造や研究開発は国内で手掛けている企業が多い。グローバルに展開している各社だが、そのブレーンとなる本社機能、「経企」とも略される経営企画の部署は、社長以下、経営幹部、取締役会に近い立場で大局的に自社と業界を俯瞰（ふかん）し、全体を統括している。

これらの組織部門を概略的に説明すると、商品開発、生産、営業・販売といった部門は「ライン部門」と総称され、経理や人事やシステムといった部署は「スタッフ部門」と呼ばれる。社長を補佐する「経営企画室」やそれに準じる部署、さらに知的財産などを管掌する部署もスタッフ部門に入る。

生産や販売のライン部門は、会社の製品やサービスに直結して実際に利益を生み出すことから「直接部門」、それらの部署をサポートするスタッフ部門は対照的に「間接部門」と呼ばれる。

そうした一定の共通性はあるが、当然ながら全社が画一的に同じ組織構造ではない。各社は特徴が伝わるように、自社にある職種やその相関図を分かりやすく説明しようと努めている。次ページの図はその一例である。

TDKの部門相関図

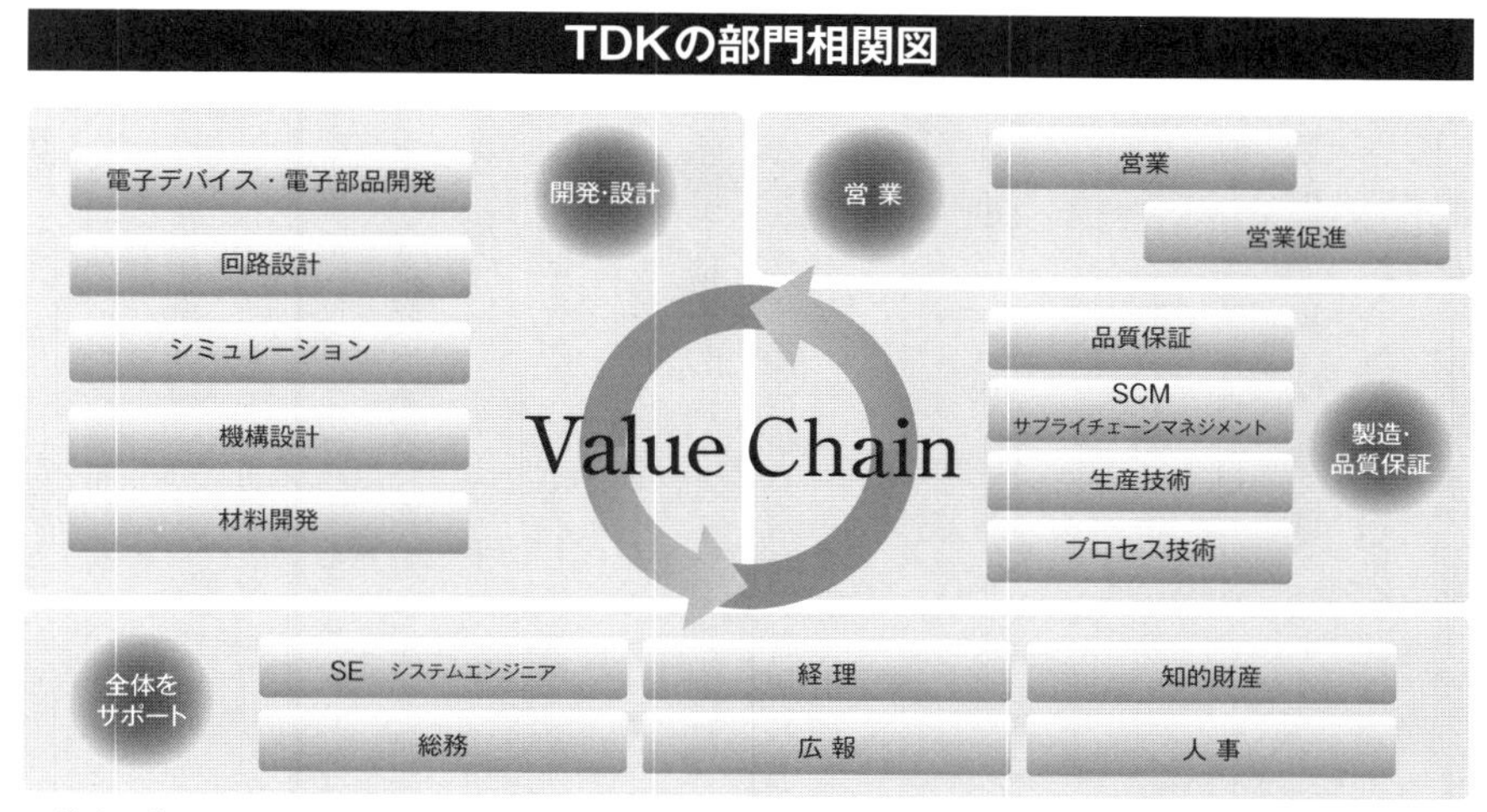

同社ウェブサイトをもとに作成

日本電産の職種情報

技術系職種

研究	モータに関する基礎研究並びに要素技術の研究
生産技術	開発部門の設計図面に基づく試作、その特性・性能の評価・検証、量産ラインの立ち上げなど
生産管理	生産基準日程に基づく部材調達、進捗管理、納品手配。在庫削減、生産リードタイム短縮など
知的財産	知的財産権の取得・維持・管理及び技術関係の契約・係争・訴訟などに関する仕事
開発	常に進化する技術を製品に反映、良質かつスピーディな製品開発
品質管理・品質保証	品質管理の企画立案や推進・審査、品質管理技術や信頼性評価技術の標準化およびその教育
情報システム	全社レベルでの社内ネットワーク構築、新会計システム・工場内の工程管理システム導入など
購買	営業情報の段階の開発計画参画、開発段階の目標価格作り上げ、開発・生産の設備・機器選定

事務系職種

国内営業	「回るもの・動くもの」全てが守備範囲、アンテナを張り巡らせニーズ発掘
経理・財務	経営の基盤である人・モノ・金・情報の中で「金」の流れを管理。グローバルな専門知識も
広報・IR	メディアへの情報提供、会社案内・ホームページ、CMを通じた活動。IRは投資家向け広報
知的財産	人材の採用、教育・研修、評価に関わる業務。人事制度策定・運用、人事異動の立案・実施も
海外営業	顧客は世界を網羅。開発・生産部門と三位一体となって製品化
法務	会社規則の制定・改廃、官公庁への届出や法的規定のある文書作成など
総務	株式や土地建物、設備機器管理から職場環境改善、庶務など幅広く。株主総会の準備・運営も
経営企画	事業計画策定・管理、業務プロセス改善。他部と協働、幅広い視野、実行力、組織調整力必要

同社ウェブサイトをもとに作成

部門を問わず、電子部品各社で共通して求められる資質に、チャレンジ精神とモノづくりに対する情熱がある。電子部品はこれから社会に深く入り込み、自動運転や少子高齢化に関わる諸問題、あるいはこれまでなかった便利を実現するために貢献することが期待される業界である。それらを実現するため、さまざまな角度にアンテナを張り、場合によっては年齢や部署の壁を超えて意見しようとする、そのぐらい前のめりの姿勢が歓迎される。

若い感性で積極的に、「こんな世界になったらいいな」という夢のある提言を会社側は待ち望んでいる。

研究開発――「次世代」を意識して

各社の売りである製品の特性を高めるべく、日々研鑽(けんさん)に励む部署である。次世代の社会に真に役立つ技術、製品について、腰を据えてじっくり考えることができる。ＣＡＳＥの技術革新が加速する自動車産業や、高齢化社会の到来で課題山積の医療・介護分野などに、貢献できる製品を届けるために知恵を絞る。

各社は国内に最大の研究開発拠点を持っている。村田製作所は横浜市に新たな拠点「みなとみらいイノベーションセンター」を２０２０年９月に完成予定で、野洲事業所とともに研究開発の態勢を整えている。日本電産も２０００億円を投じて第２本社とともに生産研究棟３棟を22～30年にかけて京都府向日市に建設している。各社はおおむね売上高の５％前後を研究開発に充てている。

また、海外の市場に合わせ、現地に研究開発拠点を持つ企業もある。それぞれの地域特性に合った商品開発をしている。例えばＴＤＫは日本では新材料や新工法、新商品の開発を手掛けているのに対し、米国ではＩＣＴ市場に対応した製品や技術の調査・開発、ドイツでは自動車用製品・技術の調査・開発を行っているほか、中国・厦門(アモイ)では「ローカル顧客に対応した材料開発体制を構築している」という。

研究開発部門は原則理系人材を求めており、専門性を持った大学院卒の社員が少なくない。また、特定分野の技術に磨きをかけるべく、入社後数年で海外留学などをするケースもある。そのための語学研修など、学習機会が充実している企業は多い。

生産──モノづくりにかける情熱

生産は国内外の工場で、実際に製品を造る肝心要の部門である。各社で、「生産技術」といった呼び方で括られていることが多い。

さらにそこから部署が細分化され、例えば、製品の生産設備を社内で製作しているのが特徴的な村田製作所は、生産技術の開発系と製造系に分かれる。さらに製造部の中に、品質管理や生産ラインの設計改善を担う部署がある。

生産と製造は似た言葉だが、各社は生産技術の担当者と製造技術の担当者を明確に意図して分けて配置している。語弊を恐れずに言えば、製造技術は、「モノをどのようにして造るか」の技術で、どんな材料を、どんな設備や温度で、どういった形状に仕上げるか、といった点を任務とする。これに対し、生産技術はより広い意味で、「より効率的に、より大量に、より安く造るにはどうすればよいか」といった視点も踏まえ、最適な機械を導入し、工程を組む、といった責務を担う。

生産部門に携わっている社員らの多くは、実際世の中に出る製品を扱うとあって、責任とやりがいに満ちている。Ｃｈａｐｔｅｒ７のインタビューに登場する現役技術者からも、それがうかがえた。何よりモノづくりをする現場の一線で働けるのは楽しいようである。

営業──自社の強みと弱みを熟知

自社にどんなに優れた技術や製品があっても、それを取引先に説得力を持って売り込める人材がいないと、宝の持ち腐れになってしまう。「売り込む」と言うと、野卑な印象を与えるかもしれないが、内実は謙虚に自社製品と向き合い、強みと同時に弱点をも熟知していること、それが営業部門で働く必須条件だろう。営業職を志しているならば、希望する就職先がトップシェアを誇る部品とその特徴、シェアの伸長を狙っている分野、競合他社の動向は頭に入れておきたい。

BtoBの電子部品各社の営業先の多くは、電子機器メーカー、すなわち「セットメーカー」（42ページ参照）ということになる。そして電子部品業界でエンドユーザーと言えば、消費者に最終製品を造り届けるセットメーカーを指すことにもなる。食品でも家電でも、エンドユーザーとは一般の消費者だが、部品業界でのエンドユーザーは異なることに留意したい。

今後は電子機器メーカーに限らず、自動車や医療、社会インフラなどさまざまな分野に電子部品が浸透するにつれ、販路も広がっていくと見込まれる。未開分野を切り拓く面白みもきっとあるだろう。

研究開発部門や生産部門が原則、理系卒の人材を配属するのに対し、文系が活躍できるのが営業部門である。典型的なのは国内営業で、自社製品のシェアが高い得意先では地位の維持、向上、シェアが低い先では拡大が求められる。

まさに優れた製品、技術あってこそのシェアだが、得意先は時として値下げ要求や、新技術や改良の要求をしてくる。そのため商品部など関連部署との密な連携が必要となる場面も少なくない。得意先でも社内でも、総じてコミュニケーション力に長けているに越したことはない。

また、取引先の技術的要求に対して即応できるよう、各社は「技術営業」の人材も取り揃えている。さらに、グローバルに展開している電子部品業界とあって、各社は「海外営業」というポジションも設けている。出張で取引先を回ることもあれば、海外にある営業拠点に駐在してコミュニケーションを取るパターンもある。

取引先が外資で日本語が通じないこともざらにあるので、外国語は話せるほうが望ましいだろう。

管理部門――企業活動を側面支援

研究開発、生産、営業とは毛色が違い、ライン部門を側方支援するのが役割である。中でも「経企」

＝経営企画を担う部、室は、社長はじめ経営層に近いポジションで、会社全体や業界に通暁する部署である。幅広い業務をこなし、その室長、部長は出世頭として次期社長候補などと持て囃（はや）されることもままある。

人事や経理、情報システムなど、各社は欠かさずこうした部署がある。「バックオフィス」とも呼ばれるが、企業活動の基礎を成す極めて重要な業務を行っている。

広報も重要で、独立した部署になっていることもあれば、「広報ＩＲ室」のように、ＩＲ（Investor Relations）と一体化しているケースもある。決算や新製品の発表記者会見などを取り仕切り、その報道のされ方によってはブランドの良し悪しをも左右し得る。そうした重責を担うことや会社の全容を広く知れることから、経企同様、広報部門が出世コースとなっている企業も少なくない。

一にも二にも挑戦

Ｃｈａｐｔｅｒ１でも少し触れた通り、各社の採用ホームページは明るい未来図が描かれている。無線給電で走るバス、自動運転の自動車、ロボット——。そうした近未来の技術の実現には「若いチカラが必要です」（オムロン）という。以下に呼び掛けや企業理念を列挙する。いずれもチャレンジ精神が滾（たぎ）るエネルギッシュな人材を待ち望んでいる。

「未来を引き寄せる技術力は、一人ひとりの挑戦から生まれている」（ＴＤＫ）

「挑む、創る、変える。」（ミネベアミツミ）

「ありえないを、やってやろう」（イビデン）

「人と地球に喜ばれる新たな価値を創造します。」（アルプスアルパイン）

「まだ誰も見たことのない、よりよい社会に向けて。未来への新たな挑戦ができる仲間を私たちは待っています。」（オムロン）

「未来に誇れる仕事をしよう」（ローム）

2 福利厚生と研修制度
——海外事業の準備も万端に

工場勤務寮や社食は充実

総じてどのメーカーにも当てはまるが、工場勤務の場合は社員寮や食費補助が充実している。食事付きで月額1万円以下で寮に住めたり、定食300円前後と破格の社食があったりと、特に何かと入用な入社間もない頃には嬉しい。ミネベアミツミは「独身寮が充実しています。寮費の安さ（月5000円程度）は大きなメリットです」と強調し、月の寮費8000円のイビデンも「約6畳の個室で水光熱費や駐車場費まで含んでのこのお値段です！　また希望者は寮食（朝食150円、夕食350円）も摂ることができます」（2018年10月時点）とお得感をアピールする。

海外へ羽ばたく準備

海外の出張や転勤、留学などが多いため、外国語を学ぶ機会は豊富に提供されている。

村田製作所は「グローバル人材教育」を掲げ、若手のうちから海外経験を積むチャンスに恵まれている。海外の大学などで語学や専門知識を習得する「海外研修生制度」、海外拠点で実務研修を受ける「海外若手実務研修制度」のほか、海外の大学などで1～2年、特定のテーマを学ぶ機会もある。

オムロンは「高額外部学習講座受講支援金」を用意し、中長期のキャリア形成に役立つMBAや語学スクールなどの外部講座（10万円以上）を修了すると、受講料の半額（語学は25％）を支給する。上限はある。

語学に限らず、世界中で多種多様な人種、宗教の人たちと、机を並べて仕事することも珍しくない。そのため、異文化に対する理解を深める研修にも、各社は力を入れている。村田製作所は海外派遣を予定している社員に対し、「海外派遣要員研修」として、派遣地域、職種に応じた研修を行い、異文化理解や赴任先で求められるマネジメントやプレゼン、交渉術といったビジネススキルの向上を図る。

TDKは「異文化コミュニケーション能力は海外赴任者などの特定の人だけではなく、従業員全員に必要なスキル」になりつつあるとして、研修を強化している。

こうした語学や異文化理解に関する研修は程度の差はあれ、各社が実施している。

地域貢献も

グローバルであると同時に、地域に根差した企業が多いのも電子部品業界の特徴の1つである。東京一極集中が目立つ中、上位企業のうち、東京に本社機能を持つのはTDKやアルプスアルパインといった程度で、多くは関西に集中している。

そのTDKも元々は創業者の齋藤憲三氏が、貧困に喘ぐ故郷、秋田県の農村に産業を興そうと悪戦苦闘の末に立ち上げた。その経緯から主力工場も秋田にあり、同県とつながりが深い。にかほ市にTDKの歴史と未来をテーマとした「TDK歴史みらい館」があるほか、16年に同市の工場敷地内に新工場棟を建てた。

そのほか京セラ、村田製作所、日本電産、オムロン、ロームの本社は京都府に集まり、地域振興に取り組んでいる。日本電産は会長の故郷、向日市に永守重信市民会館を21年度に完成予定で、演劇やコンサートが楽しめるようになる。イビデンは揖斐川の豊富な水量に基づく電力発電が当初の事業であり、地域とともに発展してきた経緯がある。

3 働きやすい環境に――女性活躍、多様な個性を尊重

SDGs達成を目指す

CSRを果たすため、各社のSDGsに向けた取り組みの強化が目立つ。CSR（Corporate Social Responsibility）は「企業の社会的責任」、SDG（Sustainable Development Goals）は「持続可能な開発目標」と訳される。SDGsは2015年、ニューヨーク国連本部で開かれた「国連持続可能な開発サミット」での成果文書、「我々の世界を変革する：持続可能な開発のための2030アジェンダ」に盛り込まれ、17の目標と169のターゲットから成る。30年までに世界の貧困に終止符を打つことを目指す。

グローバルに企業活動を行う電子部品メーカー各社にとってその目標達成に向けた姿勢を内外に示すことが、企業価値の向上、上場企業としての責任を全うすることにつながる。社長らトップのメッセージやCSRレポートでSDGsに言及している企業も多い。

TDKのウェブサイトにある「SDGsから探す」では、CSRの取り組みがSDGsのどの目標に当てはまるかを検索できる。ロームも自社のウェブサイトで、環境への貢献度を評価する仕組みや、従業員らによる国内外での清掃活動を、それぞれ「社会貢献製品」、「生物多様性の保全」といったジャンルに分け、SDGsに関する取り組みを紹介している。

外務相や経済産業相ら国務大臣が構成員の「SDGs推進本部」が「ジャパンSDGsアワード」を

国際連合提供

注）The content of this publication has not been approved by the United Nations and does not reflect the views of the United Nations or its officials or Member States.

17年から開催し、SDGs達成に寄与する優れた取り組みを行っている企業や団体、自治体を表彰している。今後、目標の一層の浸透と、目標達成に向けた機運の高まりが期待される。

関係する目標ごとに各社の取り組みを確認する。

ジェンダー平等を実現しよう――女性の活躍

SDGsが登場する以前から、女性が働きやすい職場環境の整備は日本社会の課題となってきた。16年に女性活躍推進法が全面施行され、大企業などは定量的な目標や実施時期、取り組みなどを明記した「行動計画」の策定が義務付けられた。各社はダイバーシティ（多様性）という言葉で、女性の管理職や新入社員の比率向上などを図ってきた。SDGsはそうした取り組みを後押しする形となっている。

例えば京セラは、社長を総責任者として06年から女性の活躍推進に取り組んできた。18年3月末現在で45人の女性管理職を20年に60人以上に増やすとしている。

12年にダイバーシティの専門部署を設けたオムロンは19年4月現在、国内のグループ全体で女性役員は4人、管理職は85人となっている。管理職に占める女性の比率は5・2％で、21年4月に8％以上に高める目標を掲げる。

日本電産は06年から女性活躍推進活動をスタートさせ、17年4月に女性活躍推進室を設置した。20年度までに日本電産本体の女性管理職比率を8％に引き上げるとしている。

こうした目標達成に向け、各社は独自の取り組みを進める。日本電産は18年4月から配偶者の転勤に帯同する場合などに最大3年の休職を認める制度を設けている。村田製作所も、配偶者の海外転勤に同行するために3年を上限として休職できる。

オムロンは次世代の女性リーダー層に対し、結婚や出産などのライフイベントを迎えた後も働き続けられるキャリア形成を支援するための「OMRON WOMEN WILL 研修」を13年から続け、これまで約200人が受講している。05年に導入した不妊治療のための休職制度と補助金支給制度も特色である。

TDKも多様な人材を登用するための取り組みとして、07年10月から「ダイバーシティ・アクション推進プラン」を実施している。小学3年の3月末日に達するまでの子を養育中の従業員に対し、具体的

アルプスアルパイン「キラキラ語ろう会」

同社提供

な労働時間に制約を設け、時間外労働は原則1カ月に24時間、1年に150時間以内としている。

アルプスアルパインは、仕事と育児を両立することへの不安や悩みの解消や社員同士のネットワーク構築を目的に語り合う「ママカフェ」や、育児中の社員の体験談を基に子育てしながら働くイメージを描く「ママ社員とキラキラ語ろう会」などの取り組みを進める。女性の平均勤続年数は20年以上、女性の既婚率は60％以上という。

具体的な対応も目立つ。京セラは小学校3年生までの子どもを対象に、子ども1人当たり年20万円を上限として、ベビーシッター利用補助を提供している。村田製作所は「託児支援制度」として、親が共働きで子どもが小学生以下の場合、ケアリストの紹介や費用補助を行っている。

村田製作所はまた19年4月、京都府長岡京市に、市内の待機児童の解消を目的に認可保育所「さくらんぼ保育園」と、企業主導型保育所「かえで保育園」を市などと協力して開園した。アルプスアルパインも4月、宮城県大崎市の古川開発センター内に企業主導型保育事業として「やまなみ保育園」を開設、「四季折々の体験　五感を育てる」をモットーとしている。

オムロンはそうした保育施設の取り組みが早かった。06年に京都府の「京阪奈イノベーションセンタ」の近隣に「オムロン京阪奈保育所」と07年に京都本社別館ビルに「オムロン京都保育所」の2拠点を設けている。

オムロンの保育所

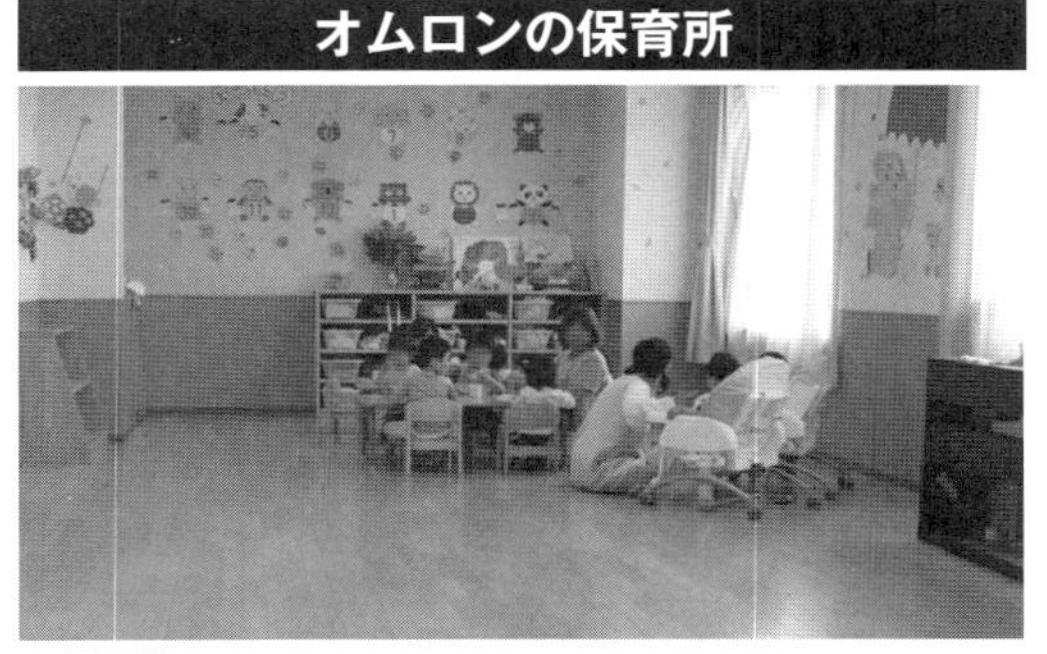

同社提供

こうした取り組みが実り、経済産業省と東京証券取引所が主催する、女性活躍推進に優れた上場企業「なでしこ銘柄」に、日本電産とオムロンが選ばれている。

人や国の不平等をなくそう――多様性と包摂

オムロンはまた、「多様な人材の能力を活かし、価値創造につなげている企業」を表彰する経産省の「新・ダイバーシティ経営企業１００選」にも17年度に選ばれた。女性活躍に限らず、「ＬＧＢＴの理解浸透」といったより広義のジェンダーの理解促進のほか、障がい者や外国人の活躍推進といった取り組みが評価されたという。

ＳＤＧｓのゴール10・２は「２０３０年までに、年齢、性別、障害、人種、民族、出自、宗教、あるいは経済的地位その他の状況に関わりなく、全ての人々の能力強化及び社会的、経済的及び政治的な包含を促進する」と謳う。

ここで「包含」と訳されている「インクルージョン」（Inclusion）が今後、ダイバーシティとともに、企業活動の上で大切になってくると見込まれる。インクルージョンは、企業によって訳語が異なり、「包摂」や「受容」と呼ばれる。

ただ、インクルージョンは、ダイバーシティに比べ、日本社会でまだあまり認知されておらず、インクルージョンを掲げている企業は少数派のようである。欧米を中心に普及し始めているため、金融業などグローバル展開している業界ほど、インクルージョンに対する意識は高い傾向にある。そうした中、海外の従業員やの観点から、電子部品業界も比較的多くのメーカーがインクルージョンを標榜している。京セラや村田製作所、ＴＤＫ、オムロン、ロームなどである。

外国人の従業員が多いとあって、各社が当然の如くダイバーシティに注力する中、今後はインクルージョンへの取り組みが各企業の課題となってくるだろう。

ダイバーシティは、例えば海外の要職に占める現地スタッフの採用を増やすとか、外国人従業員の人種、民族、出自、宗教を尊重するための規定を設けるといったことは各社の経営陣が率先して取り組む。これに対し、インクルージョンは社員一人一人が、外国人の従業員、現地スタッフなどと接する心構えと言っていい。違いを受け入れ、調和しながら働く、といった心構えが求められている。

働きがいも経済成長も――働き方を見直すことは生き方を見直すこと

SDGsのゴール8は「生産的な完全雇用およびディーセント・ワーク（Decent Work: 働きがいのある人間らしい仕事）」の推進を掲げる。

近年、日本で叫ばれて久しい働き方改革に符合するものである。残業を減らし、パワーハラスメントやセクシャルハラスメントをなくし、余暇を満喫して人間らしい生活を送ろうといったところである。各社は押しなべて、ハラスメント行為の厳罰化と防止に向けた研修を実施したり、フレックスやテレワークの勤務形態を整えたり、有給休暇の着実な取得を促したりしている。

特色のある取り組みも目立つ。アルプスアルパインでは、18年に旧アルプス電気が「所定外労働時間削減に伴う賞与還元」を発表した。業務の効率化を図った結果、17年9月16日〜18年3月15日の全社月1人当たりの所定外労働時間が前年同期より平均2・4時間減ったことを踏まえ、18年の賞与に上乗せした。

日本電産は20年までに、生産性を2倍にして残業をゼロにするとぶち上げた。1000億円を投じてその実現を目指している。

村田製作所はみずほ情報総研とイスラエルのスタートアップ企業と組み、AIを活用した感情やストレスを解析するサービスの提供で19年5月から協業している。専用に開発したウエアラブル機器を使ってストレスを含む感情的な負荷をAIでモニタリングし、労働環境や従業員満足度を改善するコンサルティングを行う。

社員の健康増進の取り組みは、職場環境の改善にとどまらない。各社の工場などは近隣に社員が使えるグラウンドや体育館を用意し、スポーツで汗を流すことを奨励している。

4 採用計画――女性採用へ積極姿勢

技術系8割、女性は増加傾向

他の一般的なメーカーと同様、電子部品各社は技術系の社員の割合が高く、採用でも技術系のほうが多い。本社の採用人数は近年、最も多い京セラや村田製作所で300人前後、日本電産で200人超、他の大手は100人前後を採用する傾向が見られる。総じて増加している。

技術・理系と事務・文系の採用割合は、技術・理系がおおむね8割前後となっている。ただ、例えば京セラの2019年採用実績は理工系約240人、文系約100人で文系が約3割と比較的多い。年によって人数、割合ともに大きく変動し得るため、各社の採用ホームページや、就職サイトで最新情報をキャッチするようにしたい。

最近の揺るがない方針としては、女性活躍（139ページ参照）を各社が推し進めている。就職希望者の選考に際しても、女性を積極的に採用している。例えば、村田製作所は単独で新卒採用に占める女性比率が、14年度の技術系4・7％、事務系5・3％から、19年度には技術系16・1％、事務系55・8％と大幅に上昇し、事務系では半数以上が女性となった。

推薦枠も有効に

20年入社の新卒採用情報によると、多くの電子部品各社は、研究開発や生産といった技術系の採用枠と、事務系の採用枠に分けている。その場合、技術系は機械、電気、情報、物理、化学、材料、経営工学、数理といった望ましい専門領域を例示する一方、事務系は学部不問としているケースが目立つ。また、事務系ではなく、営業系という職種で分け、理系出身者も募っている企業もある。

また、京セラは「学生時代、得意分野に没頭し、誰にも負けない努力をしてきた方」を積極採用する「オンリーワンコース」といったユニークな採用を行っている。スポーツや芸術、プログラミングのコンテストなどでの優勝経験や、論文の受賞歴が評価対象となる。

新卒の応募資格は、卒業後3年以内を条件としたり、卒業して就業経験がなければ応募可としたり、まちまちである。他に、会社説明会への参加をエントリーの必須条件としている場合もある。一方、技術系の応募枠に見られる学校推薦によれば、書類選考と1次面接が免除になるケースもある。

定着してきているインターンは、年を追うごとに内容、開催頻度が充実してきている。参加は必須条件ではないが、志望する企業の内情が垣間見える貴重なチャンスである。積極的に機会を捉えるようにしたほうが、志望動機に説得力が増すためにも得策であろう。

また、多くの企業がフェイスブックやツイッターといったソーシャルメディアによる情報発信を活用している。新聞やテレビを通じて報道される企業のニュースとは違い、ダイレクトに企業側の情報を受け取れるのは利点だろう。

プレスリリースにはないような小ネタや、説明会の空席状況などが、「つぶやかれる」こともある。

売上高上位10社

次のChapter6を見る前に売上高上位10社の19年3月期業績を見比べてみる。1兆5000億円前後でひしめき合う4社と、1兆円を目指す4社が8000億円台で団子状態といった具合に並ぶ。

売上高上位10社の2019年3月期連結決算

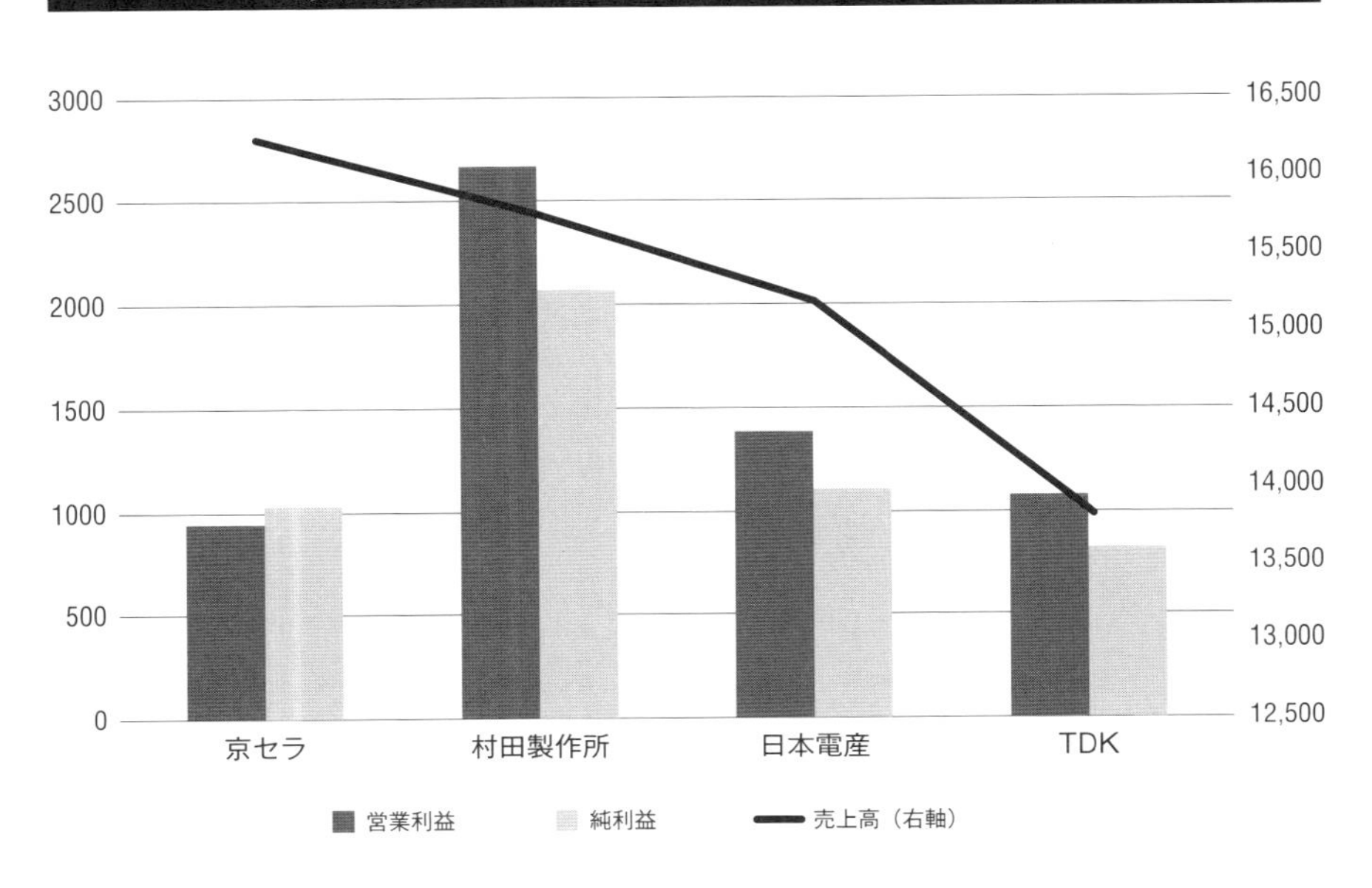

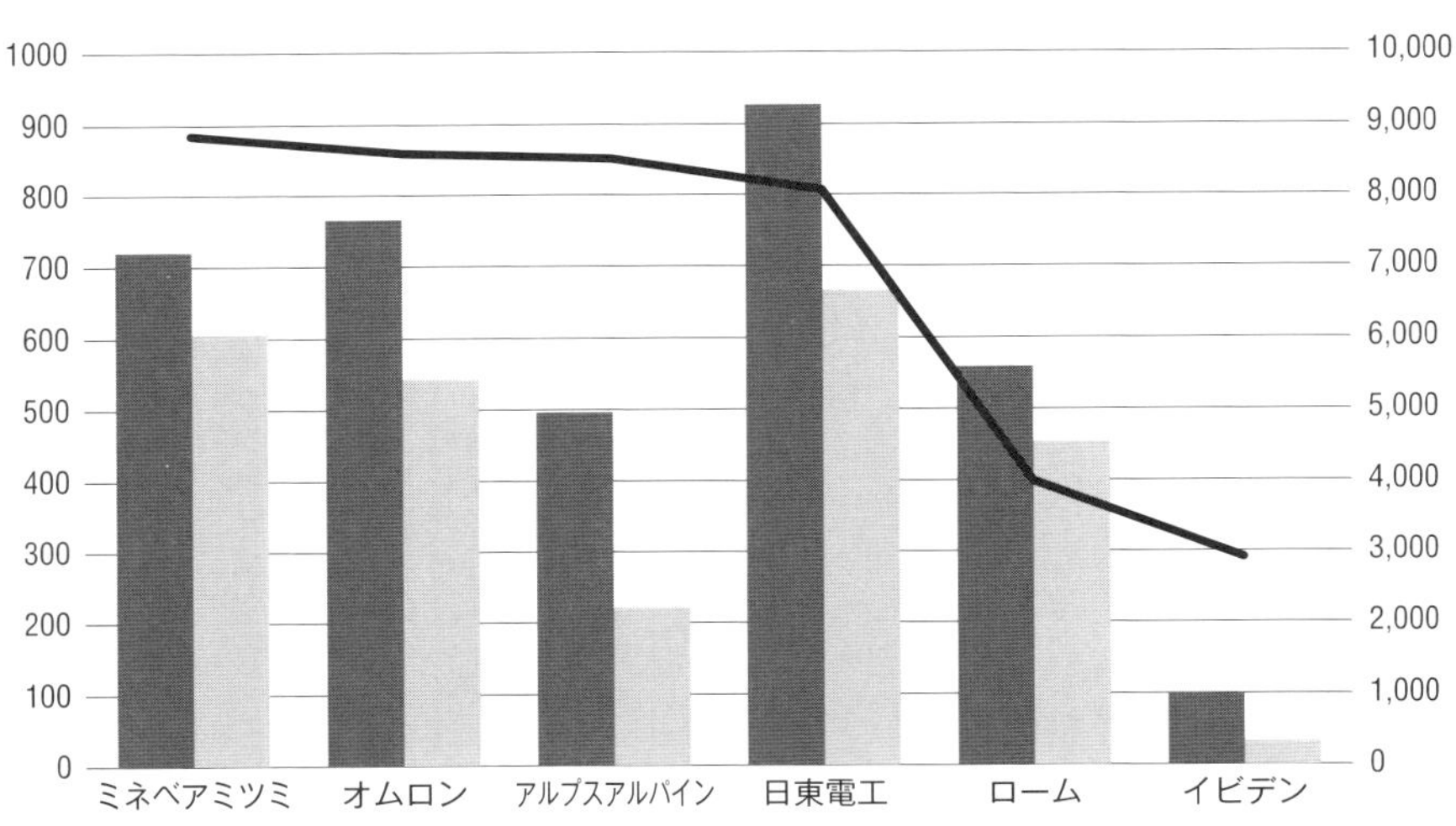

連結ベース。単位は億円

Chapter 6

電子部品各社の現状

1

京セラ——多角化進める業界の雄

スマホや複合機、キッチン用品も

当初の社名「京都セラミック」の名前の通り、セラミックを応用したパッケージやコンデンサなどを手掛け、1959年の創業以来、黒字経営を続けている。さらにスマートフォンや複合機、太陽光に色鮮やかなセラミック包丁などのキッチン用品まで、部品にとどまらず幅広い事業を展開しているのが特徴である。

2019年3月期連結決算は、売上高が前期比3・0%増の1兆6237億円で過去最高を更新した。営業利益は4・5%増の948億円、純利益は30・4%伸びて1032億円となり、増収増益だった。太陽光事業の材料調達に関する損失で500億円超を計上したが、他の事業がマイナス分を吸収した。

売り上げの内訳は、「産業・自動車用部品」や「電子デバイス」の「部品事業」が過半を占め、携帯電話など情報通信サービスの「コミュニケーション」、プリンタと複合機の「ドキュメントソリューション」、太陽光や医療関連品、セラミック用品などの「生活・環境」の3つから成る「機器・システム事業」が4割強となっている。

21年に売上高2兆円へ

21年3月期には売上高2兆円を目指し、情報通信、自動車関連、環境・エネルギー、医療・ヘルスケアの4つを重点市場と位置付けている。中長期を見据え、ＣＡＳＥをはじめとした車載事業、５Ｇ、ＡＩ、ＩｏＴ、ロボティクス、ビッグデータと、あらゆるＩＴ化、デジタル革新を商機と捉えている。スマートフォン向け部品販売の落ち込みを、５Ｇや自動車の新領域でカバーしていく。具体的には５Ｇの基地局向けプリント基板や、車載向けカメラモジュールの需要増が見込まれる。

苦戦する太陽光事業は「収益改善のために早急な事業モデルの転換が必要と考えている」（谷本秀夫社長）と言い、大手電力が余剰電力を買い取るＦＩＴ（固定価格買い取り制度）が19年11月以降、順次満期を迎え、自家消費へと移り変わっていくタイミングを商機と見ている。東京電力や関西電力との提携もその一環である（68ページ参照）。再生可能エネルギーなどの分散型電源をまとめ上げ、１つの発電所に見立てて運用するＶＰＰ（Virtual Power Plant: 仮想発電所）の事業化も探る。

計画実現に向け、20年3月期には研究開発や設備投資に計２０００億円を投じる。「生産性倍増プロジェクト」を掲げ、工場の新設や増設と同時に、ＡＩや各種ロボットを通じた製造工程の一層の効率化に取り組む。

同時に力を入れるのがＭ＆Ａで、各事業分野で攻勢をかけている。19年には工具大手の米サザンカールソンを京セラとして過去最高となる約９００億円で買収した。また、医療分野では人工関節を手掛ける米医療機器メーカーのレノヴィス・サージカル・テクノロジーズを買収し、これを足掛かりに最も大きい医療市場の米国へと本格進出した。さらにドイツの部品メーカー、フリアテックからセラミック事業を約１００億円で買収するなど、矢継ぎ早に手を打っている。年間１０００億円規模のＭ＆Ａによる収益への貢献を目指していく。

多角化とアメーバ

こうした多角化経営は１９７０年代以降、積極的に推し進められた。79年に複写機販売という機器事業への参入とその成功が大きな転機となっている。太陽電池の研究開発は75年に始め、原料調達も自社で行い、後年出荷に漕ぎ着けた。

　事業を多角化させていく一方で、京セラのもう1つの特徴に「アメーバ経営」なるものがある。組織をアメーバと呼ぶ小集団に分け、各アメーバのリーダーが中心となって自らのアメーバの計画、目標を立て、メンバー全員で達成していく「社員ひとりひとりが主役」の経営スタイルで、創業者稲盛和夫氏が考案した。同氏は著書の中でこう記している。

「私が経営の実体験のなかで創り出した「アメーバ経営」は、大きな組織を独立採算で運営する小集団に分けて、その小さな組織にリーダーを任命して、共同経営のようなかたちで会社を経営する」（稲盛和夫〈2006〉『アメーバ経営～ひとりひとりの社員が主役』日本経済新聞出版社）。

　このアメーバ経営の考え方は、第二電電や稲盛氏の手腕で再建した日本航空にも取り入れられた。同氏の経営哲学は、会社の枠を超えた人生訓として広く親しまれている。経営理念は「全従業員の物心両面の幸福を追求すると同時に、人類、社会の進歩発展に貢献すること」と定めている。


　そうした企業風土にあって、社員の育成にも余念がない。特に入社5年目までの若手社員には手厚く、定期的な面談があるほか、それぞれの新入社員に1人ずつ育成をサポートする責任者が選任される。ゆくゆくはグローバルな人材育成を目的に、海外大学院留学制度もある。

　なお、研究施設も2019年に再編され、ADASやエネルギー、通信システムなどのソフトウェアを主とした「みなとみらいリサーチセンター」（横浜市）と、IoT関連や材料開発の材料・デバイスなどを対象とする「けいはんなリサーチセンター」（京都府精華町）を整備した。

　また、休暇取得の促進プログラムとして、年1回有給休暇の5日連続取得による9日以上の連休を奨励している。

　社会貢献、地域振興にも積極的で、1994年には任天堂などとともにプロサッカーチームの運営会社「京都パープルサンガ」の創設に当たった。

京セラのあゆみ

1959年	京都セラミック創業
69	米現地法人設立
71	大阪証券取引所２部上場
82	京セラに社名変更
84	第二電電企画（DDI、現KDDI）設立
95	京都に中央研究所設立
2001	売上高１兆円突破
08	三洋電機の携帯電話事業承継
15	日本インター買収
18	リョービの電動工具事業買収
19	米レノヴィス・サージカル・テクノロジーズ買収
	米サザンカールソン買収
	独フリアテックのセラミック事業買収

セグメント別売上高

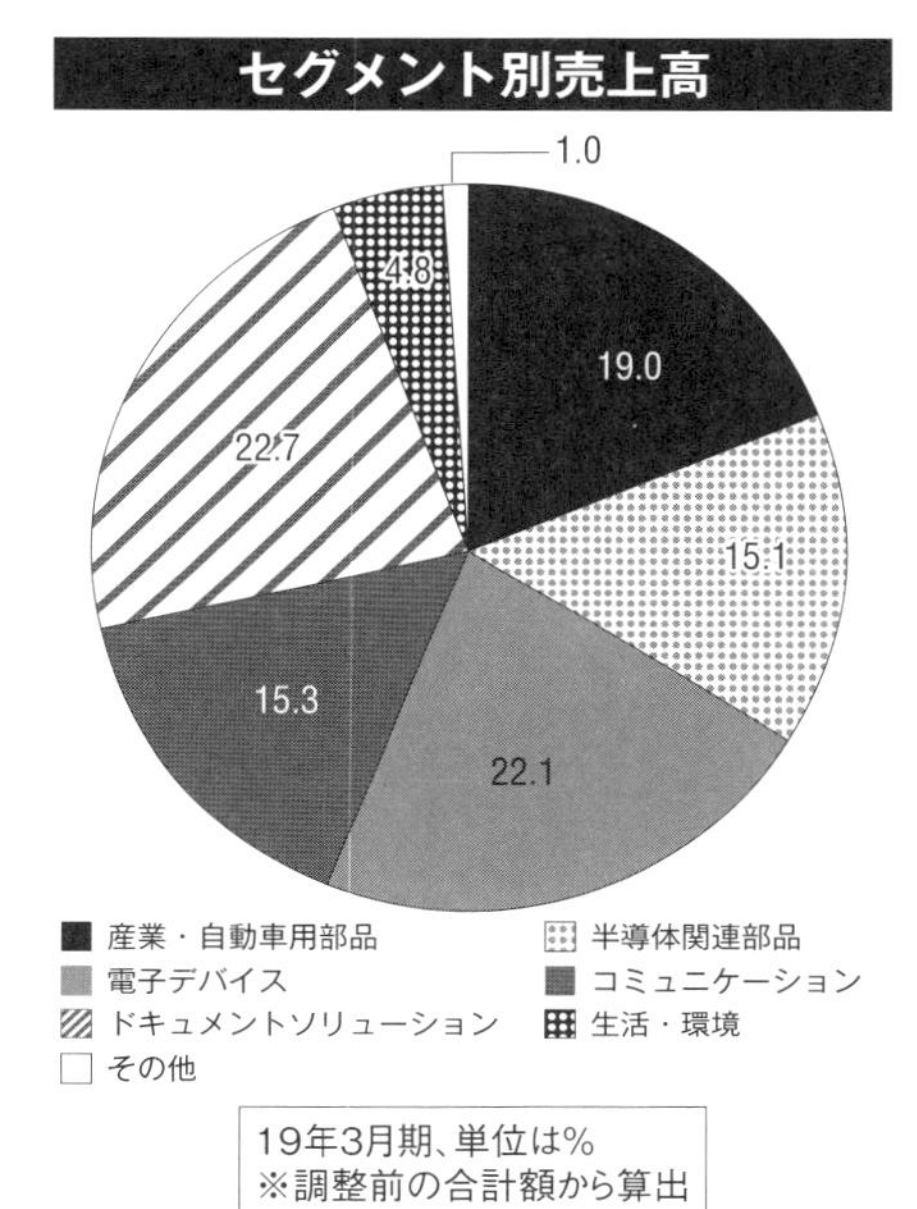

19年3月期、単位は%
※調整前の合計額から算出

業績の推移

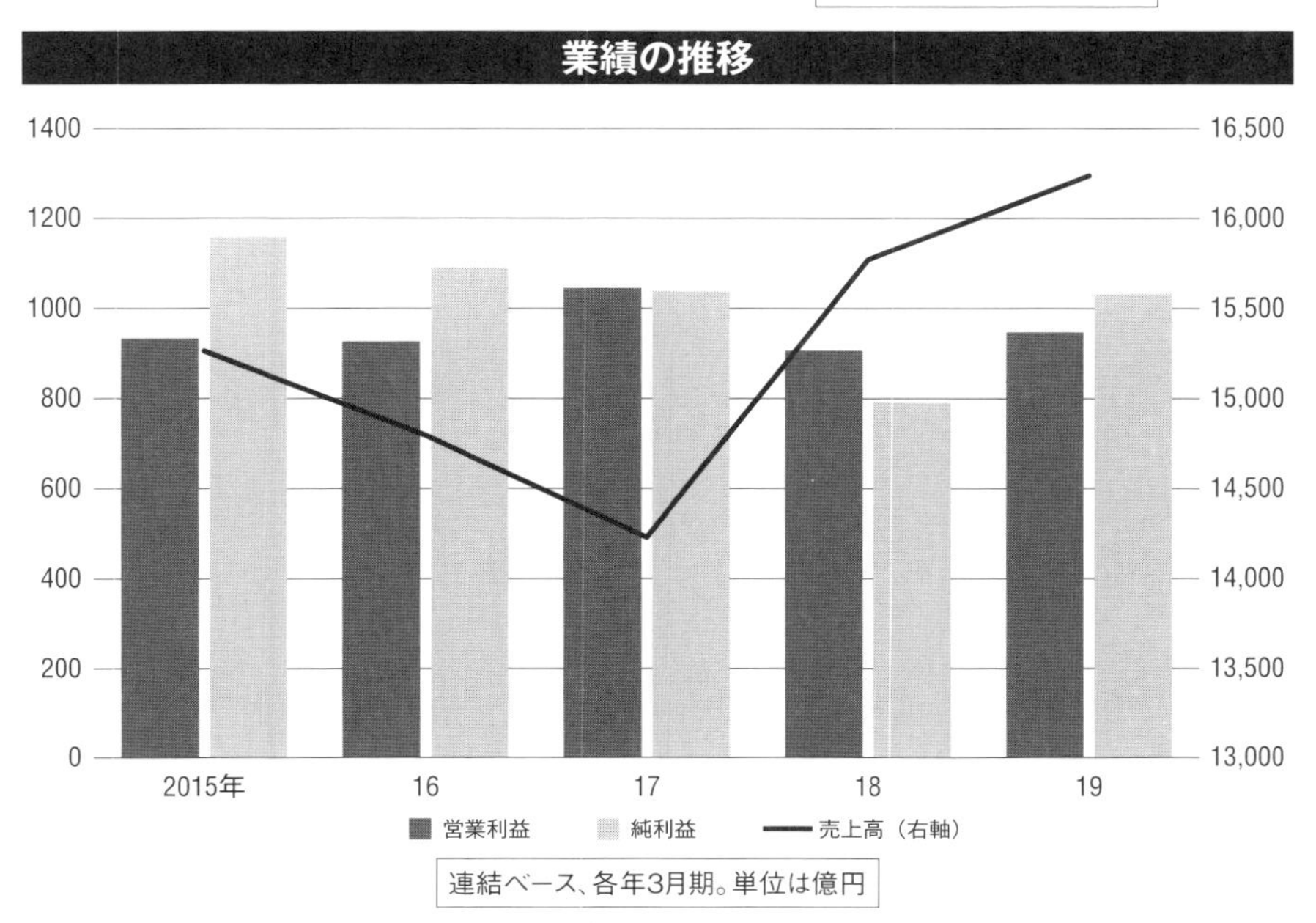

連結ベース、各年3月期。単位は億円

2 村田製作所
——高い営業利益率、20％超えも

コンデンサを核に事業領域拡大

創業以来、コンデンサを後生大事に守り、育ててきた。スマートフォンや自動車に加え、本格開始を控えた5Ｇのサービスなど、用途は広範にわたる。世界シェアトップで他の追随を許さぬ高い競争力の部品を事業の中核に据えつつ、リチウムイオン２次電池など新しい領域でも収益拡大を目指す。

２０１９年３月期連結決算は、売上高が前期比14・８％増の１兆５７５０億円となり、過去最高を更新した。純利益も過去最高で、41・６％増の２０６９億円、営業利益は63・４％増の２６６８億円だった。車載向け積層セラミックコンデンサ（ＭＬＣＣ）やＭＥＭＳ（微小電気機械システム）センサが伸びたほか、リチウムイオン２次電池も寄与した。

製品別の売上高は、コンデンサが３割近く伸びて全体の36・５％を占め、センサや２次電池を含む「その他コンポーネント」も２割強増えた。用途別に見ると、全てのセグメントが増加し、特に「カーエレクトロニクス」と「家電・その他」は約３割の伸びを示した。

20年３月期には３０００億円を設備投資に、１１００億円を研究開発に充てる計画で、いずれも前期よりやや上回る額を見込んでいる。業界屈指の投資額となる。

また、大目標の「長期Ｖｉｓｉｏｎ～２０２５年のムラタのありたい姿」を踏まえ、18年に「中期構想２０２１」を策定した。25年に向けては「グローバルNo.１部品メーカー」を掲げ、「自動車市場を通信市場に続く基盤市場と位置付け」、「エネルギー、メディカル・ヘルスケアは長期的な視点で挑戦を続ける」とし、中期構想もこれに準ずる。数値目標として、22年3月期に売上高2兆円、売上高に対する営業利益率17％以上を掲げた。

驚異の利益率

19年3月期の利益率は16・9％であり、過去にたびたび20％を超えた実績もあることから、市場関係者らは、17％という目標について「無理からぬ数値」だと受け止めている。しかし、これは村田製作所ならではの評価であり、製造業、そして同業他社の平均値を大きく上回っている（54ページ参照）。

この抜きん出た利益水準は、祖業、コンデンサの製造販売で、世界シェア1位の座を維持し続けることで達成できている。そして、首位をキープできるのは、コンデンサ製造技術を他社が容易に真似できない堅牢な仕組みで守っているためである。

その仕組みの1つは、材料からプロセス、製造設備までを全て自社で開発し、合理化している「垂直統合型」の生産体制である（32ページ参照）。1960年代後半、MLCCの開発を始めた当初から、このやり方を実践してきた。ただ、これは他の電子部品メーカーも取り組んでいることであり、村田製作所が特異な点としてはもう1つ、約65％と高い国内生産率にある。業界の主流は海外生産比率のほうが過半、中には8割を超えている企業があるのと、逆を行っている。

国内生産を基軸に主力部品を生産することで、比類ない高度な技術力を保っている。村田恒夫社長兼会長も雑誌のインタビューの中で「最先端部品は、車載を含めて日本ですね」と国内と海外の工場の棲み分けを説明している（「村田製作所　なぜ最強なのか」日経ビジネス2019年6月3日号　pp.48-51「最強企業率いる村田製作所社長が語る自らの役割とは」日経BP）。中国などに先端の品を出さないのは、情報漏洩の懸念というよりむしろ、技術的な難しさを考慮した結果だという。19年11月と12月には相次いでMLCCの生産に対応する新生産棟が、出雲村田製作所と福井村田製作所に完成予定となっている。

このMLCCは、スマホ1台に約700個、そしてEV1台には1万個必要とされるという。5G、CASEやIoTが普及すればするほど、村田製作所の活躍の場が広がると言っても過言ではない。

MLCCばかりではない。SAWフィルタやセラミック発振子、ショックセンサなど、村田製作所が世界シェアトップを握る製品は数多く、世界のデジタル化の進展で一層需要が高まっている。

賑わい、夢を提供

社是の冒頭にも「技術を練磨」とある通り、世界首位の地位に甘んじて手を拱く(こまぬ)ことなく部品の性能向上に励み、「オールムラタでモノづくり力を強化する」(中期構想2021)。

そして社是にはこうともある。「会社の発展と協力者の共栄をはかり　これをよろこび　感謝する人びとと　ともに運営する」

感謝する人びと――。部品を納めるセットメーカーであり、その先の最終製品やサービスを受け取る消費者であろう。BtoBの黒子役であっても、村田製作所が認知される機会は増えている。特に、ロボット「ムラタセイサク君」と、その後登場した「ムラタセイコちゃん」、そして「村田製作所チアリーディング部」が、広告塔として活躍している。

社会への貢献も重視している。村田製作所のR&D拠点がある野洲事業所(滋賀県野洲市)は毎年、「シャクナゲ観賞会」を開き、地元住民らを歓迎している。20年には横浜市に地下2階、地上18階の研究開発拠点「みなとみらいイノベーションセンター」が完成する。製品の基礎研究、設計力強化に加え、一般の来場者が楽しめる賑わい施設としての役割をも担う。電子工作教室などを開催してモノづくりの面白さを伝えるとともに、子どもの「理数離れ」にも歯止めをかけたいとしている。

村田製作所のあゆみ

1944年	故村田昭氏が個人経営の村田製作所創業、セラミックコンデンサ製造開始
50	株式会社村田製作所に改組
63	ニューヨーク駐在事務所開設
65	米国に販社設立
70	東証と大阪証券取引所で１部上場
75	ヨーロッパ駐在事務所開設
87	野洲事業所開設
88	独に欧州統括会社設立
	横浜事業所開設
89	電気音響吸収合併
92	中国（北京）駐在事務所設立
99	東京支社開設
2004	オランダに欧州統括会社設立（独統括会社の機能移管）
05	中国に中華圏販売統括会社設立
07	本社敷地内に研究開発棟竣工
13	水晶部品の東京電波を完全子会社化
14	東光を連結子会社化、16年完全子会社化
16	指月製作所と資本業務提携
17	ソニー・エナジー・デバイスの電池事業買収

用途別売上高

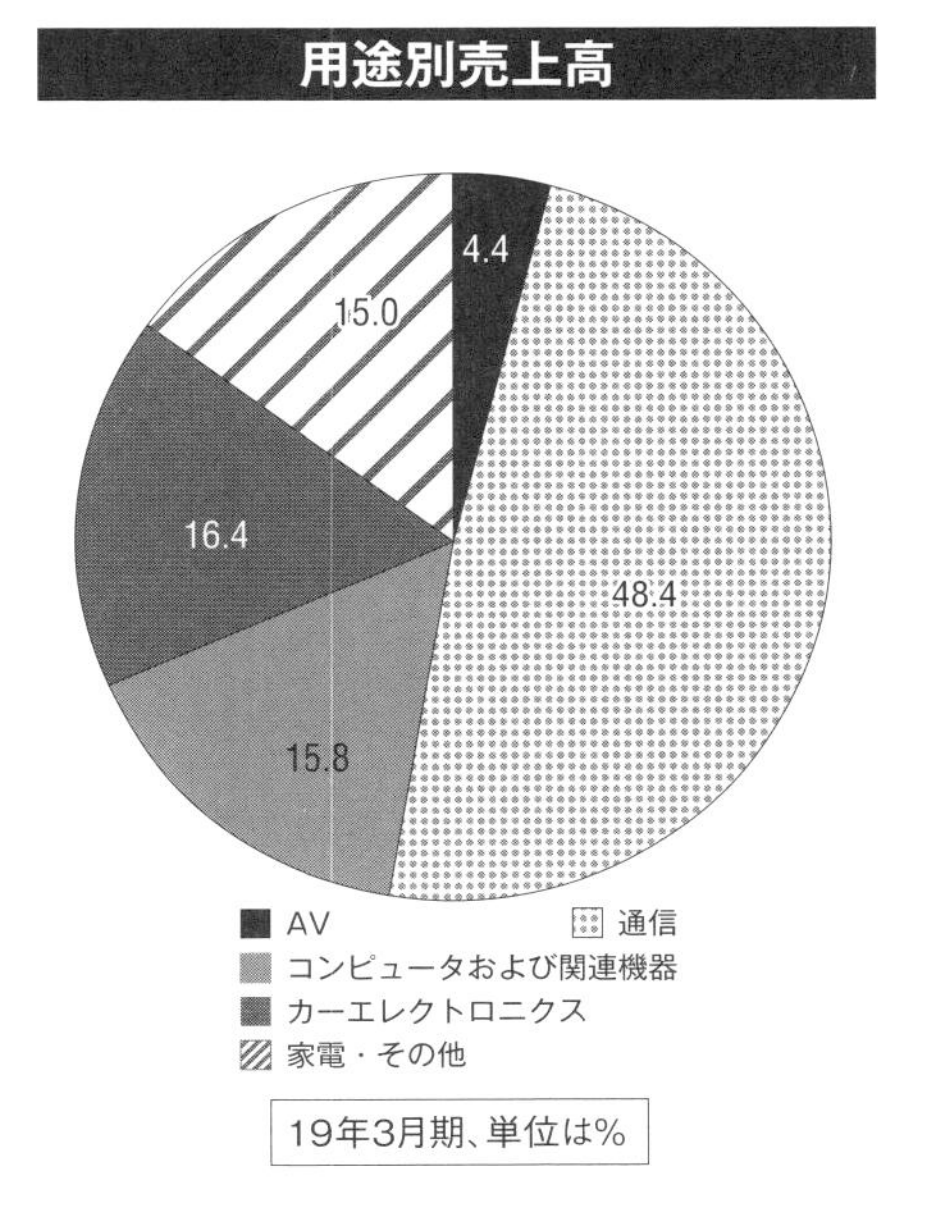

19年3月期、単位は%

業績の推移

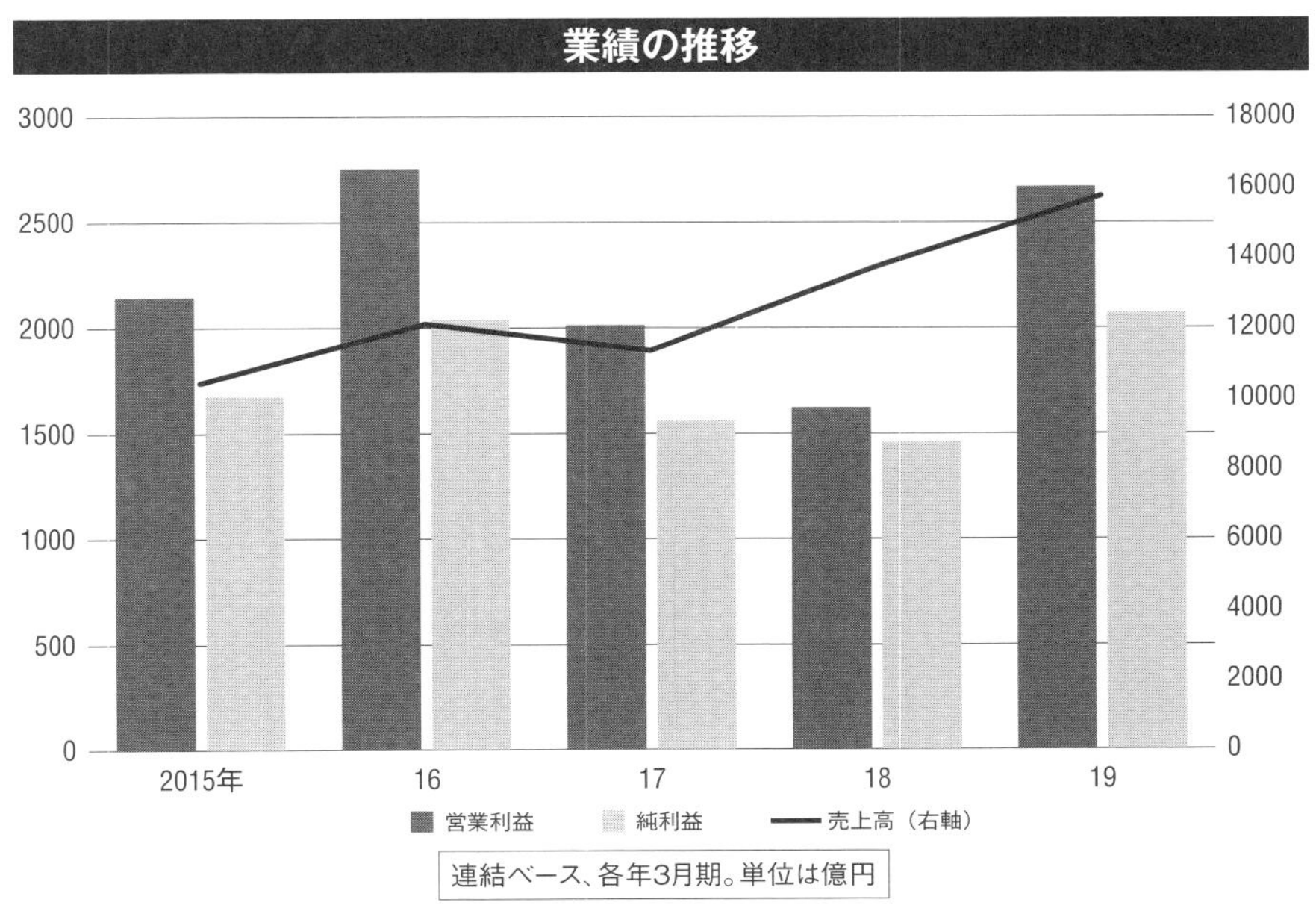

連結ベース、各年3月期。単位は億円

3 日本電産
――世界屈指のモータメーカー、目標売上高10兆円

21年に売上高2兆円へ

「ブラシレスDCモータの世界シェアNo.1メーカー」を標榜して成長を続ける、電子部品業界で最も勢いのある企業の1社である。ウェブサイトで自ら「M&Aの歴史」という項目を設けている通り、買収を繰り返すことで発展してきたことも特徴として挙げられる。ADASなど自動車産業向けや、工場の省力化でのロボットや医療介護の現場、IoTなどモータが必要となる場面は多く、幅広い需要が見込まれている。

2019年3月の連結決算は、売上高が前期比2・0%増の1兆5183億円、営業利益は16・9%減の1386億円、純利益は15・3%減の1107億円となった。当初は過去最高益の予想を出していたが、19年1月に一転、下方修正を発表した。米中貿易摩擦を背景とした中国の景気減速がもろに響いて需要が萎んだといい、発表の席で永守重信会長兼CEOは「11月、12月とガタンガタンと落ち込んだ」と事業環境の急変に嘆息した。

毎度他の電子部品メーカーに先駆けて決算発表をすることでも知られ、永守氏の発言や決算内容は、同業他社の業績や展望を推し量る上でも注目されている。

永守氏は18年6月に創業後初めて社長職を禅譲したものの、節目の記者会見には登場し、「永守節」は健在である。曰く「(新社長への)権限委譲に10年はかかる」として後継者の育成に意欲を示している。

10兆円への道筋

先行きについては明るい材料が少なくない。21年3月期には売上高2兆円、さらに31年3月期には10兆円という高遠な目標を掲げている。社長を退いた永守氏もその目標達成まではCEOとして経営に携わる方針でいる。

18年に後進に道を譲ったのは「売上高10兆円を達成するための序章」(永守氏)と言い、車載事業で手腕を発揮してきた新社長の吉本浩之氏に、同事業のさらなる伸長の期待を込める。

自動車の電装を促す「脱炭素化」のほか、「ロボット化」「省電力化」、そしてドローンなどによる「物流革命」の4つの大波が来ているとし、いずれもモータの需要拡大につながると見ている。

特に車載分野を成長の一丁目一番地に据え、21年3月期の売上高を現状の約2倍、6000億円まで伸ばすとしている。新規M&Aを含めた上乗せ分を加え、7000億~1兆円も視野に入れている。19年4月には車載電装部品を手掛けるオムロンの子会社を約1000億円で買収すると発表するなど、攻勢を強めている。買収件数は60を超え、特に10年以降に加速し、30件余りを手掛けた。その多くは欧米をはじめとした海外メーカーに集中している。

車載に力を入れる理念として「交通事故ゼロを実現」を掲げているのと同様、高齢化への対応も喫緊の社会的課題として取り組みを強化していく。介護分野で導入が進むパワーアシストスーツの駆動装置や、日用品の配送にも普及が期待されるドローンに使うモータなど、納品機会は増えている。

また、業界をまたいでIoTや5Gが進展し、半導体チップがますます稠密(ちゅうみつ)化していくことに伴い、大量の熱を冷やすためのファンモータの引き合いも高まっている。そうした「サーマルマネジメント」(熱管理)も伸びる市場と見ている。18年には放熱部品を手掛ける台湾の大手、超衆科技(CCI)の半分近い株式を160億円ほどで取得、大容量サーバや車載コンピュータなどに販路を見いだしていく。

軽薄短小で潜在需要を先取り

他業界に比べて創業からの年数が短い企業が多い電子部品業界の中でも、日本電産は創業46年ほどと特に若い。モータ一筋でやると一念発起した永守氏が1973年に立ち上げたが、当時は第1次オイルショック（石油危機）で、日本が高度経済成長期に終止符を打つほどの大打撃を受けた時代だった。

永守氏はチャンスは米国にあると信じ、単身渡米して受注を取り付け、会社が成長するきっかけを掴んだ。その後、「軽薄短小」という電子部品産業のトレンドを忠実に守り、HDDのモータを極小化していくことでPC部品としての需要を取り込み、急成長を遂げていった。

永守氏は「情熱、熱意、執念」「元日以外364日働く」「一番以外はビリ」といった語録を残し、その多くは「モーレツ」な仕事ぶりを覗かせる。だからといって経営方針が時代錯誤というわけではなく、時代の要請や社会情勢を見極め、臨機応変に会社の仕組みを見直していく柔軟性も持ち合わせているように、同社社員とのやり取りからも感じられる。

福利厚生の仕組みとして、在宅勤務を取り入れているほか、新入社員は入社後、3カ年育成プログラムに沿って計画的にステップアップを図る。16年には20年までに残業ゼロを実現すると打ち出し、1000億円を投じて働き方を変えていくとしている。

そうした柔軟さを生み出す素地として、「最大の社会貢献は雇用の創出であること」という経営理念が役立っているとも言える。すなわち、雇用への積極姿勢は新卒採用に限らず中途採用にも表れており、電子情報産業のほか、銀行や自動車などの大手企業からの転職者も少なくない。彼らが新風を吹き込み、企業風土に良い影響を与えているといった声も聞かれる。

事実、新社長の吉本氏は日産自動車から移り、自動車業界に詳しい実力者として手腕が買われた。また、経営危機に瀕したシャープからも、鴻海精密工業の傘下に入る直前に幹部や社員100人超が日本電産に移った。

日本電産のあゆみ

1973年	京都市西京区に設立、創業時は４人
76	米国現地法人設立
88	大阪証券取引所２部上場
98	東証１部上場
2003	中央開発技術研究所完成
12	中央モーター基礎技術研究所開設
18	生産技術研究所１期新棟開設
19	車載電装部品のオムロン子会社買収

製品グループ別売上高

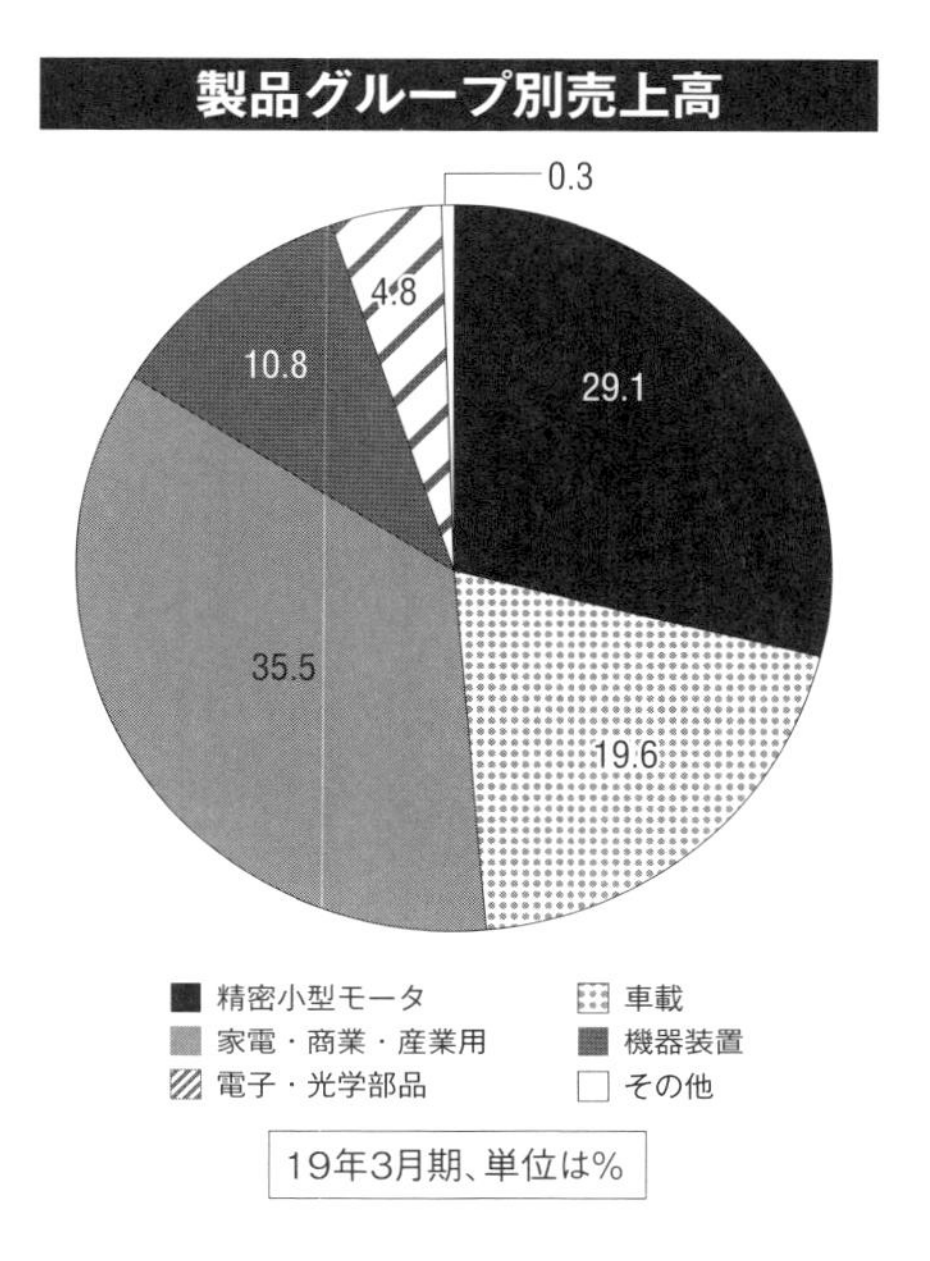

19年3月期、単位は%

業績の推移

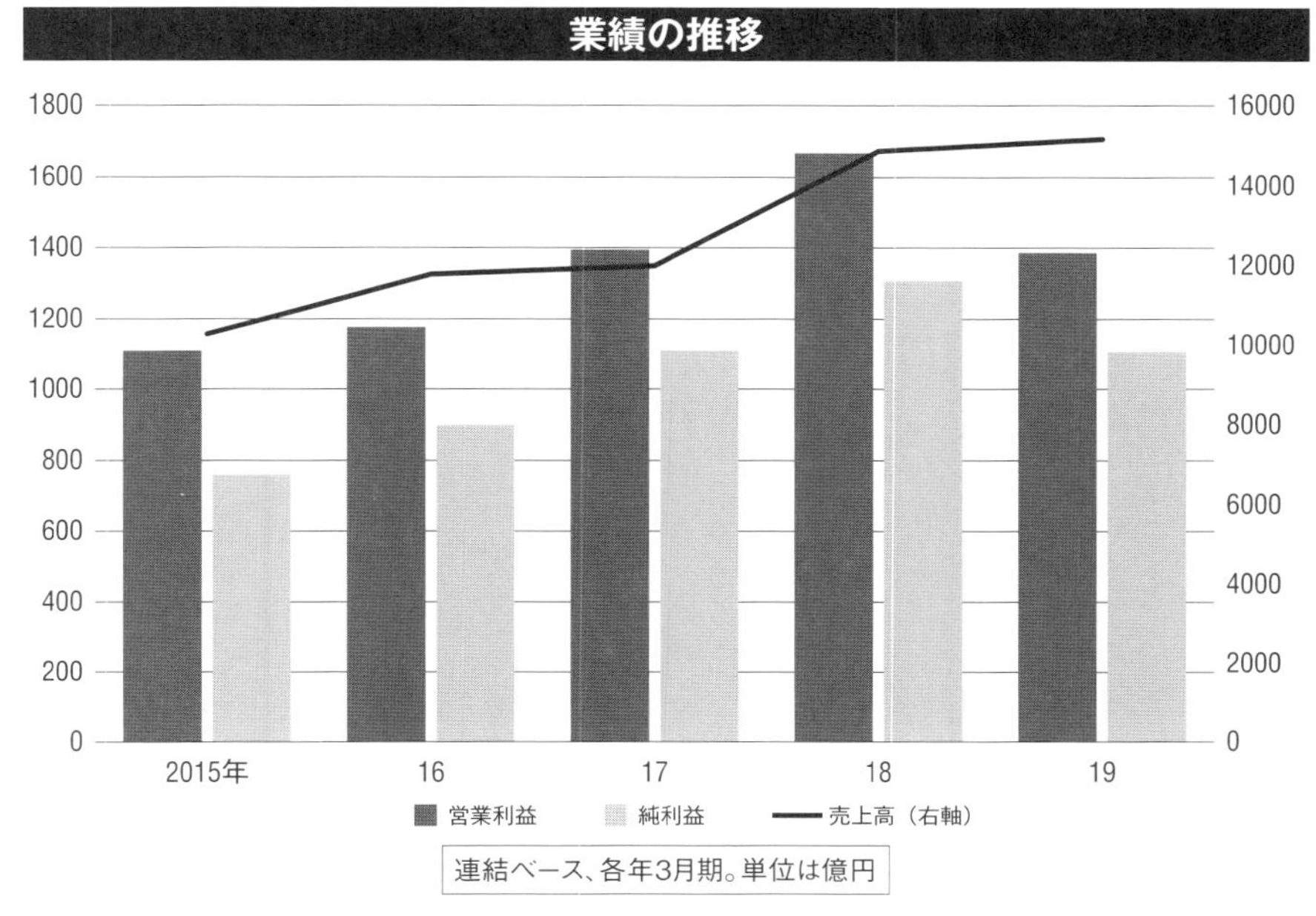

連結ベース、各年3月期。単位は億円

4 TDK——ポートフォリオ組み直し、センサ事業強化

過去最高の業績

磁気ヘッドに強みを持ち、コンデンサやコイルのほか、リチウムイオン2次電池を手掛け、堅調に業績を伸ばしている。稼ぎ頭だった高周波部品を譲り渡す一方で、その売却益を元手にセンサ事業を強化して一段の発展を遂げる。

2019年3月期連結決算は、売上高が前期比8・7%増の1兆3818億円となり、6年続けて過去最高を更新した。営業利益は20・2%増の1078億円、純利益は29・5%増の822億円となり、好調を維持した。自動車の電装化の進展を受け、受動部品のうちコンデンサが伸びたほか、2次電池を含むエナジー応用製品が堅調で全体の業績を押し上げた。

ただ、20年3月期を展望すると、「短期的には、米中貿易摩擦に端を発した中国経済の減速や、ブレグジット（英国のEU離脱）など欧州政情不安によるマクロ経済への影響が継続する」（石黒成直社長）として注視している。

現在19年3月期～21年3月期の3カ年中期経営方針「Value Creation 2020」に沿って計画を進めており、最終年度に売上高1兆6500億円を目指す。営業利益率は10%以上（19年3月期は約8%）に引き上げていく。

そのため、3年で5000億円の設備投資を行い、成長市場と捉える「自動車」「ICT」などに力を注ぐ。

買収攻勢と事業ポートフォリオ見直し

00年代以降、買収を積極化し、近年も攻勢は続く。特に成功したのは05年の香港ATLの買収で、同社の2次電池は、米アップルのiPhoneなどにも採用されてきた。電池を含むエナジー応用製品は電子部品を上回る収益の柱となった。

一方、TDKの成長を牽引してきた磁気ヘッドは、採用先のHDDの需要が低迷している。世界的なIoTの導入拡大を見据え、HDDの高機能化に資する部品を開発できるかが焦点となる。

中期経営方針では、そのHDDに代わって、随所にセンサの言葉が躍る。創業以来培ってきた「モノづくり」を基盤に、センサや電池など異なる技術と製品を組み合わせ、ソリューションを生み出す、「コトづくり」の会社へと脱皮していく方針だという。

その上で大きく貢献していくと期待されているのが、17年以降に相次いで買収したインベンセンスやアイシーセンス、チャープ・マイクロシステムズなどのセンサ企業である。特にインベンセンスはファブレスのベンチャーながら高い技術力が買われている。その幹部らの面々がTDKの「CSR重要課題」を挙げたウェブサイト内で事業を紹介するなど、存在感を放っている。

TDKは非中核と位置付ける事業からは「戦略的撤退」を繰り返している。10年代以降、有機ELディスプレイ事業やブルーレイ事業などを手放し、ポートフォリオの適正化を図ってきた。

16年から17年にかけ、RF（Radio Frequency：高周波）部品事業を切り出し、米半導体大手クアルコム（Qualcomm, Inc.）と設立した合弁会社「RF360ホールディングス」に移した。TDKのRF部品は高収益を上げていたが、事業の成長性、持続性に照らし、良いコンディションのうちに売り抜く道を選んだ。受動部品をはじめ電池や非接触給電、センサなどの重点技術分野でクアルコムとの提携を広げていくとしている。

進む企業のグローバル化

相次ぐ外資企業の買収にもうかがえるように、TDKは海外展開が進む電子部品業界の中でも1、2を争うグローバル企業である。それは海外売上高比率、海外従業員比率がともに90%を超えている数値にも如実に表れている。特に00年代に入って欧米を中心とした外資系を多く傘下に収めた。

そうしたことも背景に、TDKグループは多様性を尊重するマインドが根付いた企業風土で、「異なる考え方にこそ価値を認めること」「組織や個人間の対立を恐れず、誠意をもって意見をぶつけ合うこと」を行動指針に掲げる。

また、行動指針の別のカテゴリ「挑戦」に、「動いた結果の失敗を成長の糧とする風土」「困難を乗り越えて最後までやり抜こうとする意欲」がある。「フェライト」の工業化を目指して創業した、いわば「ベンチャー企業」としての矜持(きょうじ)があり、チャレンジスピリットを重んじる。社内ベンチャーの立ち上げを支援する「事業創造提案制度」があるのも、同社の起業家精神を印象付けている。企業価値向上につながる新事業に対して必要なリソースを提供する制度で15年4月に導入、同時に事業プランの立案をサポートするための新事業創造研修も開講した。

採用サイトで先輩社員らは「Challenger」として紹介されている。就職希望者らもそうした「挑戦者」の姿勢が求められるだろう。研修制度は入社前の「内定者教育」に始まり、入社後は「新入社員研修」「入社3年次研修」「製造実習」といったメニューを用意し、さらに「経験者採用研修」「係長育成研修」「新任課長フォロー研修」など階層別メニューが充実している。

加えてスキルアップなどの自己投資を後押しする「資格取得奨励制度」「通信教育奨励制度」のほか、「異文化コミュニケーション研修」「海外トレーニー制度」、中には「モノづくり伝承塾」といったユニークな内容もある。いずれも「創造によって文化、産業に貢献する」という社是に沿って設けられている。

TDKのあゆみ

1935年	東京電気化学工業として設立
61	東証1部上場
65	ニューヨークに現地法人設立
68	世界初の音楽用カセットテープ開発
83	TDKに社名変更
86	磁気ヘッドのSAE Magnetics買収
2005	ATL買収
16	磁気センサ開発のMicronas買収
	MEMS設計製造のTronics買収
	クアルコムに高周波事業一部譲渡
17	IC設計サービスのICsense買収
	センサのInvenSense買収
18	超音波3Dセンサーの Chirp Microsystems買収
	車載強化で戸田工業と資本業務提携

セグメント別売上高

31.4
5.5
19.7
38.9
4.5

受動部品　センサ応用製品　磁気応用製品　エナジー応用製品　その他

19年3月期、単位は%

業績の推移

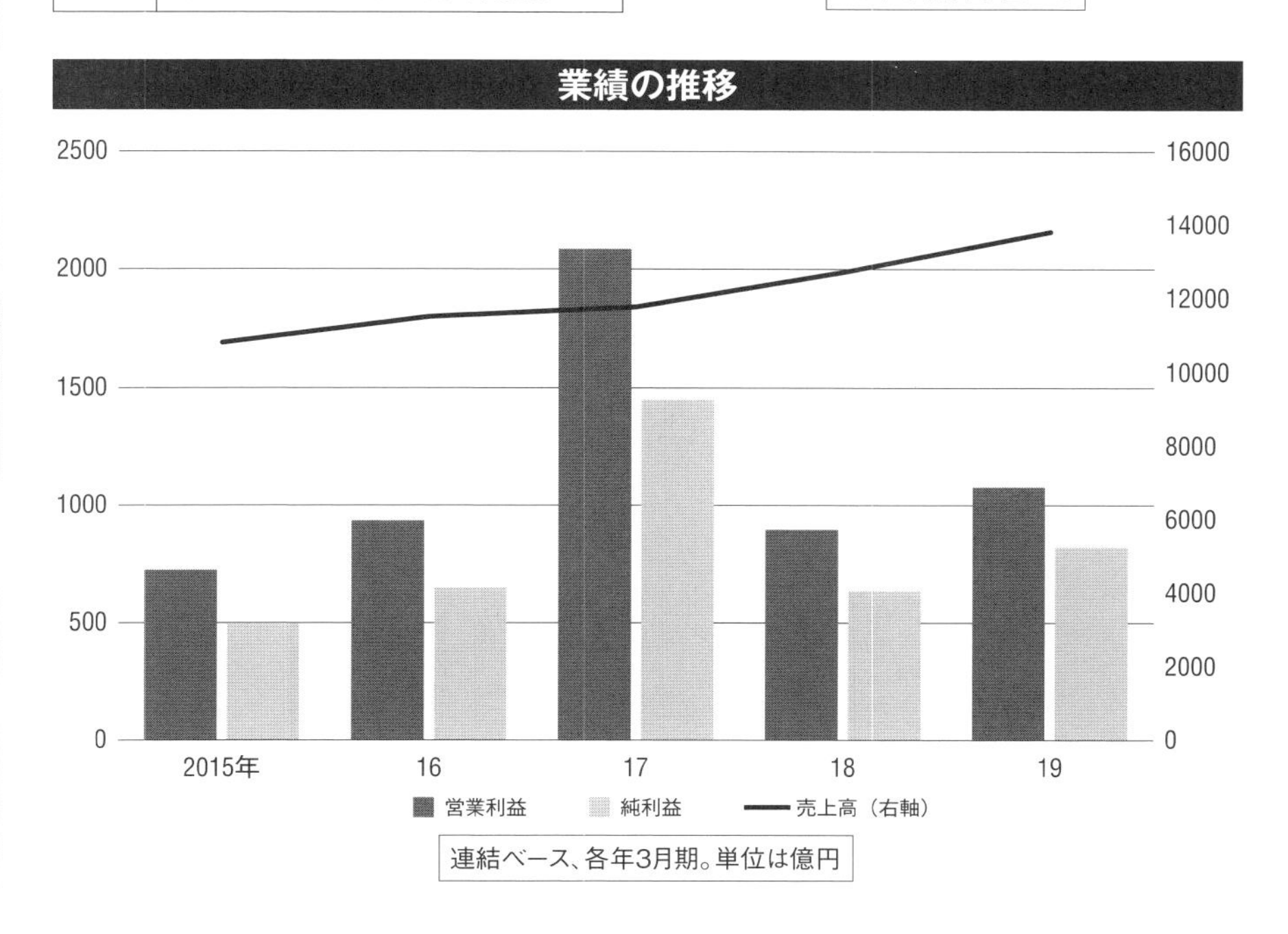

連結ベース、各年3月期。単位は億円

ミネベアミツミ
——車載への傾斜強める

総合部品メーカーに成長

ボールベアリング（玉軸受）世界シェアトップのミネベアと、スイッチなどの部品供給に強みを発揮してきたミツミ電機が２０１７年に経営統合して誕生した。ミネベアの超精密機械加工技術と、ミツミのエレクトロニクス技術を融合させた「エレクトロ・メカニクス・ソリューションズ」を通じ、総合精密部品メーカーとして、ＩｏＴ時代への貢献を目指す。19年には自動車部品ユーシンを傘下に入れ、事業領域をさらに広げていく。

19年３月期連結決算は、売上高が０・４％増の８８４７億円、営業利益が４・５％増の７２０億円、純利益が19・５％増の６０１億円となった。頭打ちとなっているスマートフォン市場を背景とした液晶用バックライトの不振などで電子機器事業が苦戦したが、機械加工品事業とミツミ事業がともに増収増益で下支えした。

10年先を見据えて

中期事業計画では20年３月期に売上高１兆円を突破、21年３月期に１兆１０００億円、22年３月期に１兆２０００億円と積み増していくとしている。営業利益は、21年３月期に１０００億円、22年３月期に１１００億円を目指す。

特に25％超の高い営業利益率を示す機械加工品事業はさらに力を入れていく。そうした高収益の事業を核として、高い技術力と成長分野の製品に組み込み、多角化経営を加速させる。

ミネベアミツミは、「市場規模が大きいこと」、「永続性があり簡単になくならないこと」、「ニッチ分野で存在感が出せること」の3つの基準に合致して収益性が見込める分野を定めてきた。すなわち、①ベアリング、②モータ、③センサ、④コネクタ／スイッチ、⑤電源、⑥無線／通信ソフトウェア、⑦アナログ半導体の7つで「7本槍」と呼んで注力してきた。今回さらにユーシンの傘下入りを踏まえて⑧アクセス製品を追加し、「新8本槍」との戦略を打ち出している。

特に③～⑦は電子部品をはじめとするミツミ事業が本領を発揮する分野として、大胆に新領域に切り込んでいく。ミツミは長きにわたって任天堂を得意先とし、ゲーム機に一日の長があったが、ＩｏＴ社会の成熟を機に脱皮を図る。

車載部品の分野では、ユーシンの貢献で20年3月期に前期の2倍の2700億円まで伸びると見ている。先端テクノロジーが必要とされる医療・健康分野も、「事業機会の宝庫」と位置付け、ベッドセンサなどを高齢者の見守りなどに役立てるとしている。実証実験で提携していたリコーと共同開発した、高精度センサをベッド脚に取り付けたシステムの提供を18年7月に始めた。効率的、先読みの見回り業務ができ、利用者のストレスを減らすことができると同時に、介護施設側の業務軽減につながるとしている。

この「ベッドセンサーシステム」に加え、被照射物を引き立たせる新型ＬＥＤ照明器具「ＳＡＬＩＯＴ」（サリオ）と、無線で調光を行う道路灯などを通じて将来的にＩｏＴのプラットフォームになり得る「スマートシティソリューション」の3つを、「新製品三羽烏」と呼び、海外への拡販も含め、売り込みをかけていく。

さらに「次の10年」に向けては、売上高2兆5000億円、営業利益2500億円規模を目指す。これまで成長の鍵となってきたM＆Aを、今後も積極的に活用する。特に車載部品分野は売上高5000億円まで上積みしていく。

遊び心で示した匠の技

「『一本の指の上でハンドスピナーを回す最長時間』のギネス世界記録を達成しました」

ミネベアミツミは18年1月、そんなユニークなリリースを発表した。一般的なハンドスピナーは3枚刃のブーメランのような形をした、指先でくるくる回して遊ぶおもちゃで、「ユーキャン新語・流行語大賞2017」にもノミネートされた人気商品だった。そのブームに乗り、ベアリングやホイールリングを使い、宇宙開発に携わる三菱プレシジョン（東京）と共同制作した。「超精密と宇宙品質（ミクロとマクロ）のコラボレーションで、究極の回転持続時間を実現」したといい、24分46・34秒の記録を出した。同日には、外径1・5ミリのボールベアリングを使った指先に乗るほどのハンドスピナーが、世界最小としてやはりギネスに認定されたと発表、高度な匠の技をあらためて世界に知らしめた。

そうした遊び心を持ちつつ、ミネベアミツミは技術力を営々と磨き続けてきた。現在、外径1・5ミリのミニチュア・小径ボールベアリングやリチウムイオン電池保護ICといった極小部品で世界シェアトップに立ち、抜きん出ている。ミニチュア・ボールベアリング専門メーカーとして1951年に創業後、70年代半ばから国内外でM&Aを積極化させ、総合精密部品メーカーへと進化してきた。このたびユーシンが加わり、成長段階を新たな次元へと高めていく。

新入社員は1年目に社会人としてのマナー、仕事への姿勢や進め方を習得する「新入社員研修」を行うほか、11年度からは国内営業部向けに、若手が新入社員の教育担当となり、半年間教育指導をする「ブラザーシスター制度」を導入している。

さらに入社2年目は、自身の目標を立て、自立的かつ継続的に成長していく方法を学ぶ「若手社員研修」、5年目は中堅社員として求められる役割と行動について理解する「中堅社員研修」があり、その後も「新任係長職研修」「新任課長職研修」と段階的にきめ細かく人材育成に当たる。

ミネベアミツミのあゆみ

	ミネベア	ミツミ
1951年	日本ミネチュアベアリングとして創業	
54		三美電機製作所として創業
59		ミツミ電機に社名変更
61		ニューヨークに駐在員事務所開設
67		東証１部上場
68	米現地法人設立	
70	東証１部上場	
81	ミネベアに社名変更	
2002		東京・多摩の新社屋に本社移転
15	ミネベアとミツミ電機、経営統合で基本合意	
17	経営統合	
19	ユーシンをTOBで買収	

セグメント別売上高

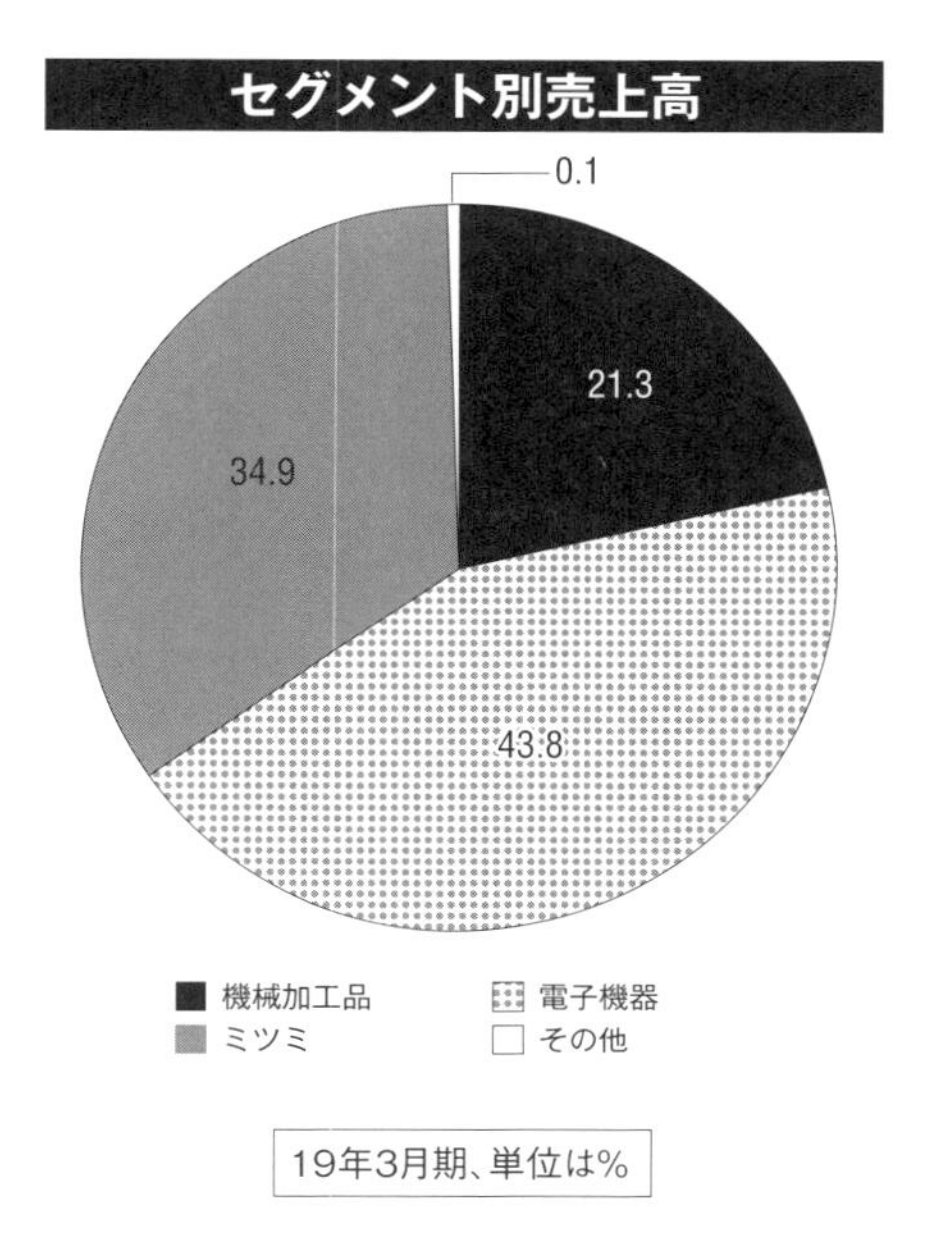

19年3月期、単位は%

業績の推移

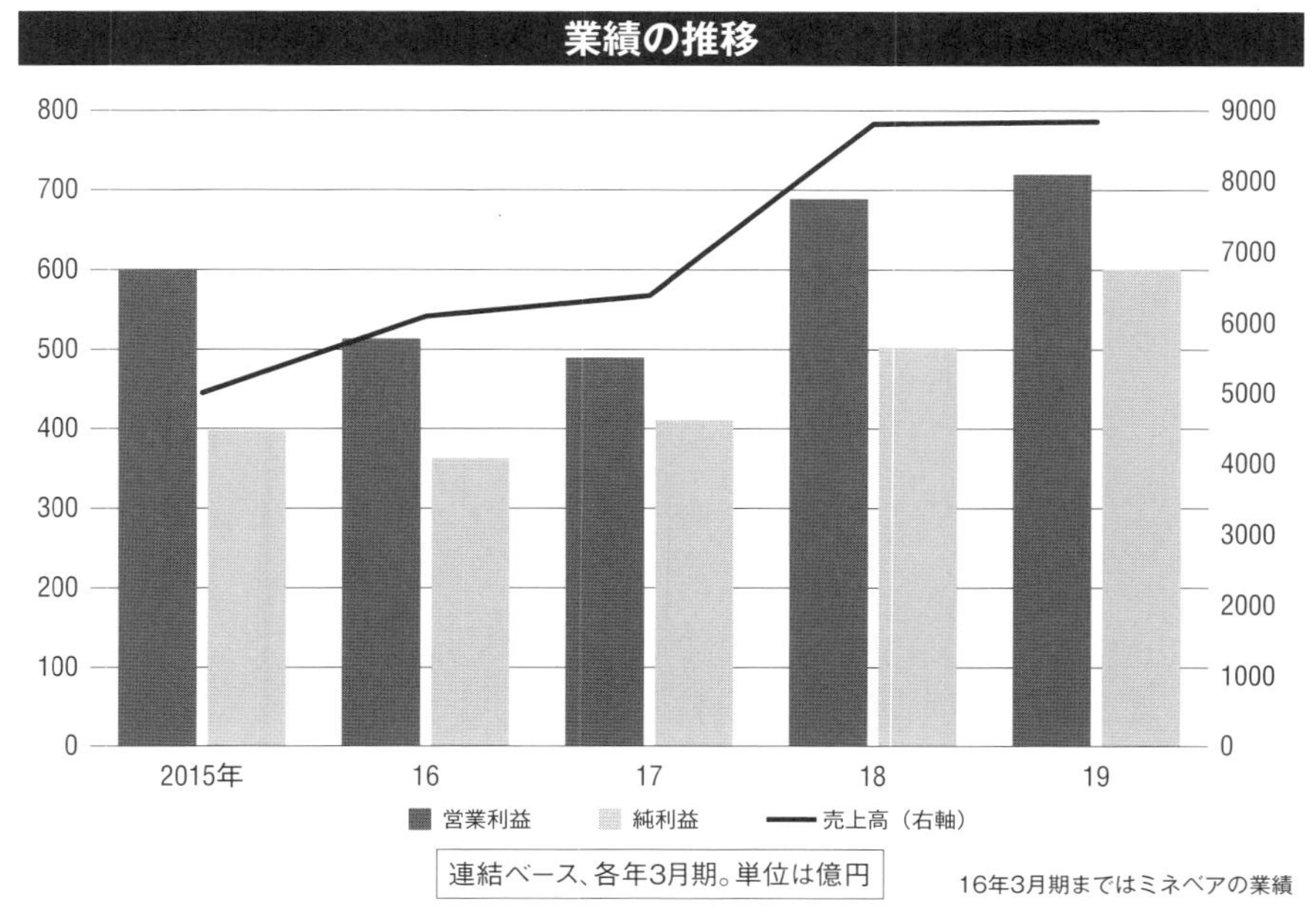

連結ベース、各年3月期。単位は億円

16年3月期まではミネベアの業績

6 オムロン——車載事業譲渡、制御機器とヘルスケアに強み

事業の多角化進める

レントゲン写真撮影用タイマの製造に始まり、スイッチや信号機、駅のシステムなどでさまざまな「世界初」を世に送り出してきた。半世紀前に創業者が考案した未来予測を羅針盤とし、時代を先読みして社会のニーズに応えることを経営課題としている。中核のセンシング技術と制御技術を強化する一方、車載事業は譲渡するなどポートフォリオを組み直し、IoT全盛の時代を迎える中で新たな成長段階に入る。

2019年3月期連結決算は、売上高が過去最高だった前期から0・1%減とほぼ横ばいの8594億円だった。純利益も前期に631億円と過去最高だったが、14・0%減の543億円で、営業利益は11・2%減の766億円だった。ヘルスケア事業や社会システム事業は堅調だった一方、主力の制御機器事業や電子部品事業の落ち込みが響いた。

現在は「10年先を見据えた必要な投資」として、特に制御機器事業の生産・開発拠点を整備していき、スペースは現在の1・5倍まで拡張していく。同事業は売り上げ全体の約半分を占め、営業利益率も20%に迫る稼ぎ頭となっており、さらに積み増しを図る。また、京都市にオープンイノベーションの拠点を増設するなど、国内拠点の強化は19年内に完了させるとしている。

こうした計画は11年に策定した20年を見据えた長期ビジョン「Value Generation 2020（VG2020）」と、その後の社会の変化を踏まえた18年3

月期～21年3月期の4カ年中期経営計画「VG2・0」に沿って進められている。「VG2・0で目指す姿」としては連結売上高1兆円、営業利益1000億円が掲げられていた。

注力領域を再編

しかし19年4月、収益の柱の1つ、車載事業を担うオムロンオートモーティブエレクトロニクス（愛知県小牧市）と関連会社を日本電産に売却すると発表した。10月末をめどに譲渡手続きが完了すると見込まれる。

中期計画では注力する4つの領域の一角に車載の「モビリティ」を据えていたが、事業売却に伴い戦略を見直した。今後は、いずれも競争力があってシェアが高い「ファクトリーオートメーション」「ヘルスケア」「ソーシャルソリューション」の3領域に資源を集中させていく。

M&Aや譲渡を通じたポートフォリオの最適化はオムロンにとって珍しいことではない。VG2020を策定した11年以降だけでも10を超す案件がある。制御機器、ヘルスケアの企業買収が相次いだ一方、キャパシタなど電子部品の事業譲渡などを行い、選択と集中を図ってきた。車載事業の譲渡もそうしたポートフォリオ見直しの一環だが、「売却で得られるキャッシュは成長投資に活用する。制御機器事業、ヘルスケア事業を中心に、中長期的な企業価値向上に取り組んでいく」（山田義仁社長）。

制御機器事業は「i-Automation!」と呼ぶモノづくり革新のコンセプトを掲げ、売り込みをかけている。「i」は機械を高速、高精度、円滑に制御するための進化を表す「integrated」、情報により設備を知能化させる「intelligent」、人と機械の新たな協調を示す「interactive」の3つの「i」だとしている。特に、自動車を制御する電子基板の品質を確かめる「X線基板検査装置」や、モバイルロボット、協調ロボットが好調な売れ行きとなっている。

ヘルスケア事業も、世界シェアの約半分を占める主力製品、血圧計が年率10%で伸びている。心電計を兼ね備えたタイプなど品揃えを充実させている。

ソーシャルニーズに応える

残りの注力する領域「ソーシャルソリューション」は、売上高に占める比率は10%に満たないが、創業以来の理念を体現する事業とも言える。すなわち、創業者立石一真氏が掲げた「社会に貢献してこそ存在する意義がある」と、公器としての企業活動を追い求める姿勢である。「世に先駆けて新たな価値を創造し続ける」という価値観を大事にするとしている。

1960年代に取り組んだ、定期乗車券と普通乗車券の両用自動改札機の導入による世界初の無人駅システムや、当時世界一小さい電卓の開発を通じた大衆化などはその数例である。オムロンの技術の粋を集めたロボット「フォルフェウス」が2016年、世界初の「卓球コーチロボット」(First robot table tennis tutor) としてギネス世界記録に認定されたのも、「先駆ける」精神を象徴している。

先導してきた立石氏は生前の1970年、独自の未来予測に基づく「サイニック理論」を打ち出していた。社会情勢や科学技術の動向をつぶさに捉え、時代が進む方向性や速度を的確に見据えたロジックは、今も経営に生かされ、さらには現代社会において再注目されている。

「未来に向けてさらなるソーシャルニーズを創造していく」として、全社のイノベーション創出を加速する役割を担う「イノベーション推進本部」を2018年3月に設立、事業部門や本社機能部門と連携して近未来の社会をデザインし、戦略策定、事業検証まで一気通貫で行う。さらに「近未来デザイン」を担う新会社「オムロン　サイニックエックス」(東京) を設立し、10年かもっと先を見据えたFAの将来像などを議論している。

そんなオムロンの社風は「何はなくとも、チャレンジ精神」「おおらかで、風通しのいい風土」「まじめに、人を大切にしています」だという。

ちなみに、社名は本社のあった京都・御室(おむろ)に由来する。

オムロンのあゆみ

1933年	大阪市で立石電機製作所創業
45	京都市に工場移転
48	立石電機に社名変更
59	商標をOMRONと制定
65	大阪証券取引所1部上場
66	東証1部上場
86	米国に北米地域統括会社設立
90	オムロンに社名変更
94	中国に地域統括会社設立
99	事業部制廃止、カンパニー制導入
2002	中国で電子部品生産会社稼働
03	オムロンリレーアンドデバイス設立
	「京阪奈イノベーションセンタ」設立
	オムロンヘルスケア設立
10	オムロンスイッチアンドデバイス設立
	オムロンオートモーティブエレクトロニクス（OAE）設立
	オムロンソーシアルソリューションズ設立
15	Delta Tau Data Systems買収
	米Adept Technology買収
17	韓国地域本社設立
	米Microscan Systems買収
18	オムロン　サイニックエックス設立
19	OAEを日本電産に譲渡

事業別売上高

45.9
11.7
15.3
8.8
13.5
4.9

制御機器　電子部品　車載
社会システム　ヘルスケア
その他（環境事業、電子機器事業、バックライト事業）

19年3月期、単位は%
※調整前の合計額から算出

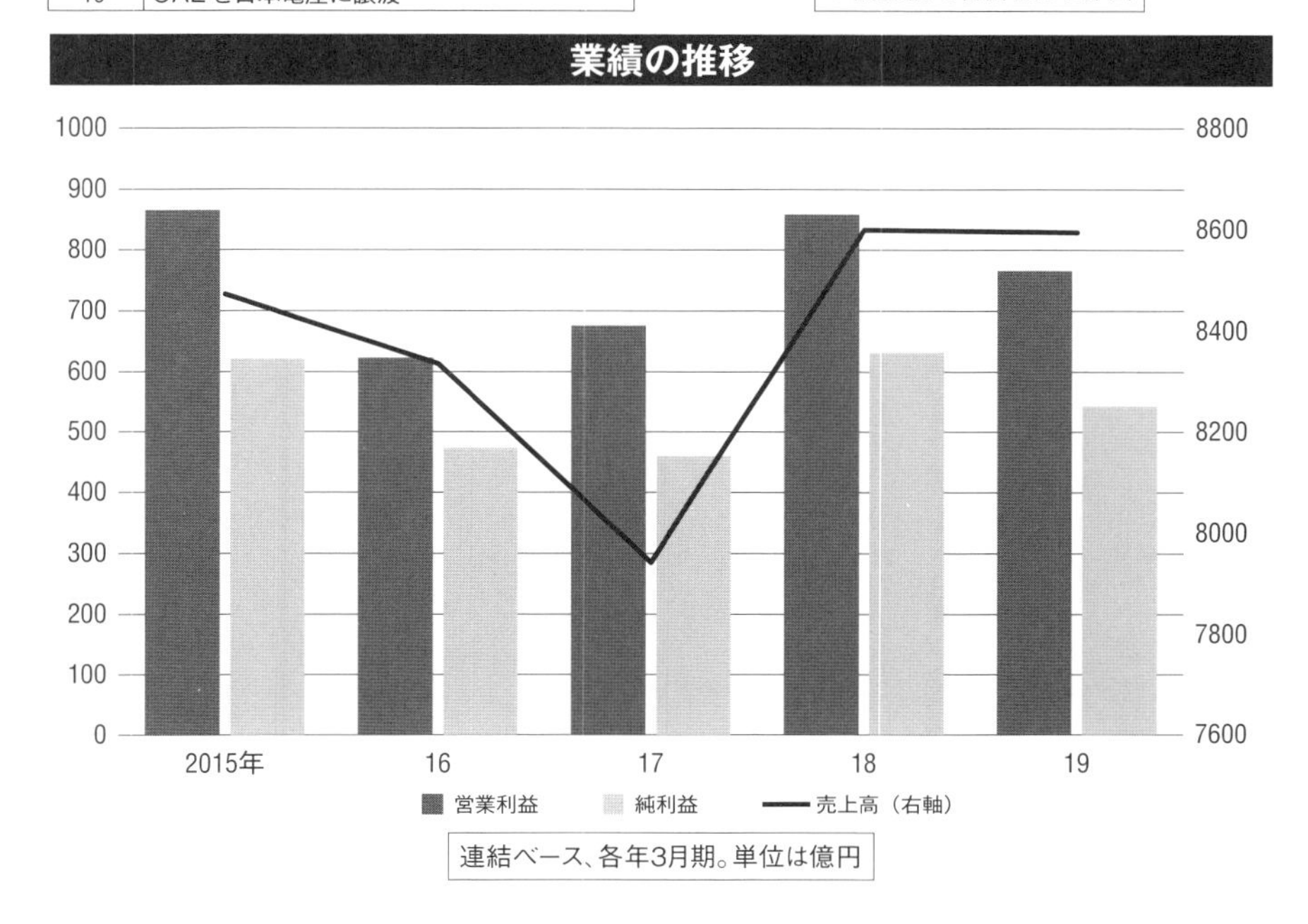

7 アルプスアルパイン
——経営統合した両社の強み「部品の総合力」

経営総合でカンパニー制

多様な電子部品を取り揃えるアルプス電気と、連結子会社で車載機器のソフト開発に優れるアルパインが2019年1月に経営統合し、両社がカンパニーとしてぶら下がる事業持ち株会社制に移行した。CASEをはじめとする自動車産業の変革を商機と捉え、双方の得意分野を組み合わせ、相乗効果を発揮していく。

2019年3月期連結決算は、売上高が0・8%減の8513億円、営業利益が31・0%減の496億円、純利益が53・3%減の221億円の減収減益だった。スマートフォンが低成長期に入ったことから、スイッチやカメラレンズ用アクチュエータなどの部品販売が振るわなかった。米中貿易摩擦に伴う景気減速も響いた。

セグメント別では、電子部品事業が55・0%、カーナビなどの車載情報機器事業が35・7%となり、残りは物流やその他の事業となっている。

一方、19年4月に公表した20年3月期~22年3月期の中期経営計画「革新的T型企業〝ITC101〟」では、経営統合に伴う効率化などにより計200億円のコスト削減を織り込む。さらに次期3カ年を見据えた計画では、25年3月期に連結売上高1兆円、営業利益率10%を目指していく。この間、電子部品事業は右肩上がりで伸びる青写真を描く一方、「インフォテインメント」を担う車載情報機器事業は概ね横ばい圏で推移すると見ている。ただ、大きな括りで車載向けか非車載向けかで大別すると、車載向けは65％前後と全体売り上げの3分の2を占める。

変革の波を捉える

同社の分析では、スマホなどのモバイル分野は成長期から成熟期に入った。一方で、スマホと同じような高成長が見込める分野として、「ＣＡＳＥ／Ｐｒｅｍｉｕｍ　ＨＭＩ（Human Machine Interface）」、「ＥＨＩ（Energy, Healthcare, Industry）およびＩｏＴ」などに人材や研究開発費を集中させていく。

特に「自動車での快適性の実現が中心だった電子部品は間接的に、『走る、曲がる、止まる』という基本性能に関連する分野へと広がっていく」（栗山年弘社長）として、「品質」の確保を最重要課題としつつ、供給体制の強化に取り組む。

ＣＡＳＥの「Ｃ」＝コネクテッド（Connected）に欠かせない5Ｇの進展を見据え、通信ネットワークモジュールや通信ユニットのＴＣＵ（Telematics Control Unit）を拡販していくほか、各種センサも手掛ける。経営統合の狙いもこの成長分野の取り組みを加速させることにあり、アルプスの各種部品に、アルパインのソフト開発力を組み合わせて付加価値の高い商材を、タイムリーに供給していく。

経営統合した1月にはＣＥＳ（40ページ参照）に出展し、両カンパニーの強みを備えた車載技術を紹介した。

ＥＨＩでは、作業者の安全確保や健康管理を念頭に、ネットワークに必要な生体センサやモジュールなどの製品を展開する。

大きな町工場

「赤箱の愛称で大ヒット――」。旧アルプス電気の社史は、そうした言葉が綴られている。戦後、ラジオの自作が流行した時代（21ページ参照）、選局に使う同社製のバリコンがヒットした。バリコンはコンデンサの一種で、製品の入っていた外箱の色から「赤箱」と呼ばれて親しまれた。生産が終了した現在、愛好家らの間で値打ちがあるとされ、オークションサイトなどで当時数百円だった品が数千円で売買されている。その後もスイッチやチューナーのほか、タッチパネルやキーボードなどを手掛け、入力デバイスの取り扱いに定評がある。

１９４８年に片岡電気として創業したが、ビジネスの拡大、グローバル化を視野に64年、世界的な名峰の名を冠した「アルプス電気」に変えた。「アルプス」には電子部品メーカーとして世界の最高峰を目指すとの思いが込められていたという。

一方、アルパインとの関係は67年、電子機器を手掛けていた米モトローラと共同でアルプス・モトローラを創設した時に始まった。78年に同社の株式全てをモトローラから取得して子会社化し、社名をアルパインに変えた。

アルプス、アルパイン両カンパニーは併存しつつ、総務系など可能な部署から順次統合が始まっている。「失敗を恐れるな」「やりたいなら手を挙げろ」といったチャレンジ精神を重視しつつ、「人に賭ける」をモットーとして人材育成に力を入れる。新入社員には先輩社員1人が1年間担当となって教育するほか、英会話講師を職場に招いたレッスンや、会社が認めた資格の取得に対する奨励金支給などの各種制度がある。また、18年3月からはテレワーク制度を全社で導入した。

規模は大きくなれど、アルプス電気の源流となる片岡電気が工場の町、東京都大田区で「バラック建ての社屋」で創業した歴史を、アルプスアルパインは重んじている。曰く「大きな町工場」との感覚で、日々「ワイワイドヤドヤ」とモノづくりに励んでいる。

発祥地への感謝と、次代を担う子どもたちにモノづくりの楽しさを知ってほしいとの思いから、大田区教育委員会と共催で「大田・ものづくり科学スクール」を毎年度開催している。

また、東北に拠点があり、東日本大震災では多くの工場や社屋が被災した。震災を風化させぬよう、記録を残し、教訓としてＢＣＰ（事業継続計画）の対策に生かしている。

旧アルプス電気のあゆみ

1948年	片岡電気設立
63	ニューヨーク事務所開設
64	アルプス電気に社名変更
67	米モトローラとアルプス・モトローラ設立（78年にアルパインに社名変更）
	東証１部上場
83	国産初のマウス生産
91	仙台市に新中央研究所開設
2008	新本社ビル第１期完成
17	アルパインとの経営統合発表
18	新研修センター（本社）稼働
19	経営統合

セグメント別売上高

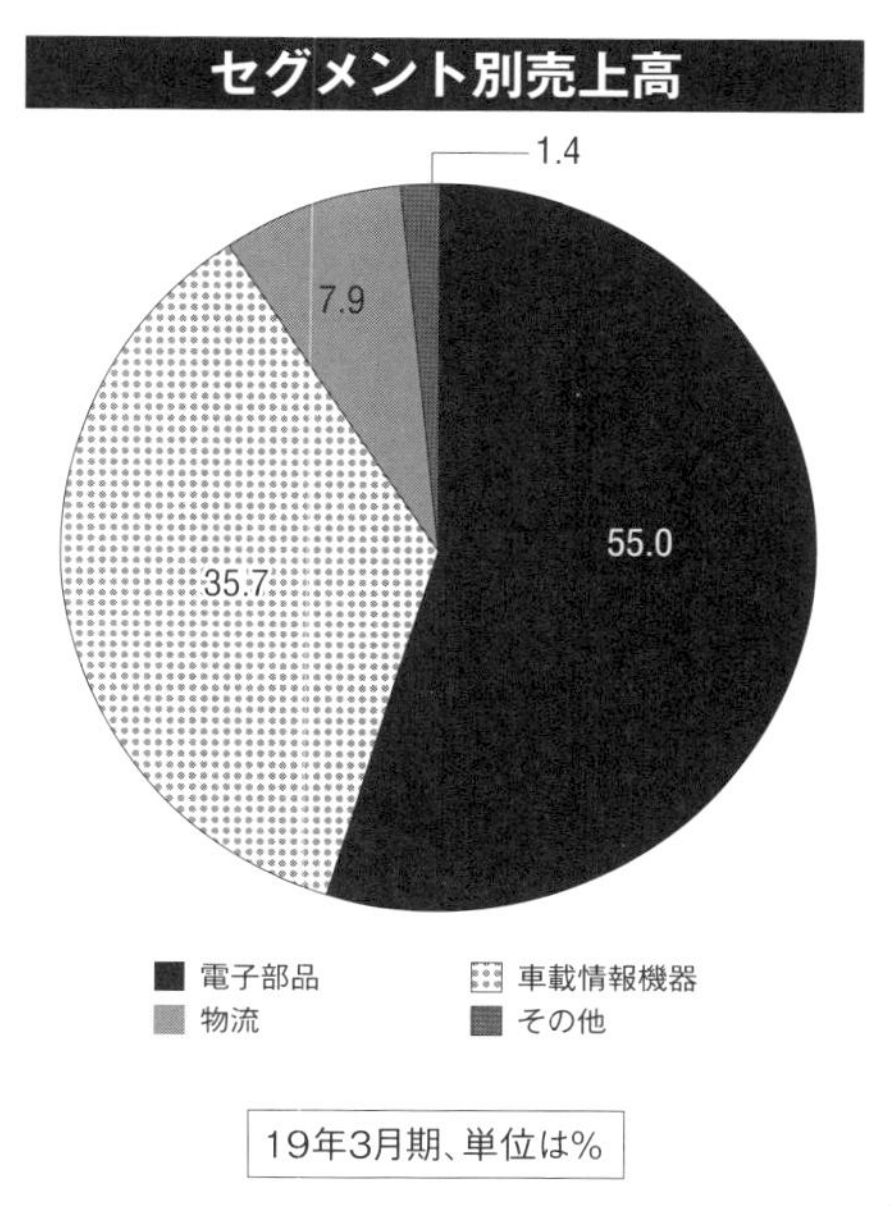

19年3月期、単位は%

業績の推移

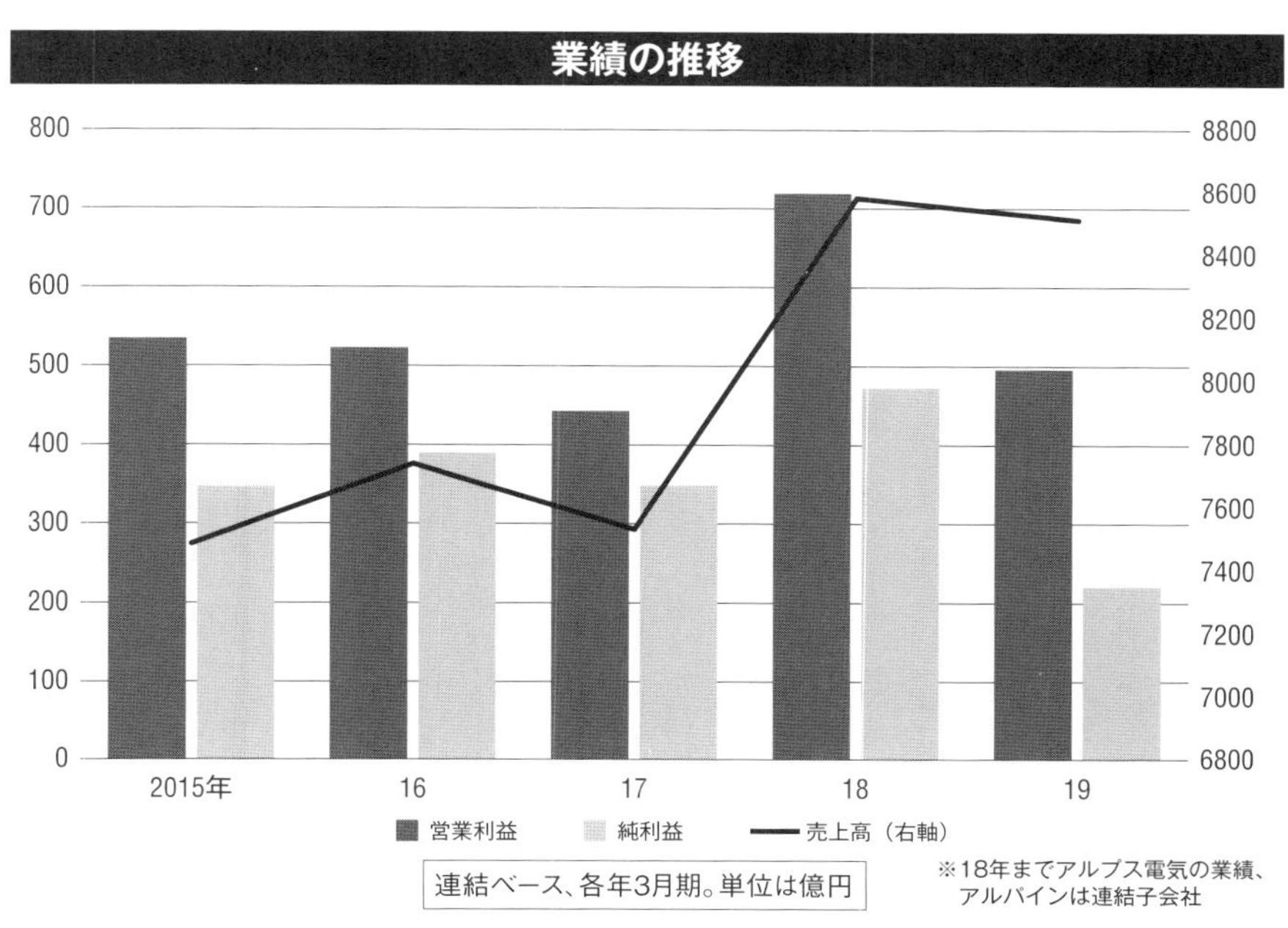

連結ベース、各年3月期。単位は億円

※18年までアルプス電気の業績、アルパインは連結子会社

8 日東電工
——70業種に1万3500種の製品を提供

発祥は絶縁材料の国産化

液晶パネルに欠かせない偏光板（フィルム）を手掛ける世界屈指のメーカーで、その市場は液晶テレビからスマートフォンへと変遷し、次は自動車の巨大市場をにらむ。電子機器に必要な絶縁材料の国産化という使命感から創業して1世紀、住宅、インフラ、環境、そして医療に役立つ製品を幅広く手掛け、成長を続けてきた。工業用を中心とした各種テープや自動車用部材など70超の業種で1万3500種類の製品を供給する「総合部材メーカー」と謳う。積極的にニッチ（隙間）の市場に攻め入り、1位のシェアを目指す「グローバル・ニッチ・トップ」（GNT：Global Niche Top）戦略を掲げ、さらなる飛躍を目指す。

2019年3月期連結決算は、売上高が前期比5・9％減の8064億円、営業利益が26・2％減の927億円、純利益が23・8％減の665億円だった。総じて下期に需要減に見舞われた。

工業用フィルタや、半導体・電子部品の製造工程で使う材料の「インダストリアルテープ」と、偏光板など情報機能材料を含む「オプトロニクス」の主力2事業は、スマートフォン市場の鈍化などを背景にいずれも減収減益となった。一方、プリント回路はHDDの市場が頭打ちの中、高容量のデータセンター向けなどの需要を捉え、モータの絶縁材といった「次世代モビリティ」につながる商材も堅調だった。

今後はそうした自動車電装化の商機に一層注力す

る。付加価値の高い製品を作り出すべく資源投入に余念がなく、20年3月期は前期より100億円ほど多い750億円を投じる見込みで、過去最高水準となる。

長期展望で「コンバージェンス」

「コンバージェンス」（Convergence：融合）による構造改革を推し進めており、短期的には21年度に営業利益1000億円の大台回復を掲げる。さらに25年頃に1750億円まで伸ばしていく目標を置いている。

主軸2事業、テープとオプトロニクスの融合を図り、車内ディスプレイや内圧調整材など採用先を増やす。得意のディスプレイでは、「折り」「曲げ」「しわ」といった新たなニーズ「フォルダブル」（Foldable）、「ローラブル」（Rollable）に応じた、「高硬度」「薄型化」「耐屈曲性」に優れたフィルムを展開し、差別化を図っていく。

一方、大型偏光板の技術供与を通じて中国市場に参入し、新たなビジネスにつなげていく（68ページ参照）。プリント回路も、無線給電というトレンドを捉え、先行的に新製品開発に取り組む。

もう1つの事業「ライフサイエンス」も核酸創薬の研究開発と治験を進め、新たな柱に育てていきたいとしている。核酸医薬の新規承認などにより市場は活況を呈しているといい、臨床件数も順調に増えてきている。

GNTと並んで、特定エリアのニーズに合った製品を供給する「エリアニッチトップ」（ANT：Area Niche Top）も戦略の柱に据える。12年に買収したトルコの工業用テープ最大手、ベント・バンチェリック（現ニットーベント）は成功事例の1つで、売り上げは買収後に3倍強まで伸びている。人口増を背景に成長著しいアフリカや中東で、紙おむつ用テープなどの需要が伸びるとの商機を逃さず、衛生用品（Hygiene）分野での拡販が寄与した。

GNTとANT、この2つの戦略の下、「先駆者として競争優位性を保つ技術で戦える市場を特定し、世界トップシェアを狙う」としている。

BtoBにとどまらず

1918年に「日東電気工業」として東京・大崎に創業した同社の本社は現在、大阪にある。太平洋戦争終戦の年の45年、大崎本社が空襲で全焼したためである。終戦後、本社を大阪府茨木市に移し、再起を図った。46年にブラックテープの量産を始め、51年にはビニールテープを初めて国産化、その後も特徴的なテープを幅広く生み出してきた。

日東電工の特徴の1つには、そのテープを通じた消費者との接点を多く持つことである。75年には子会社のニトムズ（東京・品川）を設立し、文具や医療・ヘルスケア関連のテープ製品の販売を手掛けている。例えば、マラソンやジョギングのブームを受け、「楽しく安全に走る」ために筋肉をサポートするテープ「キネロジEX」や、スイマーのために開発された汗や水に強い全方向伸縮のテープ「オムニダイナミック」なども手掛ける。ここでもニッチ志向が色濃く反映されている。

また、テープに関する役立つ知識が満載のウェブサイト「テープミュージアム」も運営している。「テープとくらし館」「テープの歴史館」「テープの科学館」とジャンル分けし、テープの魅力を平易な言葉とイラストで分かりやすく伝えている。こういった活動も、工業用テープや電子部品など「黒子」を演じることが多いメーカーでありながら、消費者との距離を縮め、認知度を高めるのに役立っている。

現在は「研究開発」と「人財育成」、そして社外の知見を取り入れる「イノベーションセンター」の機能を果たす16年設立の「ｉｎｏｖａｓ」（茨木市）を積極的に活用している（52ページ参照）。

社員育成でユニークなのが、製造の事業所で行っている「緑帽（若葉ワッペン）システム」で「入社1年目の社員は緑の帽子または若葉のワッペンを着用し、その社員からの質問は、所属部署を問わず必ず答えなければならない」という。以降も能力開発研修や年間のフォローアップなどを用意している。

日東電工のあゆみ

1918年	日東電気工業として東京・大崎で創業
45	空襲で大崎本社全焼
46	本社を大阪・茨木に移転
51	ビニルテープ初の国産化
61	ニューヨーク駐在所開設
67	東証1部上場
68	日東電工アメリカ設立
88	日東電工に社名変更
2006	本社を大阪市に移転
12	トルコの工業用テープ大手ベント買収
15	東京にグローバルマーケティングセンター開設
16	研究開発と人財育成の融合施設「inovas」設立
18	創業100周年

セグメント別売上高

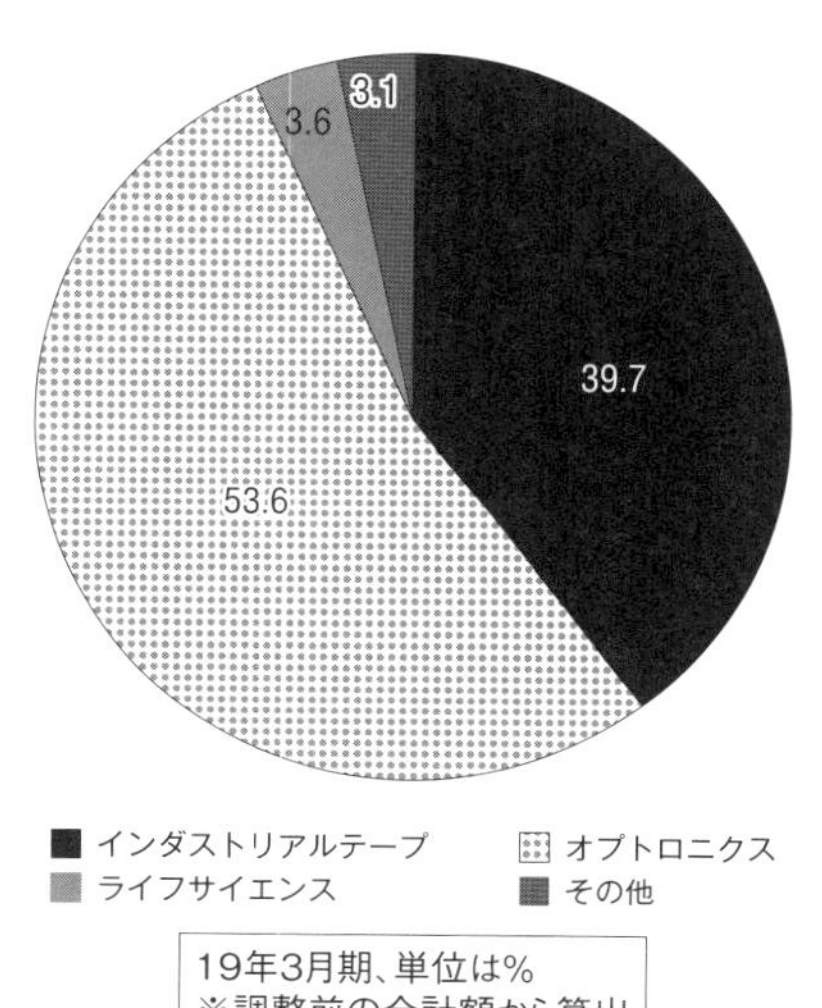

19年3月期、単位は%
※調整前の合計額から算出

業績の推移

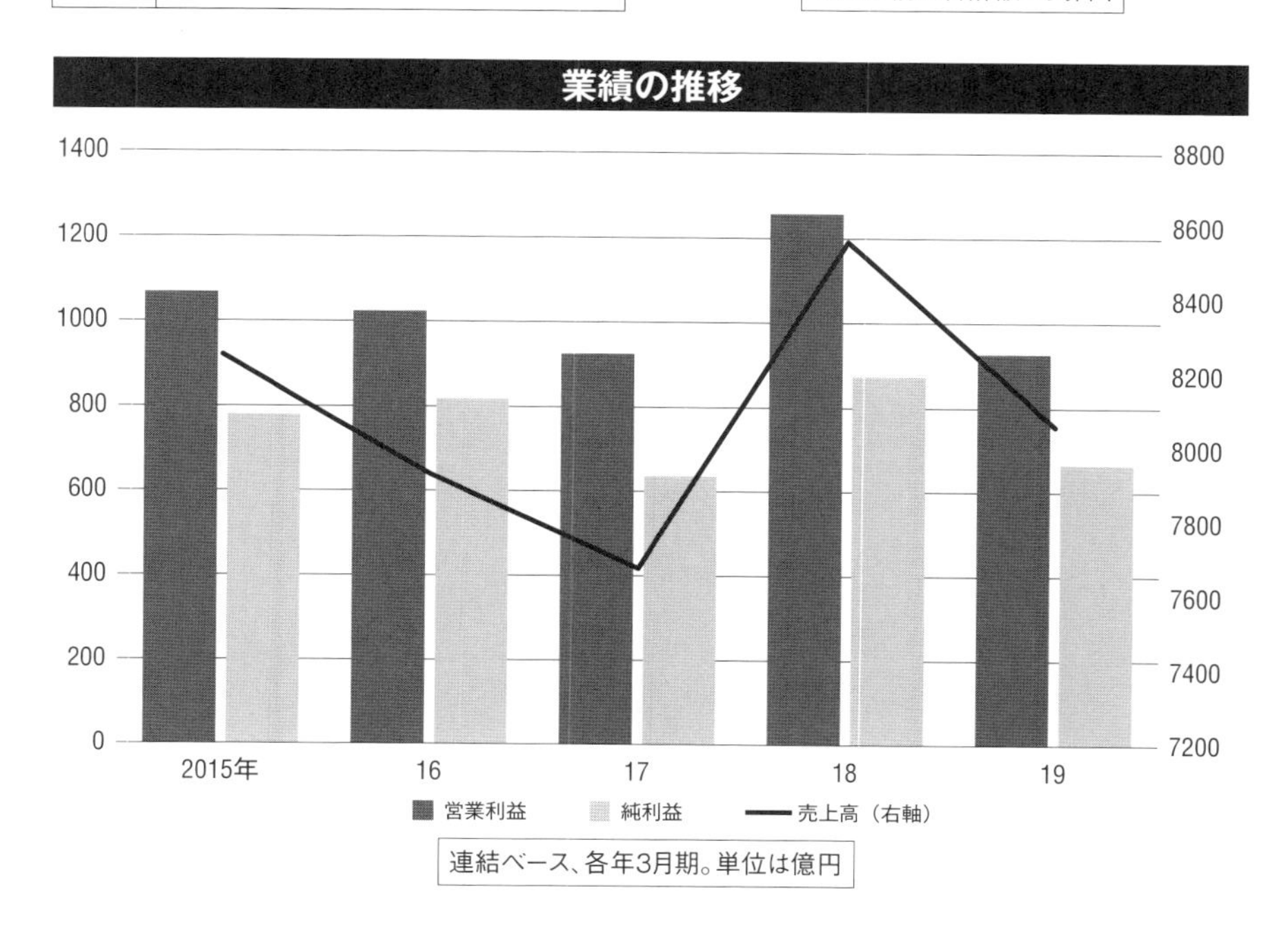

連結ベース、各年3月期。単位は億円

9 ローム――抵抗器から半導体へ華麗なるシフト

抵抗器から半導体へ

祖業の抵抗器を造り続けながら、1960年代後半以降にトランジスタやダイオードも展開、半導体メーカーとして幅広い製品ラインアップで成長を遂げてきた。IoTの進展に伴い、家庭や企業の中に半導体が入り込む時代を迎え、新時代の半導体素材「シリコンカーバイド」を武器に収益の積み増しを図っていく。

2019年3月期連結決算は、売上高が前期比0・5%増の3989億円と、ITバブルに沸いていた01年3月期に記録した4000億円強に迫る水準となった。車載用やFA向けの販売が伸び、スマートフォンなど他分野の落ち込みを補った。営業利益は1・9%減の559億円となった一方、純利益は為替差益の発生などにより22・0%増えて454億円だった。

車載市場と、FAなど産業機器市場はそれぞれ年平均で11%、13%伸びていく(18年時点の想定)として一段と強化を図る。売上高に占める両市場の合計比率は04年3月期に16%にとどまっていたが、19年3月期に47%まで高まり、20年3月期には50%を超えると見込まれている。

一方、市場別で04年3月期に36%と最も大きかったテレビやDVD、AV、携帯といった「日系デジタル家電」は現在6%まで比率を下げている。

他方、セグメント別売上高を見ると、LSIが約半数を占め、半導体素子が4割弱、モジュールが約1割、抵抗器やコンデンサなどの「その他」が残りの5・7%となっている。

S-iCでシェアトップへ

特に同社が各市場で売り込みを強めているのが、SiC（Silicon Carbide: 炭化珪素）を用いた半導体製品である。09年にドイツのSiC単結晶ウエハメーカーのサイクリスタル（SiCrystal）を傘下に収め、業界で先駆けてパワーデバイスの量産に取り組んできた。EVの充電システムやソーラーパネルといったコンバータや、産業機器用大型モータの用途として需要が高まっている。

市場は18年の5億ドル程度から25年には数十億ドルまで伸びるとの試算もある。SiCを手掛ける他社との競合も激しくなる中、ロームは屈指のシェアを維持、伸長していく。

高い品質を均一に保てる秘訣は、同社が創業以来一貫して実践している「垂直統合型」の製造工程にある。原材料を厳選し、初期作業のシリコンインゴットの引き上げから自社で手掛け、ウエハ工程は日本国内各地の工場を中心に行い、パッケージングの工程は海外の生産拠点が担う（51ページ参照）。国内外で新工場の整備を進めている。

また、19年に入ってパナソニックの半導体子会社パナソニックセミコンダクターソリューションズ（PSCS、京都府長岡京市）から汎用部品の小信号のトランジスタやダイオード事業を譲り受けると発表した。ロームは半導体メーカーや関連事業のM&Aに積極的なことでも知られ、特に08年の沖電気工業子会社、OKIセミコンダクタの買収（取得額約850億円）は話題を呼んだ。

一方で、LEDライトなどを扱う照明事業を16年にアイリスオーヤマに売却するなど、選択と集中を進めている。

祖業は抵抗器、初志忘れず

今や半導体メーカーを標榜するロームだが、その社名に祖業である抵抗器が確かに刻まれている。すなわち、抵抗器（Resistor）の頭文字「R」に抵抗値の単位「Ω＝ｏｈｍ（オーム）」を組み合せたのが由来である。そのRには「信頼」（Reliability）の意味も込められ、「われわれは、つねに品質を第一とする」を経営理念に掲げてきた。

会社の興りは１９５４年、創業者佐藤研一郎氏が立命館大学在学中に考案した特許に基づいて創業、58年に小型抵抗器メーカーとして株式会社化して京都で操業を始めた。いわば「ベンチャー企業」だった。当時のチャレンジ精神は今も受け継がれ、社風にも反映されているそうで、既成概念に囚われず果敢にチャレンジする姿勢を是としている。

グローバルに展開していることも特徴の１つで、アジアをはじめ米州、欧州と各地に拠点がある。約２万３０００人の従業員のうち、海外関係会社は１万７０００人となっている。

そうしたことから社員の語学教育に対する研修や補助は充実していて年2回のＴＯＥＩＣ受検費用の補助のほか、企業内語学スクールや短期語学留学などのメニューを用意している。また、会社をリードしていく「人財」を早い段階で発掘、育成する選抜制の「次世代リーダー研修」、30～50代の社員を中心とした研修など、世代に応じたメニューを揃えている。

ＢtoＢのビジネスのため、製品が一般消費者の目に触れることは少ない。ただ、地元京都では毎年、本社周辺でイルミネーションの装飾で街の賑わいを演出し、好感を得ている。また、京都市交響楽団などが演奏するコンサートホール、京都会館のネーミングライツを取得した。２０１６年から「ロームシアター京都」として開館している。

また、ローム製センサなどのデバイスを使って発明したオリジナル作品の出来栄えを競うコンテスト「ROHM OPEN HACK CHALLENGE」を16年から毎年開催している。「より多くのエンジニアやクリエイターのアイデア創出のキッカケ」にしたいとしており、優秀作品はＣＥＡＴＥＣなどで展示されることになっている。

ロームのあゆみ

1954年	創業者佐藤研一郎が個人企業として「東洋電具製作所」創業
58	株式会社東洋電具製作所設立
67	トランジスタなどの開発・販売開始
69	ICの開発開始
71	シリコンバレーでICの研究・開発開始
81	ロームに商号変更
82	半導体研究センター開設
86	大阪証券取引所1部上場
89	東証1部上場
2008	創立50周年、新ブランド「ROHM SEMICONDUCTOR」導入
	OKIセミコンダクタ買収
09	独サイクリスタル買収
19	パナソニックの半導体事業一部買収

用途別売上高

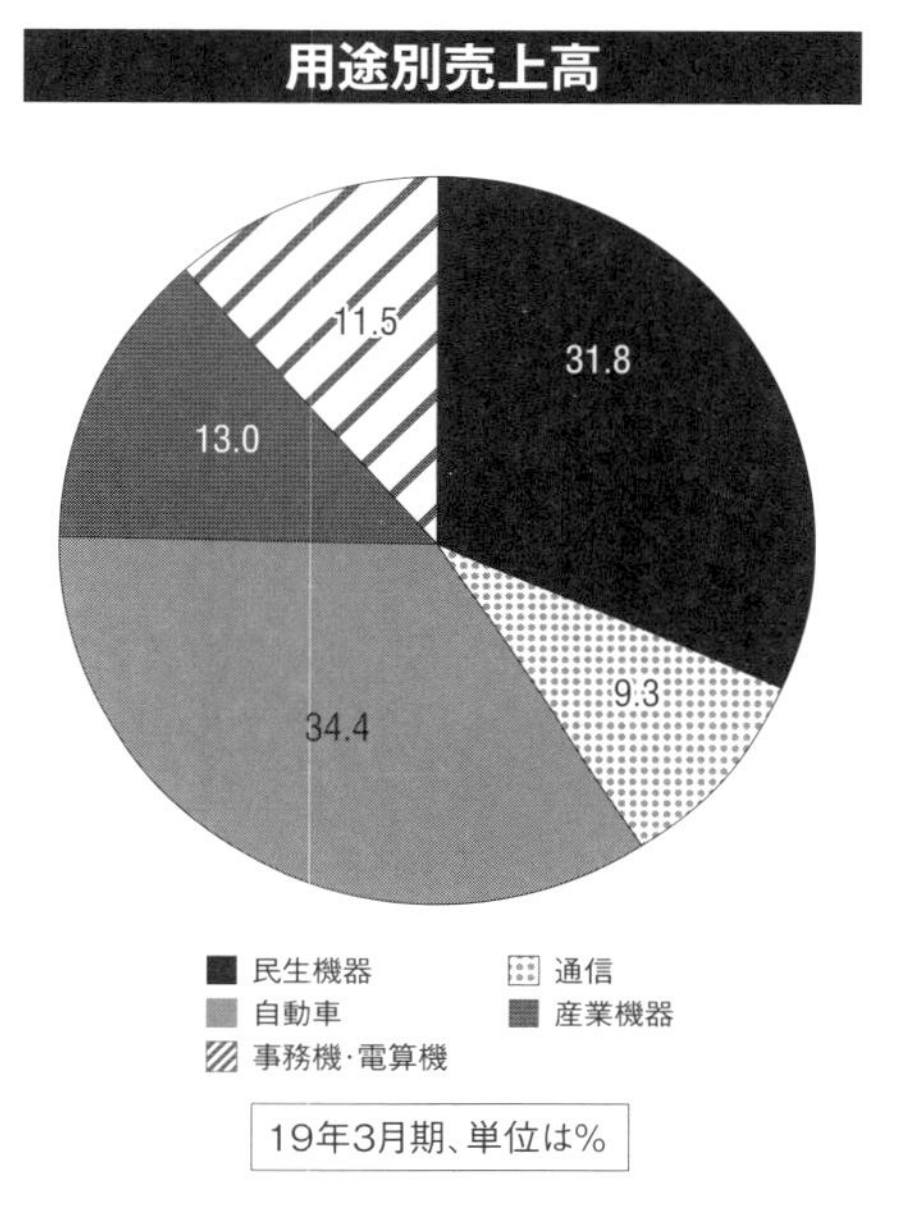

19年3月期、単位は%

業績の推移

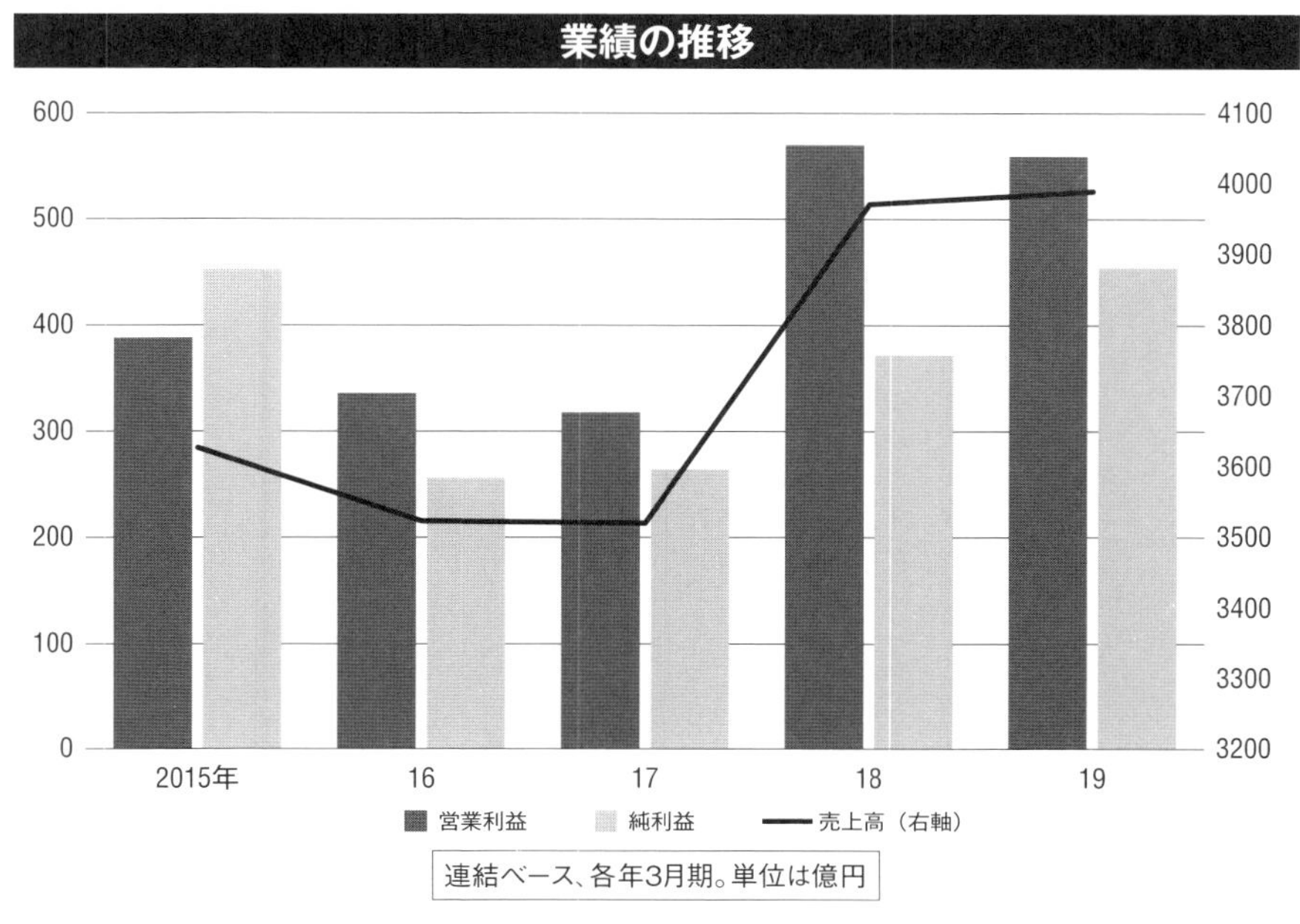

連結ベース、各年3月期。単位は億円

10

イビデン
——ニッチのパッケージ、極め続ける

パッケージ基板とDPFが柱

ICパッケージ基板の電子事業と、ディーゼル車向けフィルタ（DPF；Diesel Particulate Filter）のセラミック事業を収益の柱としている。5Gを活用した半導体需要の高まりや自動車の電装化を見越し、パッケージの機能追究と新領域の開拓を加速させていく。

2019年3月期連結決算は、売上高が前期比3・1％減の2911億円、営業利益は39・3％減の101億円、純利益が71・5％減の33億円だった。電子事業は主な用途となるパソコンの市場が伸びを欠いていることなどから、減収減益となった。フランス子会社の清算に伴う特別損失も響いた。

ただ、今後は5Gの進展などにより、GPU向けなど、より高機能の次世代型パッケージの需要が見込めるとの期待ものぞく。20年3月期には例年の約4倍となる過去最高900億円の設備投資を予定している。半導体大手の主要顧客からの要請に基づいてIC基板パッケージの増産体制を整える。

現在「To The Next Stage 110 Plan」と銘打った19年3月～23年3月期の5カ年に及ぶ中期計画を推進している。23年3月期の連結売上高目標は4300億円で、営業利益は450億円を見込む。設備投資は5年で1900億円を想定しているほか、研究開発も継続的に行い、連結売上高に対し5％以上を目安に費用を充てていく。

23年3月期売り上げの内訳は、電子事業が2000億円、セラミック事業が1200億円となってい

る。また、活動の柱の1つに「新規事業の拡大」を掲げ、新製品の売上高を21年3月期に50億円、22年3月期に150億円、23年3月期に300億円と段階的に積み上げていく目標を据えている。

電子関連の既存市場のうち、パソコンは横ばい、スマホ・タブレットは緩やかな成長を見込む一方、データセンターの市場は5GやICT、AIの普及に伴い、年率20％超の高成長を遂げると見ている。このデータセンターで現在手掛けているCPU用パッケージの技術を核として、AIやディープラーニング（深層学習）、ADASに必要なGPU用パッケージを展開していく。

業界の垣根超えて

次代のトレンドを踏まえ、17年4月には自動車部品大手のデンソーと資本業務提携を結んだ。これによりデンソーが5％余りのイビデン株を握ることとなった。両社は「自動車機能製品の共同研究開発」「将来モビリティ製品の共同研究開発」「その他次世代製品の共同研究開発」で協力する。

まず「自動車機能製品」の分野でイビデンが得意とするDPF関連技術を、自動車部品大手のデンソーのノウハウと組み合わせ、高性能な排気システムを開発していく。「モビリティ製品」なども具体的な協力を探る。

一方、デンソーは19年4月に、系列のトヨタ自動車から電子部品事業を譲り受ける契約を結ぶことで合意したと発表した。「電子部品事業の分野で専門性の高いデンソーに集約することで、スピーディかつ競争力のある開発・生産体制を構築」するのが狙いとしており、開発・生産事業を20年4月から始める。トヨタグループの電子部品分野での取り組みに、どう向き合うかにも注目が集まる。

そうした自動車分野では、今後新興国での排ガス規制が進むと見て、DPFに加え、ガソリン車向けフィルタ（GPF：Gasoline Particulate Filter）を強化していく。同時に内燃機関の電動化へのシフトを見越し、次世代電池材料や熱制御材料の需要も取り込んでいきたいとしている。

グローカルを地で行く老舗企業

イビデンの創業は1912年と古く、数ある電子部品業界の中でも最古参級の1社である。元々は地域経済の振興を目的に電気を供給する「揖斐川電力」として発祥し、太平洋戦争の混乱期に国家の電力統制により電力供給事業を廃止、大日本紡績（現ユニチカ）の傘下に入るといった激動の時代を過ごした。

終戦後は大日本紡績系列を離れ、再び自主独立の道を歩み始めた。化学メーカーとして幅広い炭素製品を揃える一方、70年代以降はプリント配線板やICパッケージを手掛けるようになった。82年に今の名称になり、94年には上場していた東京証券取引所の業種の所属が「化学」から「電気機器」へと変更された。

高い技術力を武器に世界展開して久しいが、地域振興の目的で発足した歴史から、常に地元への恩義と貢献を忘れない地域密着型であることも特徴の1つである。同社ウェブサイト内に「大垣市の魅力」として町を紹介しているほど、愛郷心が強い。地元住民も参加する夏祭りを労働組合が主体となって催している。

そんなイビデンが最も重視するのは「人」だという。現代は徐々に姿を消しつつある、企業としての運動会やスポーツ大会、クリスマスパーティといったイベントを通じ、社員やその家族の親睦と結束を深めている。

研修制度は、新入社員から若手、中堅、管理職を対象とした階層別教育のほか、英語教育や、人生の節目に行う「キャリアデザイン教育」など豊富にある。

新入社員研修では、先述のような激動の社史に関する理解を深めるほか、特に「ホウレンソウ」（報告・連絡・相談）やレポート作成など、上司や先輩とのコミュニケーションを促進するスキルの習得などをきめ細かく教えつつ、即戦力としての活躍を期待するとしている。

イビデンのあゆみ

1912年	揖斐川電力設立
16	西横山発電所送電開始
42	電力供給事業廃止。電気化学工業が主に
49	東証１部上場
51	岐阜県大垣市神田町に新社屋竣工
72	プリント配線板の生産開始
82	イビデンに社名変更
87	米国に販社設立
88	プラスチックICパッケージ基板製造開始
99	乗用車で世界初のDPF実用化
2012	創立100周年
17	デンソーと資本業務提携

セグメント別売上高

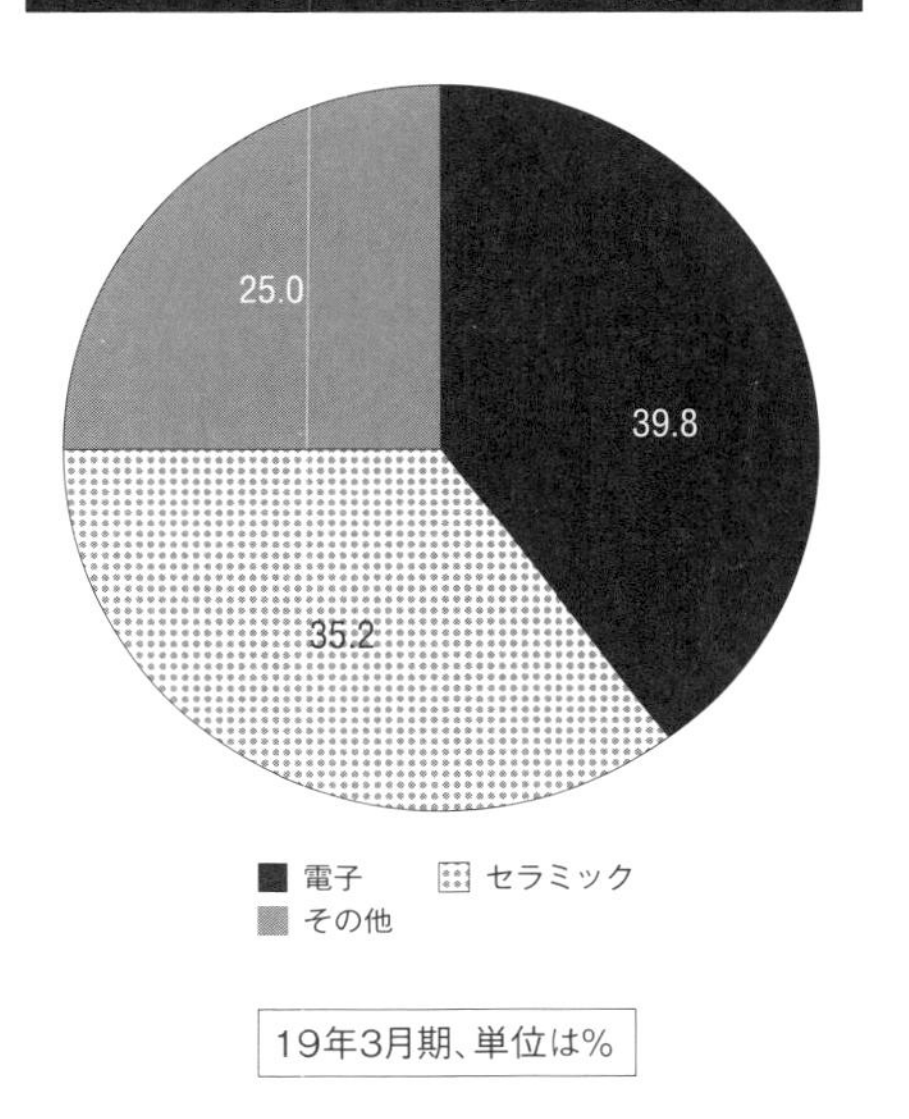

19年3月期、単位は%

業績の推移

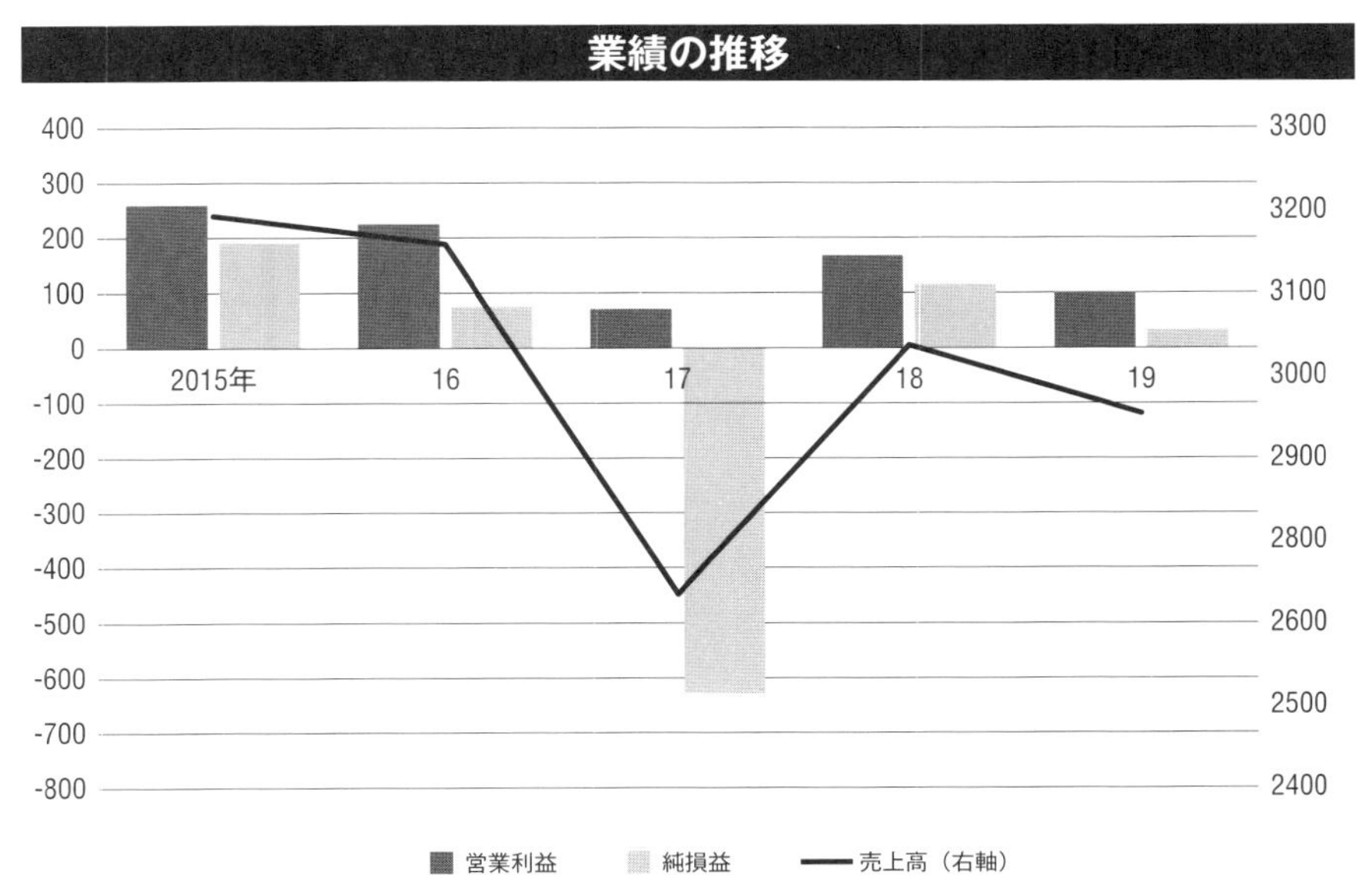

連結ベース、各年3月期。単位は億円

Chapter 7

働く人最前線

1 京セラ

セラミックパッケージ事業部 製造技術2課 薄膜技術1係 責任者
鶴野智徳さん

夢見る先輩に憧れて

創業者、稲盛和夫名誉会長の哲学や同氏考案のアメーバ経営に感銘を受け、地元に貢献もしている京セラを選んだ。京セラが注力する車載分野で、入社以来一貫してLEDのセラミックパッケージの製造に携わり、事業の拡大とともに自身も成長してきた。「新たな事業を立ち上げていく中で失敗もありますが、失敗をネガティブには受け止めない企業風土があります」と言い、職場はチャレンジを歓迎する。休暇や福利厚生も充実していて公私メリハリのついた生活を送り、「今後は市場のニーズをしっかりと捉え、新たな基軸を打ち出していきたい」と意気込む。

物心ついた頃からモノを作るのが好きだったという鶴野さん。大学院では、プラスチックの代替材料となる高分子のポリ乳酸を研究していた。

京セラは地元の鹿児島県に工場があって親しみを持てたことに加え、働いている先輩に会った際、「若手技術者でありながらそのセクションの受注状況や利益を把握され、事業の夢を語っている姿に非常に大きなインパクトを受けたというのが理由で、私もそのような人になりたいと思いました」と感化された。話を聞くうちに、入社年次に合わせた研修制度が整っていること、成長機会が十分にあることを知り、入社後に成長している自身のイメージが湧きやすかった。そうした社風を醸成している稲盛氏の存在や、氏の経営に関する哲学や手腕も大いに魅力だった。

鶴野さんは入社1年目から地元にある鹿児島国分工場で車載用LEDセラミックパッケージの製造を担当した。当初はLED市場自体が立ち上がりの段階であり、鶴野さんが手掛けていたLED薄膜基板の生産量はわずかだったという。事業は快調に立ち上がり、1年目から量産の設計にも携われた。

工場で勤務する鶴野さん

最初は先輩社員が付き添って業務を手伝っていたが、半年ほどすると独り立ちするようになった。慣れてきて冬の頃、「大失敗をしてしまったこともありました……」と少し決まりが悪そうに話す鶴野さん。照明用LEDのセラミックパッケージの技術を立ち上げた際、製品に不良品が混じってしまった。「生産部門への影響にとどまらず、お客様にもご迷惑をかけてしまいました」

しかし先輩社員らは、失敗を責めはしなかった。なぜ失敗したかを考えるよう諭し、次につながるように促してくれた。「製造条件の余裕度がなく、工程設計の管理幅の見極めが甘かったのが原因です」と謙虚に分析する。LEDの量産化が進み、どんどん受注が膨らむ中、その勢いを読み切れなかったと悔んだ。今思えば「気づける失敗でした」と振り返る。

失敗から何かを学び取る向上心を持ち、日々仕事に取り組んできた。担当業務のうち、良品率の改善がうまくいったことが成功体験の1つとして思い出深いと話す。「製造現場で、自らメーカーや文献などを調べ、現象論を理解できたことが全て結び付いて成功しました。とてもやりがいを感じることができました」

部署ごとに異なる風土

アメーバ経営という独自のスタイルが浸透する京セラは、部署ごとに異なる受注や生産の目標を設け、気質も違う。鶴野さんのいるセラミックパッケージの部署は「自由に仕事に取り組ませてもらえる」のが特徴だという。具体的に必要な設備を提案して採用され、生産の効率化につながった実体験にも、裏打ちされているようだ。

経営理念「全従業員の物心両面の幸福を追求すると同時に、人類、社会の進歩発展に貢献すること」など、稲盛氏の含蓄に富んだ言葉や思いを直に感じられるのも京セラならではだろう。

社風は総じて、アピールや積極性を重んじてくれる会社で新規事業にも社員全員が公募できる仕組みが整っているという。鶴野さんが大学で研究していた高分子は、今のセラミック薄膜化技術に直結しなかったが、「入社してから技術研修で学ばせてもらいました。先輩もきちんと教えてくれます」と話し、指導が行き届いていると強調する。

今は午前7時半頃に出社し、朝礼で部署の全員と社の基本理念を確かめつつ、互いに顔を合わせながら、進捗を報告したり、問題点を認識し合ったりする。午後6時には退社し、家族との時間も大切にする。社として年1回、5日連続で有給休暇を取得できる制度があり、「土日とつなげて毎年9連休を取っているんです」と語る鶴野さん。「4歳の長女と全国の遊園地巡りに費やしています」と嬉しそう。土日の休みは、社会人になってから始めたカヤックに興じる。「鹿児島は自然が多いので釣りやキャンプを楽しんでいます」と言い、カヤックに乗りながら楽しむ海釣りは至福のひと時だ。

新規技術で社会に貢献

現在ヘッドランプなどの車載用LED部品の薄膜技術の責任者の1人として、脂が乗っている鶴野さんは、車載用LEDの事業拡大とともに成長してきた。車載分野は京セラの成長の柱となり、「最適な超小型、低背、表面実装タイプ」と誇るセラミックパッケージは、その分野を支える。「LEDの小型化はどんどん進んでいきます。社会の変化に伴い、一層の高性能化も求められてくる」と気を引き締める。「市場のニーズを捉えた新技術を生み出していくのが目標です」と話す。

「立ち上げをしていく中で、思い通りにいかないことも、失敗も数多くありました」と振り返る鶴野さん。それでも「最初は自分1人のせいによるミスだったのに、上長をはじめ周りの人がいつの間にか集まってきて協力して手伝ってくれる。そういう温かみのある会社です」と居心地の良さを感じていた。

◎就活生らへのメッセージ

京セラは教育体制が充実しています。最初は専門外のことでも、技術研修や諸先輩方の指導がしっかりしていて、技術を一から学ぶことができる点は安心です。失敗を恐れず、果敢にチャレンジする人を後押ししてくれます。

ある1日のスケジュール

午前	7:30	出社
	8:00	始業、工場全体の合同朝礼、組織での朝礼。業務の進捗確認や問題点確認など
	8:30	自分の課題、テーマの業務
午後	0:00	お昼休み、昼食
	1:00	部内の課題の打ち合わせ、設計審査会
	3:00	自分の課題、テーマの業務
	6:00	退社

鶴野智徳（つるの・とものり）さん
1984年生まれ。2009年3月豊橋技術科学大学大学院エコロジー工学系（前期課程）修了。同年4月京セラ入社、鹿児島国分工場に配属となり、一貫してセラミックパッケージの製造を担当。鹿児島市出身

2

村田製作所

コンポーネント事業本部 新規商品統括部 新規商品部 事業企画課
白川直明さん

物理や宇宙に魅せられて

物理や宇宙の神秘にロマンを感じ、理系の道を歩んだ。技術の知識をマーケティングや事業創出に生かして活躍したいと考え、高い精度の積層セラミックチップコンデンサ（ＭＬＣＣ）を世界展開する村田製作所を志した。「失敗は学習の機会」と捉える前向きな姿勢と熱意で取引先の心を掴み、今はマネージャーとして複数の部下を率いる。長期的には「自ら新しい事業を提案していくリーダーになっていきたい」と意気込む。

「元々モノづくりを志向しているタイプではありませんでした」。そうあけすけに話す白川さんは、高校で物理現象や数式の美学に感銘を受け、アインシュタイン関連の本などを愛読する理論派の青年だったという。物理学の研究者に憧れ大学は理学部へ。しかし入学後、ハードルの高さから挫折。研究に明け暮れる性分でないと自覚し就職への道を決意する。

目標が見つからない中、就職活動中にふと読んだ本で「日本は優れた技術や技術者は豊富だが、それをマーケットに結び付け事業化できる人材がいない」という一文に惹かれた。そういう人材に一歩でも近づければ、と「エンジニア」でありながら、顧客に対して提案や課題解決を行う「営業」と、将来のトレンドを予測して新商品企画につなげる「マーケティング」の特性を併せ持つ「セールスエンジニア」（技術営業）への関心が高まり、募集のあった村田製作所を選んだ。

入社当初から同社の主力製品であるＭＬＣＣの

セールスエンジニアを任された。理系のバックグラウンドはあるといっても入って1年目、「商品のことも知らない、市場も知らない。会社の仕組みも知らない。マーケティングをやったこともない。事業の感覚もなく、どれもない中で、それらがバランスよく求められて。本当に辛かったですね」と振り返る。

白川さんは地道な努力で乗り切った。知識がないなら詰め込むのみ、経験がないなら積んでいくのみとばかりに、MLCCや電子回路の本を買い込み、休日も読み耽った。また、同じようにマーケティングや事業の感覚で悩んでいた大学時代の友人がいたので、月数回共通のケーススタディの本を題材に議論し合った。「このケースの事業状況の場合、どういう解を出すか」とシミュレーションを繰り返し、感覚を磨いていった。

社内で打ち合わせをする白川さん（中央）

そうした努力が大きく花開いたのは入社から7年ほど経った2015年頃。顧客から製品開発の要望をもらったのがきっかけだった。ただ、求められる技術水準は高く、一方で「同業さんはこんなの出してきてるよ」と急かされ、厳しいことも言われた。天秤にかけられる中、「あの手この手で話をつなぎとめ、フィードバックも得ながら、何とか訪問の機会を得ました」と語る。実際に会って話すと、相手の本音や同業他社の状況が分かり、「先方も求めている製品の価格想定などが見極められていないと知り、最後に『この価格でどうですか』と提案すると、話に乗ってきてくれました」と前進を見た。「最初に要望をもらってから話に乗ってきてくれるまで半年、そこから実際の採用まで1年かかりましたね」とビジネスの難しさを熱っぽく語った。

多い海外出張

技術営業から事業企画の部署に移った今もグロー

バルに活躍する白川さん。最初の海外出張は入社4年目のことだった。その後、月に1回は海外出張で飛び回る生活が続いた。今も年に3回ほどは欧州へと出向いている。「入社1、2年目から海外出張にどんどん行って鍛えられる社員もいます。もちろん、理不尽なことではないです」と言い、周囲が見守りながら若手を育てる気風がある。

休みと仕事のメリハリはしっかりしていると断言し、「社の雰囲気としてしっかり休めます。有給も取りやすいです」と説明する。プライベートの時間を大切にしていて「毎週水曜の『ノー残業デー』にはバドミントンサークルに顔を出しています」と話す。土日には妻と共通の趣味の外食を楽しみにしているほか、「軽音部でバンドを組み、ボーカルをしています」と少し恥ずかしそうに明かす。なるほど外交的な性格で、世界を股にかけてどんどん外に出ていくのが性に合っていたというのもよく分かる。

普段は午前9時に仕事を始め、「資料作成や重たい課題解決への取り掛かりなど、発想と論理的思考が求められる業務は頭が働く午前中にやってしまいます」。夕方からは欧州との打ち合わせが入ることが多いため、段取りを重視して仕事をこなしていく。

社内の雰囲気、気質は職場ごとに違うとも言うが、総じて「意見や議論はしやすい環境にあります」と説明、部長や課長という職位の違いがあっても「人間関係は極めてフラットです」と強調する。

好業績を維持する村田製作所だが、「危機感を持っている社員は意外と多い」とも明かした。変化の激しい電子情報産業にあって、部品が採用されなくなることへの不安感を常に持ち、新製品の開発や新規顧客の開拓に全社一丸で取り組んでいるそうだ。

失敗を恐れないこと

白川さんのモットーは「人生やキャリアでの『失敗』というものはなく、全て『学習』なんだと捉えること」。「失敗と捉えて落ち込むより、学習だと受け止めれば、しんどい時のメンタルの維持にもつながりますし、自己肯定感にもつながります」と考える。村田製作所自体にもそうした気風があり、チャレンジしやすい環境や制度が整っているという。

そんな白川さんが目下取り組むのは、同社にとって新規事業であるシリコンキャパシタの事業を軌道に乗せること。3次元化することで表面積が大幅に増えて大容量化でき、時代の要請に応えるものだ。

一方で、マネージャーとして部下4人の育成にも余念がない。彼らの成長が楽しみでもある。「中長期的には『ムラタ』の枠に縛られず、自ら新しい事業、分野を切り拓いていきたい」。白川さんの夢は広がる。

◎就活生らへのメッセージ

就活に際し、「本当にやりたいことは何か」と悩む人も多いでしょうが、「やりたいことが見つからない」のはむしろ普通かもしれません。「やりたいこと」が見つからないと悩むより、「やらなきゃいけない仕事」を通じて「やれること」が広がっていき、それが自然と「やりたいこと」になっていたり、「やりたいこと」が見つかる確率が上がったりします。

ある1日のスケジュール

午前	9:00	出社（フレックス）、メールチェック
	9:30	打ち合わせ
	10:30	資料作成（事業性検証、事業戦略、その他個別課題に関するもの）
午後	0:00	お昼休み、昼食
	0:50	メール、打ち合わせ（販促チーム、部下、トップマネジメント報告など）
	4:00	主にヨーロッパと打ち合わせ
	7:30	退社

白川直明（しらかわ・なおあき）さん
1983年生まれ。2008年3月京都大学理学部卒。同年4月村田製作所入社、コンポーネント事業本部販売推進部販売推進2課（横浜事業所）配属、現在コンポーネント事業本部新規商品統括部新規商品部事業企画課マネージャー（本社）。石川県小松市出身

3

日本電産

車載事業本部 生産統括部 生産技術部（滋賀技術開発センター）
西村ゆりえさん

物を動かすモノを作りたい

物を動かす原動力、モータ。「世の中にはそういうモノってあまり無いと思って。自ら周りに働きかけて世の中を変えていけるような仕事をしたいと思ったんです」

そう就活当時を振り返るのは、日本電産の重点事業である車載事業に携わる西村さん。製品に使用されている部品や生産時の組み立てに関する情報を後追いできるよう「トレーサビリティ」を取り入れた工程設計の標準化を手掛けている。「『世界を動かす』をつくっている」という同社のキャッチフレーズ通り、日常のさまざまな場面で使われるモータが問題なく作動するよう、日々製造現場で生産ラインの改善に取り組んでいる。入社9年目を迎えた今、後輩らが働きやすい環境づくりにも力を尽くす。

高校時代から物理が得意だった「リケジョ」で、大学では環境情報学を専攻、電子加速器の研究に勤しんでいた。就活中は「機械や日常の生活を支える部品は多くあるけれど、物を前に進める動力源となるのはモータくらいしかない」との特異性に着目し、モータを扱う企業を中心に探した。中でも、その分野で世界トップレベルの日本電産を調べるにつれ、志望度が高まった。創業から40余年で売上高1兆円企業に育て上げた辣腕（らつわん）経営者の存在感と、企業の将来性に魅力を感じた。

業務の要求水準が高いことも耳にし、「大丈夫かな」と案ずる時もあったが、「新社会人として、厳しくても成長できる環境にまずは身を置きたい。鍛えられたい」と覚悟を決めた。

入社してすぐ車載モータの生産技術を担当した。「大学で研究していた電子加速器の電気回路の知識はモータ特性を計測する設備の電気回路設計に応用できました」と話し、抵抗感なく職場に馴染めた。

その当時、２０１１年３月期は営業利益や純利益が２期連続で過去最高を更新、従業員も10万人の大台を突破し、勢いに乗っていた。車載事業は当時稼ぎ頭であったＨＤＤ用モータに続く業績の柱として、着実に伸びゆく青写真が描かれ、自身の成長とも重ね合わせていた。機械と数値と向き合う日々は、忙しい中にも新しい学びや発見があり、大学の研究の続きをしているようで楽しかった。

車載事業を担う西村さん

苦労もあった。車載事業はその領域がどんどん広がり、業務量も増えていった。そのため「ルールや基準、それらを定める仕組みづくりが追いついていない状況でした」と振り返る。また、生産ラインは常にフル稼働状態で、皆が忙しく走り回っていた。マニュアルがあって順繰りと教えを乞えるような状況になく、即戦力として期待された。自ら悩み、考え、分からないことは積極的に尋ね、改善を加えていった西村さん。ＯＪＴで教育され、「逆に言えば1年目からよく業務を任せてもらえていました」

成長している自分に気付く余裕もなく夢中で働き、気付けば1年が過ぎていた。

1年の3分の1は海外

車載事業本部は順調に収益を伸ばし、日本電産グループ全体の収益を支える主軸事業となった。その裏には生産ラインの効率化、改善に日夜奔走する西村さんらの弛まぬ努力があったと言える。

現在、中国をはじめ海外出張に行くことも多く、勤務スタイルは日本にいる時と出張時で異なる。日本では午前8時半に出社。「日本では主に標準化業務や出張時に気付いた改善業務に取り組みます。上司や他部署の方に自らの改善案を打診することも多いです」と話す。入社9年目、仕事の流れや全体像を理解し、納期も自分で設定して進め、周囲を巻き込んでいく。堂々たる仕事ぶりだ。

ただ、今の部署でそうしたコツを掴めるまで2、3年はかかったそう。失敗から学ぶことも多かった。かつては生産ラインのメンテナンス後、再び起動したラインが急に止まってしまい、工場から怒られたこともあった。「1秒でも止められない」という雰囲気の中でのミス、猛省して教訓にした。

部署内で新たに始める業務も多かったため、西村さん自身が手掛けてきた仕事、積み重ねた試行錯誤の歴史がマニュアルのようでもある。「後輩社員がこの部署に来た時、仕事をしやすいように、作業の指示書などを整えておくのも私の大事な仕事です」

実際に後輩もでき、中国など海外工場での生産ライン立ち上げなどを任せている。以前は全て自分で行かねばならず、忙しく出張に飛び回っていた。

「それでもまだ年の3分の1は海外」と苦笑い。

土日はしっかり休め、「体が資本ですからね」と趣味のヨガに入れ込む。社内結婚し、「週末は旦那さんと料理を作っています。平日は忙しいので1週間分作り置きですけどね」と照れ隠しする。

信頼関係と社会貢献

そんな西村さんは今、自分流の「働き方改革」を社内で広められないかと模索している。

そのためにまず、先述のマニュアルの整備をしっかり進める。データの検知はどの範囲の不良品まで対象に含めるか、基準を明確化すべく、関係部署で調整を進めている。「ルールを作ること、基準を明確にすることが工数削減による業務効率化、働き方改革につながるはず」と信じる。

並行して、一部業務は現場でなくともできるとして、より職場実態に即した使い勝手の良い在宅勤務制度を求めていく。「会社にどんどん良い制度ができていると肌で感じます。上司の皆さんはフレキシブルです」と話し、他業種からの転職者も良いアイデアを持ち込んでくれているという。上司は時に厳しいが、「正しい方向に導いてくれ、提案もしやすいです」と話し、社風は自由闊達（かったつ）と説明する。

やりがいは、仕事で関わる相手の信頼を得られるようになってきたこと。「現場から頼られ、何かあったら相談してくれる間柄になれたことは嬉しいです。信頼関係が築けてきた」と手応えを感じている。特に中国など海外の人ともそうしたつながりができ、自信につながると同時に、モノづくりに国境の壁はないと実感するようにもなった。

「今後環境負荷の小さいＥＶの普及が進み、日本電産の車載用モータの需要も高まります。その品質保証に携わることで社会貢献できることは、何事にも代えがたい働きがいになります」。西村さんは誇りを持って仕事に励んでいる。

◎就活生らへのメッセージ

成長を実感できる会社です。誰でも発言しやすく、提案を聞いてくれる度量があります。論理的な人が多いですが、自分が何をしたいのか整理し、熱意を持って伝えれば、思いは伝わるはずです。

ある１日のスケジュール

午前	8:30	始業
	9:30	標準化を進めるための打ち合わせ
	11:00	海外工場のインフラ整備などに関する打ち合わせ
午後	0:00	お昼休み、昼食
	1:00	新規生産ライン立ち上げの打ち合わせ
	3:00	打ち合わせ資料のまとめ、メール対応など
	7:30	退社

西村（にしむら）ゆりえさん
1988年生まれ。2011年京都府立大学人間環境学部環境情報学科卒業。同年４月日本電産入社、現在まで一貫して車載部門所属。滋賀県野洲市出身

4

ＴＤＫ

生産技術本部 生産技術企画グループ 戦略企画部 工程能力改善課
北村智子さん

「さん」で呼び合う

上司、部下といった堅苦しさより、先輩後輩のような上下関係でオープンな職場環境が整う。「○○課長とか△△部長とかじゃなく、お互い『さんづけ』で呼び合うんです。大学の研究室みたい」。入社して丸10年の北村智子さんは、そうした風通しの良さがＴＤＫにはあると話す。工程能力改善課は、「製造工程を言わば『見える化』して生産効率を上げるのがミッション」だと言い、幅広い分野の製品開発、生産に関わる。モノづくりの奥深さを再発見する日々を送っている。

小学生の頃から理科や算数が好きだった北村さん。夏休みの宿題は自由研究に一番熱心に取り組んだ。「卵の茹で時間と固まり具合の変化を、卵を半分に切って比較する」など、時間をかけて決めたテーマは今でも鮮明に覚えている。「変化が分かりやすいものに関心がありました」と話す。

大学では応用化学を取り入れた研究に熱を入れ、カーボンナノチューブによる複合めっきの実験に明け暮れた。材質や変化の過程に詳しくなるにつれ、めっきが電子部品にとって肝心要の技術だと実感し、この業界を志した。中でも、幅広い電子部品を扱うＴＤＫなら「色々な経験が積め、大学での研究も生かせそう」と期待が持て、志望した。

新しいものを作る醍醐味と環境

入社1年目に配属された部署「テクノロジーグ

ループ　材料・プロセス技術開発センター　要素技術開発部　パッケージグループ」は、大学での研究内容と「かなり近いところからスタートした」。入社前は「学生は学生、社会人は社会人と明確に違い、実験の仕方もだいぶ違うのでは、変えなきゃいけないのではないかと心配していた」という北村さん。しかし「研究活動に対する姿勢はほとんど変わらなかったなという印象でした。仕事を無理やり押し付けられることもなく、割と最初から自由に任されたのが、意外でした」と嬉しい誤算だった。

社内で打ち合わせをする北村さん

一方で悩むこともあった。学生時代までは高校なら3年、大学は4年などと数年ごとに区切りがあったが、社会人になるとそうした年限はないため、「社会人生活は長くて先が見通せず、『何を目指せばいいんだろう』、『いつまでに何ができればいいんだろう』と不安な時期はありました」と振り返る。

そうした時、救いになったのは年の近い先輩の存在。数年後のロールモデルとして将来の自分を重ねつつ、話を聞いてもらい、良き理解者になってくれた。相談していくうちに不安は少しずつ晴れ、「小さな目標、当たり前のようなことでも、自分なりの『できた！』を1つずつ積み重ねてモチベーションを高めていこう」と思い、自信につなげていった。

大学の実験と比べ、より確度の高い理論的なアプローチや考察が求められる研究の日々は楽しかった。「やっぱり新しいものをつくっているので、お手本となる文献もなく分からないことだらけで……」と何週間も結果がうまく出ずに途方に暮れることもあったものの「先例がないからこそやる意義がある」と働きがいを感じ仕事にのめり込んでいった。

現在はそうした開発部門と違い、実際の製造工程を効率化することで会社の利益に直結する仕事を任されている。感じたのは自由闊達に議論できる企業風土。「新しいことに取り組もうとする気概の社員に囲まれ、部署や役職の垣根なく自由に発言できる」といい、若手も積極的な意見を求められる。

入社直後に任された研究も、今のプロセスの改善も日々、細かな数字や微妙な変化と向き合う地道で根気のいる作業だ。それでも北村さんはイキイキと仕事に取り組むことができている。理由の1つは、従来の職場「TDKテクニカルセンター」内で19年1月に完成したばかりの新棟に移ったこと。それまで働いていた建物も申し分なかったが、新棟は「外の光がたくさん入って明るく、リフレッシュできる工夫も多彩です」と一層満足度が高まった。グループでの作業に丁度よいテーブル席や、独りで集中して作業に打ち込める席などがあり、用途に合わせて選べる。「社食のメニューも毎日変わり、ちょっとした楽しみです」と笑う。

打ち合わせに必要な資料を作り込むのに熱中するあまり、時々残業することもあるが、「大抵の仕事は自分のペースで進められます」。休日には映画を見たり、買い物に行ったりして過ごす。最近は部屋のコーディネートに興味があり、お気に入りの家具を揃えるのも良い気分転換となっている。

困り事をなくす

今の部署は、開発や製造の工程で「どんなデータを取得したらいいのか、それをどう使うべきか。それを工場や研究の段階に合わせて提案していく」のが腕の見せどころ。自らの提案で製品の出来や生産効率が変わり、会社の利益に影響を及ぼす。そこに仕事の醍醐味と責任の重さを感じている。

現部署でそうした効率的な開発、工程の改善という「品質工学」に携わるうちに、モノづくりに対する意識も入社当初とは変わってきた。前工程や後工程まで広い視野で「客観的に技術を俯瞰できるようになった」と自信がついた。「次にまた研究開発部門に移れば、入社当初とは違った視点で製品に向き合うことができそうです」

今の仕事のやりがいは、社内の「困った」を解決すること。特定の材料ではなく、横断的にさまざまな部門の人たちと関わる仕事で、「実際に歩留まりを良くしようというのももちろんですが、それだけでなく実働の部分、人とのやり取りの中で困っていることをどうにかしたいと思って仕事をしています」と話す。そうした「困った」をなくすことが会社の生産性向上につながり、ひいては社会により良い部品を供給していくことにもなると信じる。「『北村さんに相談してよかった』って言ってもらえるのがやっぱり一番嬉しいし、やりがいですね」

◎就活生らへのメッセージ

大学生のうちから自分を知ることに時間をかけ、リフレッシュの方法や自分なりの時間の使い方を確立しておくとよいかと思います。就活は、妥協せずにとことん納得できるまでやってほしいなと思います。いろんな企業、人に会う中で、自分にマッチした会社はきっとあるので、見つけてほしいです。

ある 1 日のスケジュール

午前	8:30	始業
	9:00	サポート案件の打ち合わせ（週に 1 度海外とウェブミーティング）
	11:00	データ解析
午後	0:00	お昼休み、社員食堂で昼食
	1:00	データ解析
	3:00	チームミーティング、改善提案相談
	4:00	進捗確認、スケジュール調整
	5:30	退社

北村智子（きたむら・ともこ）さん
　1984 年生まれ。2009 年 3 月信州大学大学院工学系研究科物質工学専攻（前期課程）修了。同年 4 月 TDK 入社、要素技術開発部パッケージグループ、磁石材料開発室などを経て、現部署。長野県中野市出身

アルプスアルパイン

アルプスカンパニー 技術本部 C2技術部
伊東真理子さん

きっかけは壊れた携帯

携帯電話の故障をきっかけに、電子部品への興味を深めた。伊東真理子さんは、工学部の兄など身近な人から、モノを造ることの楽しさを聞いて育ち、中学の頃から「将来は何か形に残せるものを仕事にしよう」と考えるようになり、次第にモノづくりの魅力にはまっていった。「自分が造った製品が世に出て社会の役に立つのって嬉しいです」。そう話す入社11年目のリケジョは、今社運を賭けて取り組むCASE事業の中核部署で、入社後初めて新製品の設計に自ら一から携わり、充実感が漲(みなぎ)っている。

大学時代は機械工学を専攻していた。ある日、折り畳み式携帯電話が購入から2週間で破損した。取れてしまったヒンジ（蝶つがい）を眺め、不満よりも「なんで取れたんだろう」と素朴な疑問が湧いた。部品についていろいろ調べていくうちに、その仕組みへの関心が深まっていった。携帯がどんどん小さく薄くなるにつれ、部品も極小サイズになっていく傾向が面白いと感じた。

就活では、モノづくりを志してメーカーに的を絞り、加えて地元宮城県で働けることを念頭に企業を探し、アルプス電気に辿り着いた。

幸い、入社1年目の研修先は、まさに思い描いていた携帯電話の製造現場で、タッチパネルを造る生産ラインに立つことができた。「携帯の組み立ての現場に立ち会えて、発売前のモノを造ってその最先端にいるような気持ちになって、素直に嬉しかったです」と語る。

当時は文系の営業職も含めた同期数十人としばらく一緒に仕事ができ、得がたい経験だったと懐かしそうに話す伊東さん。「今じゃそれぞれ部署に散らばってしまいましたから」と少し寂しそう。夢や悩みを共有できる、同期は大切な宝だという。

4、5人の同期と協力して製造プロセスの改善を検討していく課題は、最初慣れない現場で仕事をする苦労はあったが、アイデアを出し合って解決していく過程が楽しかった。生産効率を上げたり、不良品を減らしたりといった目標に知恵を絞り、うまく進んでいる他のチームのアドバイスも聞きながら、徐々に達成率を上げていった。その中で、「不良品を出してはいけないとか、生産数のノルマを達成するといった責任の重さを学びました」。何よりチームで助け合う大切さを実感した。

宮城県の涌谷工場に勤務する伊東さん

板挟みの苦悩、現場見て克服

研修が終わり、配属されたC2技術部では車載向けエンコーダの設計を担当した。研修の座学で聞いていたようなPDCAサイクル*を回すといった改善策は、頭では分かっていても応用する段になると、なかなか思い通りにいかない。現場経験の長い先輩社員らには「（何事も準備が大事という意味の）段取り八分だ」と気安く言われたが、「最初は慣れないので時間がかかっちゃって……中途半端に段取りして、うまくいかないことがよくありました

キーワード解説

PDCA サイクル

「Plan、Do、Check、Act」の頭文字を取った実務の改善策。「計画」を立て、「実行」し、進捗を「評価」し、未達部分などを「改善」することを繰り返していき、継続的に業務効率化が図れるとされる。

ね」と振り返る。

「設計の仕事は図面を引いて、造ってというイメージがあった」が、実際は営業部門や内部の製造部門との調整役が大きかったと言い、「最初はちょっと戸惑いました」と伊東さん。「営業からは『お客さんがこの日に物が欲しいから、量産して』って言われているけど、製造現場からは『難しいよ』と言われて、営業担当者に『お客さんと交渉して』と伝える。そういうのはよくあります」と苦笑い。製品の価格や納品日程を顧客と交渉する人と、製品を造る人との間で板挟みになり、思い悩む日々が続いた。

そうしたモヤモヤは、ある2つのきっかけで晴れた。1つは、設計部門に移って2年目に製品を生産する中国・大連の工場を見てきたこと。普段はメールや電話でやり取りしていたが、改善すべき点が山積していた。上司から「うまく設計指示ができるように2週間くらい出張してきたら」と機会を得た。初の海外出張、「どういう人が現場で走り回って、自分の指示した内容をやってくれているか。何ができて何ができないのか、理解が深まりました」と話し、実際に見たことで指示の仕方、仕様書の作り方を、より丁寧に意識するようになった。

一方、得意先のある韓国に営業として出張した際も、自分で説明することで顧客に伝わりやすいこと、にくいことが身に染みて分かった。営業部門に託す指示書がいかに大切かを実感し、より具体的な内容を心掛けるようになった。

中国と韓国の経験で、百聞は一見に如かず、現場を知ること、想像力を働かせることの大切さを学んだ。そして、製造と営業の部門ともっとコミュニケーションを取るようにもなった。

明るい社風、休日はしっかり

伊東さんによると、社風は明るい。ポジティブな人が多い。新人だからといって発言させてもらえないといったことはなく、むしろ積極的な姿勢が求められている。技術系の現場は男性が多いが、伊東さんも肩を並べてしっかり仕事をし、正当な評価をしてくれる会社だという。

休暇はしっかり取れ、土日は映画を見たり買い物したりとリラックスした時間を過ごす。最近は庭で枝豆を育てている。「主人がお酒好きなので、そのおつまみにと思って」と笑う。次はアスパラを植えるそう。心のゆとりを感じられる。

今はすっかり設計が板につき、大好きなモノづくりに明け暮れる毎日を送る伊東さん。入社11年目にして初めて一から設計を任された。CASEに関わる大事な部品で、年内に着実に完成させることを目標としている。全社挙げて力を入れる車載事業で社内の期待は大きい。のみならず、社会的な意義もある。やりがいはひとしおだ。

◎就活生らへのメッセージ

社会のニーズに合ったモノづくり、時代の最先端を感じられる製品、それを担う部品が造れる現場はダイナミックです。出張の機会は多く、海外志向の人、流行を追い求める人にもお薦めできます。

ある１日のスケジュール

午前	8:20	始業、メールチェック、問い合わせの回答
	9:00	製品の仕様検討、関係部署に相談
	10:00	関係部署と製品の量産・ライン立ち上げの打ち合わせ
午後	0:00	お昼休み、昼食
	1:00	メールチェック、午前に検討した仕様の検証
	2:00	試作機の出来栄え確認
	4:00	サプライヤーと打ち合わせ、課題の整理など
	6:30	退社

伊東真理子（いとう・まりこ）さん
1987年生まれ。2009年３月東北学院大学工学部機械創成工学科卒業。同年４月アルプス電気入社、製造実習として工場勤務。10年に現在の技術本部（C2技術部）に配属され、車載向けエンコーダの設計業務を担当。仙台市出身

6 イビデン

PKG事業本部 開発部 商品開発G 商品開発T チームリーダー
加藤友哉さん

身近過ぎたグローバル企業

本社まで車ですぐの場所で育った加藤さんにとって、イビデンは近過ぎる存在だった。「小さい頃から名前は知っていたが、何をやっている会社なのかはよく知らなかった。まさかこれほどグローバルな企業だとは全く思っていなかった」と話すように、単に家の近くにあるローカルな一企業という印象しかなかったそうだ。しかし大学に入り、就活を通して企業研究をしていくうちに、世界的な大手企業と取引するなどグローバルに事業展開していると知り、「地元で頑張っている会社だったんだ」と見る目が変わった。いざ入社し、米国駐在も経て、現在は主力のICパッケージ基板の開発部署でチームリーダーを務める。その過程は驚きと挑戦の連続だった。「その場、その時をどれだけ楽しむか」をモットーに、日々モノづくりに励んでいる。

イビデンで一番魅力に感じたのは、世界最大のシェアを持つICパッケージ基板。「あの身近な会社にそんなすごい製品があったのか」と全く知らなかった分、一層気になり、一気に志望度が増した。

晴れて入社した加藤さんの1年目、苦労談は「具体的には覚えてないが、しんどかった」と振り返る。入って日が浅く、会社の全体像が見えない中、自分がやっていることがどのように役立っているのか分からず、先が見通せずにモヤモヤした日々もあった。

ICパッケージ基板の開発を担当することとなり、世界的な大手半導体メーカーの主力製品に間接的に携わっていると分かったものの、そのダイナミズムの実感が湧かないほど、「ただただ日々目の前の業務をこなすので精一杯でした」とその記憶を辿る。覚えることも多く、目の前の仕事に全力を傾けているうちに、1年、2年と過ぎていった。

英語に四苦八苦、「習うより慣れろ」

入社後最も大変だったというのが、3年目に訪れた異動。それまで商品開発に携わり、徐々に調子が掴めてきた頃、急に上司に呼び出されて「加藤くん、営業で頑張ってもらえないか」と内示を言い渡された。異動は翌週。「何の前触れもなく全く違う畑で…その時は本当にひっくり返りましたね」と苦笑する。

同僚と打ち合わせる加藤さん（中央）

営業の得意先はやはり大手半導体メーカーで、顧客とのコミュニケーションは全て英語。「一番のネックは英語力。当時は全く喋れなかったので」と頭を掻く。それまで英語での会話もなく、メールでのやり取りもほとんど経験したことがない中、「これぞＯＪＴ」といった如く、営業の前線に放り込まれた。

顧客からの問い合わせの電話もうまく応対できず、最初はアシスタントの後輩に、何と言っているか通訳してもらい、また用件を伝えてもらうといった有り様だった。

「このままじゃダメだ」。加藤さんは奮起し、盛り返そうとしゃかりきになった。英単語を1つ1つ必死に覚えた。ただ、英会話教室に通うなど特別なことはせず、独学でひたすら真似て「盗む」ことをした。顧客からのメールで使えそうなフレーズを見つければすかさずメモを取って真似て、かっこいい言い回しを耳にしたら繰り返し諳(そら)んじた。

「その時がどん底というか、一番苦しかったですね。1回辞めようと思ったくらいですから」と苦笑いしながら振り返る。徐々に英語力はついてきたものの、まだまだ発展途上のさ中、米国出張を命ぜられ、顧客に向けて英語でプレゼンをすることに。ただ、「できないなりに全力を出しきったら、案外相手にも何とか通じて、そこから英語に対するコンプレックスは吹っ切れました」と言い、それ以降、英語で苦労することは減っていった。「あの時の苦労がなければ、全然違った会社員人生だっただろうな」

努力が実った加藤さんは、２０１４年に米国アリゾナ州に赴任した。顧客の要求や困り事を聞いてサポートしたり、本社に伝えたりといった役目を任された。家族と丸4年駐在し、18年に帰国した後は再びＩＣパッケージ基板の開発に第一線で携わっている。

現在チームリーダーを務める商品開発チームは、大手半導体メーカーのハイエンドサーバー向け基板を中心に、顧客のＩＣチップと直接つなげるＩＣパッケージ基板を開発している。「お客さまが満足するような部品の開発に携われる醍醐味は何とも言いがたい」。先端技術を用いて、進化し続ける情報社会に不可欠な製品の開発を手掛けているのを誇りに感じている。

製品が世に出ることの喜び

加藤さんは「製品開発に終わりはないですね」と苦労を口にする。新製品が認定されて量産体制が整ったと喜んだのも束の間、その時には既に次の製品開発に着手しているといった流れだ。

それでも、モノづくりは楽しくてやめられないという。開発から量産に漕ぎ着け、その部品が搭載された製品が世の中に流通した時は「素直に嬉しい」と顔をほころばせる。自分が携わった製品が世に出て、雑誌やウェブサイトに載ることがやりがいの1つだ。中学生の息子に「これ、お父さんが造っているんだよ」と誇れる喜びもある。

入社17年、加藤さんが感じるイビデンの社風は、一言で言うと「泥臭い」。前向きな社員が多く、「世界トップクラスの顧客の、世界トップクラスの要望に応えようと必死に食らいついている」。成功よりも失敗のほうが断然多いと言うが、「開発の現場は失敗無しには前進しない」と肯定的に捉え、「チャレンジ精神が旺盛な技術集団」ともたとえる。「普段はそこまでガツガツやる雰囲気ではありませんが、ここぞという時は皆が時間を忘れて一致団結し、課題解決に取り組む。そんな熱意と結束力があります」

　プライベートの加藤さんは休みモードにしっかり切り替え、子どもと遊んだり、妻と共通の趣味というお酒を嗜(たしな)んだり、同僚や上司とゴルフに行ったりして気ままに過ごす。米国駐在中はセドナが近く、よく車で訪れていたのが良い思い出。「もっと長く駐在したかったな」と名残惜しさも口にする。

　当座の目標は「この先部署が変わっても、『加藤さんみたいになりたい』『ユニークで惹かれる』と思われる人であり続けたい」。ＩＴで加速度的に変わりゆく世界を、今日もモノづくりの現場から支えている。

◎就活生らへのメッセージ

　イビデンはどの部署に行っても楽しみを見いだせ、海外志向が強い人、地域密着で地域振興にしたい人、両方に向いています。希望や意思を伝えれば、しっかり聞いてくれる懐の深い会社です。

ある１日のスケジュール

午前	7:30	出社、メールチェック
	8:00	始業、電話会議
	10:00	会議の内容整理
午後	0:00	お昼休み、昼食
	1:00	社内打ち合わせ
	3:00	次の電話会議準備、資料作成など
	6:30	退社
	7:00	帰宅

加藤友哉（かとう・ともなり）さん
1977年生まれ。2002年3月関西大学工学部電気工学科卒。同年4月イビデン入社、技術統括部PKG開発G開発第1T、米駐在などを経て、現部署。岐阜県大垣市出身

Chapter 8

海外の動向

1

米国——多士済々、強まる中国との軋轢

産業のインターネット化と5G

巨大なGAFAから、続々と誕生する新進気鋭のスタートアップに至るまで、多種多様なIT企業がひしめき合う。新技術や新製品、買収、合併、提携、解消、訴訟、和解など、ITをめぐる話題に事欠かないのが米国である。

2019年春以降、米中貿易摩擦*が激化した。トランプ米政権は中国の通信機器大手ファーウェイ（華為技術）に対し、政府に無許可で米企業から部品などを調達するのを禁じた。事実上の禁輸措置である。これを受け、一時、グーグルがファーウェイ製スマートフォンへの基本ソフト「アンドロイド」の提供を取りやめる検討をしていると報じられ、波紋が広がった。日本でもファーウェイ製のスマホ発売が延期となるなど、影響が及んだ。アップルのiPhoneの組み立ても中国で行われており、米中貿易摩擦により、日系電子部品メーカーをはじめ多くの企業が先行きの不透明感に包まれた。

米国がファーウェイを「狙い撃ち」したのは競合分野、すなわち「5G」（75ページ参照）での覇権を握りたいというのが大きな理由の1つだったとみられる。先行して5Gの導入が始まったのは米国、韓国

キーワード解説

米中貿易摩擦

米国の対中国貿易赤字を背景に、トランプ米政権が中国からの輸入品に対する関税を引き上げ、対抗して中国も米国からの輸入品を高関税にするといった2国間の対立。18年から影響が表面化し始め、19年に激化した。

だが、中国も実施時期を前倒しして猛追する構えを見せ、米国を脅かしていた。5Gをはじめ通信産業などの強化を謳った「中国製造2025」(218ページ参照)という長期戦略の存在が、米国の懸念を一層強めたと指摘されている。

　米国にもIoTなどを活用した工場や設備、サービスの最適化を目指す取り組み「インダストリアルインターネット」(Industrial Internet: 産業のインターネット化)がある。ドイツのインダストリー4・0に触発され、ゼネラル・エレクトリック(GE)が2012年に打ち出した。製造業に加え、エネルギー、ヘルスケア、公共、運輸の5つの分野を対象とした点が特徴である。この取り組みを推進するため、GEと半導体のインテル、ITのIBM、ネットワークのシスコシステムズ、通信AT&Tの各業界大手5社が「インダストリアルインターネット・コンソーシアム」(IIC)という共同事業体を立ち上げた。現在、参加企業は米国内外から200社を超え、対象分野も広がりを見せている。

老舗インテル、新星NVIDIA

インテルもIBMも、電子情報産業で大きな存在感を示し、得意先としている日系電子部品企業も少なくない。インテルは長らく世界最大の半導体メーカーだったが、17年に韓国のサムスン電子に首位を明け渡した。19年はインテルが首位に返り咲くとの観測もあり、鍔迫り合いを繰り広げている。

　1968年創業の半導体業界の老舗インテルに対し、新星NVIDIAは93年に創業した。AIに使うGPUに強みを持ち、「次世代のインテル」とさえ呼ばれる。他にも、クアルコムやブロードコムといった半導体関連メーカーが数多くある。

　主な電子部品メーカーとしては、コンデンサを手掛けるKEMETやAVX、抵抗器のVishay、接続部品に強いAmphenolなどがある。

　GAFAの動向は電子部品の需給にも大きな影響を及ぼすため、一挙手一投足に注目が集まる。

2 中国
——5Gの覇権に野心、米国との対立が冷や水

世界の工場、今は通信業界に力

　前項で見た通り、中国は米国との貿易摩擦が深刻化している。一歩も引かずに関税を引き上げ合う両国の応酬に、関係国の企業は肝を冷やす。中国は輸出減という形で負の影響が明確に数字に表れ、内需の冷え込みも背景に、２０１９年４～６月の国内総生産（ＧＤＰ）は前年同期比６・２％増にとどまった。四半期ごとのデータで遡れる１９９２年以降で最低である。中国の景気減速は、ひいては日本を含むアジアなど世界経済へも暗い影を落とす。

　電子部品と関係の深いスマートフォン市場を見ると、ＩＤＣの調査で18年の中国国内の出荷台数は、ファーウェイ（華為技術）が4分の1を超す1億５００万台で首位、2位のオッポ（ＯＰＰＯ）７８９０万台、ヴィーヴォ７６００万台、シャオミ５２００万台と続き、米アップルは5位で３６３０万台だった。1位のファーウェイが前年比15・5％の2桁成長を示したのと対照的に、アップルは11・7％減少した。中国スマホ市場の国産化が鮮明となってきている。

　隣の巨大市場、インドでも中国製スマホの存在感は大きい。同じくＩＤＣによると、18年にシャオミが４１１０万台で1位となり、17年に首位だった韓国のサムスン電子を追い抜いた。

中国製造２０２５と電子部品メーカー

　そうした通信産業をはじめ、「世界の工場」とし

て名を馳せてきた中国が、製造の競争力強化を掲げて15年に打ち出したのが「中国製造２０２５」である。課題とされる製造の効率化や省エネ化を進め、世界の工場としての従来の「製造大国」から、25年に「世界の製造強国」の１国へと脱皮することを目標としている。具体的な重点分野として、５Ｇに代表される「次世代情報技術」や「電力設備」、「新素材」など10分野を挙げている。

中国製造2025の重点領域

次世代情報技術産業（5Gなど）	先端制御工作機械・ロボット
航空宇宙設備	海洋エンジニアリング設備・ハイテク船舶
先進軌道交通設備	省エネ・新エネ自動車
電力設備	農業設備
新材料	バイオ医薬・高性能医療器械

中国政府ウェブサイトをもとに作成

先々を見越し、25年のさらに先、35年には世界の「製造強国」の中位に、建国１００年となる49年には世界トップクラスになるとの目標を掲げる。遠大な経済圏構想「一帯一路」政策とも連動しながら、計画が進められている。

こうした大目標の下、着実に中国メーカーは力をつけてきた。クアルコムやＮＶＩＤＩＡなど米企業が優位を誇ってきたファブレス市場で、ハイシリコンやユニグループなど中国企業も目立つようになってきた。ＧＡＦＡになぞらえて百度（バイドゥ）、阿里巴巴集団（アリババ）、騰訊控股（テンセント）、華為技術（ファーウェイ）のＩＴなどの大手を総称して「ＢＡＴＨ」（バス）と呼ぶ向きもある。

中国は５Ｇのさらに先、６Ｇの研究に20年にも着手し、30年には商用化するとの一部報道もあり、通信分野への入れ込みようは鬼気迫るものがある。米国が中国の台頭を警戒するのも無理からぬことかもしれない。トランプ大統領も19年に６Ｇの早期実現に意欲を示し、通信市場の覇権を譲らぬ姿勢を鮮明にした。

3 韓国
——5G軸に成長、内外に不安材料も

次世代通信で先行、スマートファクトリーに力

米国と並んで2019年、5Gを世界に先駆けて導入した。5G仕様のスマートフォンがサムスン電子やLG電子から相次いで発売され、市場は活況を呈している。

スマホもさることながら、5GはBtoBの事業機会拡大に寄与するとの期待が大きい。中でも工場の省力化や無人化で最適な生産体制を構築する「スマートファクトリー」を後押しする。日本貿易振興機構のソウル事務所知的財産チームが18年11月に公表したまとめによると、スマートファクトリー関連の特許出願が近年急増している。年間の出願件数は従来10件未満だったが、16年に89件に激増、17年に57件、18年9月までに52件と増加が目立つ。分野別では、制御システムが50件と最多で、ビッグデータ47件、IoT39件と続いた。ロボット自動化審査課という専門部署も設けている韓国特許庁は、知的財産権の競争力強化を掲げている。

こうした取り組みを後押しする5Gに関し、直接的、間接的に大きな影響を及ぼすのがサムスン電子である。スマートフォンは出荷台数で世界の約2割とトップのシェアを誇り、他にもDRAMや薄型テレビで世界一を維持している。同社の連結売上高は2000億ドルを超え、1社で韓国のGDPの15%前後を稼ぎ出している。

サムスンは電子部品分野でも存在感を示す。担うのはグループのサムスン電機、通称「SEMCO」(Samsung Electro-Mechanics)であり、18年実績

で5カ国に生産拠点を展開している。MLCCやインダクタ、抵抗器、基板、モジュールなどを幅広く手掛け、特にMLCCは村田製作所に次いで世界2位の生産量となっている。

サムスンが世界5位にとどまる大型液晶ディスプレイの分野ではLGグループが首位を走り、シェア20%超を占める。有機ELテレビもLGが世界シェアトップである。液晶はLGディスプレイ、有機ELテレビや洗濯機の家電はLG電子、さらにLG化学、LG商事とジャンルごとに企業体が異なる。

DRAMやNANDを手掛けるSKハイニックスも電子情報産業においてしばしば登場する。韓国、中国に生産拠点があるほか、10カ国・地域に販売網を持つ。サムスン、LG、SKとも日本語のサイトが充実している。

追われる巨人サムスンの内憂外観

ただ、ここに来てサムスンは変調を来している。19年4月に売り出す予定だった折り畳み式のスマホ「ギャラクシーフォールド」(Galaxy Fold)は部品に不具合が見つかったため、直前に発売延期となった。背景にはスマホで市場シェアを拡大し続けるファーウェイをはじめ、中国製品との熾烈(しれつ)な争いがあったとも指摘されている。サムスン製のスマホは、16年に発売した大画面モデルでも電池が発火する問題が起きており、品質に不安も聞かれるようになった。

米中貿易摩擦も、半導体など輸出製品が多い韓国にとって経済成長を停滞させる悪因になるとして、韓国内では懸念が広がっている。

追い打ちをかけるように、19年7月には日本政府が韓国への輸出の管理強化を始めた。半導体製造に欠かせない「フッ化水素」と「レジスト」、有機ELに使う「フッ化ポリイミド」の3品目が対象で、フッ化水素は日本の世界シェアが8~9割とされる。

さらに8月には、日本が信頼できる輸出先の「ホワイト国」から、韓国を除外する追加措置を取った。19年は米中のみならず、日韓も対立が深まり、各国の不満が顕在化した年となった。

4 台湾
——中国からの回帰投資相次ぐ

EMSとファウンドリとファブレス

台湾と言えば、2016年に経営危機にあったシャープを傘下に収めた鴻海（ほんはい）精密工業が一躍有名になった。その創業者、テリー・ゴウこと郭台銘（かくたいめい）氏は一代で売上高20兆円に迫る巨大企業を築き上げた。米アップルのiPhoneの製造を請け負うことで成長し、従業員を10万、100万と増やしてきた。

鴻海の製造スタイルは、EMS（Electronics Manufacturing Service: 電子機器受託製造）と呼ばれ、鴻海が世界最大手である。

似た概念に専ら半導体の受託製造に当たる「ファウンドリ」（Foundry）がある。同分野でも売上高3兆円超と頭1つ抜けているTSMC（Taiwan Semiconductor Manufacturing Co., Ltd.: 台湾積体電路製造）が世界首位で、UMC（United Microelectronics Corporation: 聯華電子）、PTC（Powerchip Technology Corporation: 力晶科技）など上位10社に台湾系が名を連ねる。

そういったファウンドリに製造を委託するのがファブレス（Fabless）で、台湾のメーカーではメディアテック（MediaTek）が世界的に有名である。19年5月には同社初の5G向けSoC*を披露、次世代への備えを着々と整えている姿勢をアピールした。

他に、チップ抵抗器で世界シェア首位とされるヤゲオ（YAGEO: 国巨）は、MLCCでも世界屈指のシェアを握る。プリント配線基板を手掛けるチンプーン工業（Chin-Poon Industrial Co., Ltd.）や、

キーワード解説

SoC

「System-on-a-Chip」の略で、複数のシステムを全て1つの半導体チップに実装、統合した装置。微小化や機能の高速化などが図れ、スマホを中心に広く搭載される。5G時代に一層の活用が期待できる。

インダクタのチリシン（Chilisin Electronics Corporation）も各製品分野で上位のシェアを占める。

韓国のサムスンなどと同様、ＵＭＣやＹＡＧＥＯも日本語のウェブサイトを用意している。

ＥＭＳ、ファウンドリ、ファブレスと世界の電気製品、電子部品を手掛ける台湾にあって、各社がＩＲとして発表する月次売上高は、世界の電子情報産業の需給動向を占う上で重要な指標となっている。

米中貿易摩擦はここにも影響

米中貿易摩擦により、台湾は中国の出荷減を補う代替地としての側面がある。特に19年に入って中国の対米輸出が減少する一方、台湾から米国への輸出は増加傾向にある。

台湾メーカーが生産地を中国から台湾に移す動きも目立つ。三井住友銀行「マンスリー・レビュー２０１９・６」によると、中国での人件費高騰や環境対策の規制を踏まえ、台湾へ生産拠点を戻すよう促す支援策も、台湾回帰を後押ししている。

必要な土地や水、電力、労働力確保の面で優遇措置が受けられるこの支援策は、21年末まで続く。ただ、台湾が中国の製造を代替するような「受け皿」としての機能は一時的とみられている。なお、台湾企業が中国を拠点として生産した製品は、３割ほどが米国向けだという。

電子部品メーカーも多い台湾は、日系電子部品メーカーにとってはライバルとも言える。ヤゲオが18年に米電子部品のパルスエレクトロニクスを約８００億円で買収するなど、攻勢を強める動きには日系企業の警戒感も聞かれる。

【著者紹介】
南 龍太（みなみ・りゅうた）

ジャーナリスト
1983年新潟県生まれ。
東京外国語大学外国語学部ペルシア語専攻卒業。現在ニューヨークで執筆活動中。政府系エネルギー機関から経済産業省資源エネルギー庁出向を経て、共同通信社記者として盛岡支局、大阪支社と本社経済部で勤務。京セラやオムロン、シャープ、パナソニック、任天堂といったメーカーを取材。他に、エネルギーや流通、交通の各業界、東日本大震災関連の記事を執筆。『エネルギー業界大研究』（産学社）、共著に『世界年鑑2018』(共同通信社)

電子部品業界大研究

初版 1刷発行●2019年10月1日

著 者
南 龍太

発行者
薗部 良徳

発行所
㈱産学社
〒101-0061 東京都千代田区神田三崎町2-20-7 水道橋西口会館
Tel.03（6272）9313 Fax.03（3515）3660
http://sangakusha.jp/

印刷所
㈱ティーケー出版印刷

ISBN 978-4-7825-3538-7 C0036